住房城乡建设部推荐十项新技术之防水工程新技术

建筑防水工程新技术

主　编　杨永起

副主编　金惠荣

中国建材工业出版社

图书在版编目（CIP）数据

建筑防水工程新技术 / 杨永起主编. —北京 ：中
国建材工业出版社，2019.8（2019.8 重印）
 ISBN 978-7-5160-2613-7

Ⅰ．①建… Ⅱ．①杨… Ⅲ．①建筑防水－工程施工
Ⅳ．①TU761.1

中国版本图书馆 CIP 数据核字（2019）第 153067 号

建筑防水工程新技术

Jianzhu Fangshui Gongcheng Xinjishu

杨永起　主编

出版发行：中国建材工业出版社
地　　址：北京市海淀区三里河路 1 号
邮　　编：100044
经　　销：全国各地新华书店
印　　刷：北京雁林吉兆印刷有限公司
开　　本：787mm×1092mm　1/16
印　　张：16.25
字　　数：400 千字
版　　次：2019 年 8 月第 1 版
印　　次：2019 年 8 月第 2 次
定　　价：88.00 元

主　　　编：杨永起

副　主　编：金惠荣

主 编 单 位：北京世纪洪雨科技有限公司

　　　　　　北京圣洁防水材料有限公司

　　　　　　波力尔科技发展有限公司

参 编 单 位：北京东方雨虹防水技术股份有限公司

　　　　　　北京普石防水材料有限公司

　　　　　　潍坊宏源防水材料有限公司

　　　　　　北京市建国伟业防水材料有限公司

　　　　　　世纪洪雨（德州）科技有限公司

　　　　　　远大洪雨（唐山）防水材料有限公司

　　　　　　新京喜（唐山）建材有限公司

　　　　　　北京万宝力防水工程有限公司

　　　　　　北京建海中建国际防水材料有限公司

　　　　　　北京龙阳伟业科技股份有限公司

　　　　　　北京建琳杰工贸发展有限公司

　　　　　　天津市京建建筑防水工程有限公司

编委会主任：孙　哲

编委会委员：杨永起　　金惠荣　　邹永欣　　邵增峰　　卫向阳　　许　宁

　　　　　　王　力　　孙双林　　吴进明　　孙　侃　　张洪涛　　贾兰琴

　　　　　　杜　昕　　李文超　　李卫国　　孙智宁　　李　勇　　郑凤礼

　　　　　　闫志刚　　孙智礼　　贾长存　　王　森　　王春华　　孙　凯

　　　　　　梁秀英　　刘　胜　　藩　籍　　王　忠　　王辰悦　　刘　斌

编写人员：杨永起　　邹永欣　　杨　昆　　韩培亮　　孙　锐　　王玉芬

　　　　　　王　力　　许　宁　　卫向阳　　李　娜　　郝　宁　　姚金朋

　　　　　　高　伟　　贾志军　　王　兵　　杨迎生　　庾朝鹏　　郭　磊

　　　　　　李占江　　李清林　　王珍珠　　卫向阳　　王春华　　杜　昕

　　　　　　贾长存　　孙双林　　郑　丹　　田学芳　　李文勇　　李　征

　　　　　　米　倩　　陈洪泽　　孙　媛　　徐　立　　赵　展　　许玥涛

　　　　　　郝云杰　　王菲菲　　孙时亭　　王　森　　刘　涛　　耿伟历

　　　　　　李　慧　　孙　宇　　徐阜新　　孙　锐

前　　言

本书是围绕住房城乡建设部推广的建筑业十项新技术中的第八项技术——"防水技术与围护结构节能"，以及北京市新型防水产品应用技术，由施工和生产等单位的技术专家共同编写。

建筑业十项新技术起源于20世纪90年代初，当时针对我国改革开放建筑业迅速发展的迫切需要，建设部提出"四节三高"，即"四节"——节能、节材、节水、节地，"三高"——提高产品品质、提高生产效率、提高经济效益。同时为了贯彻党中央和国务院提出的经济建设必须依靠科学技术，科学技术必须面向积极建设的方针，建设部组织专家针对建设急需的、应大力推广的技术，编制了"建筑业十项新技术"。

1994年8月建设部发布"关于1994年、1995年和"九五"期间推广应用十项新技术的通知"的文件。自此，"建筑业十项新技术"经历1998年版（10个大项43个子项）、2005年版（10个大项94个子项）、2010年版（10个大项108个子项），发展到现在的"建筑业十项新技术"（2017年版）。

北京市建设工程物资协会防水分会以2017年版中的十项新技术中的第八项"防水技术与围护结构节能"为要求，组织建设单位、设计单位、施工单位、生产单位、检测单位的专家和工程技术人员，经研讨后确定围绕住房城乡建设部十项新技术（2017版）中的防水技术，结合工程应用编写了《建筑防水工程新技术》。出版本书的目的在于结合北京市等地的工程具体情况，推广新的防水产品、新的防水系统、新的防水工程施工技术，提高建筑物防水的质量，宣传新的防水产品和防水系统，鼓励新产品的研发和创新，扩大新技术应用单位的信誉，树立企业形象，为防水行业互相交流和借鉴提供平台。

本书在防水行业各方的支持下完成了编写工作，参加本书编写的单位和专家用一个个高质量的案例，反映了我国防水技术的发展水平。在此，编委会对上述单位和个人表示感谢，编写过程中因时间紧等多种原因，难免有不足之处，敬请提出宝贵意见。

编者

2019 年 6 月

目　　录

第一章　建筑防水新技术综述

建筑防水工程是一项涉及建筑安全、建筑节能、建筑环保，社会和谐稳定的工程，一直受到党和国家及各级政府的关注。重要的防水材料由国家市场监督部门监管，采取生产许可证制度并强化管理。由住房城乡建设部一直高度关注防水工程。在这样严格的管理情况下，防水工程的实际渗漏率还是处于不令人满意的状态，为此，住房城乡建设部提出，将防水工程列入住房城乡建设部新的十项新技术之一。

涉及防水的技术名称为"防水技术与围护结构节能"，本书主要围绕防水新技术的应用进行编写，同时向读者展示这些年防水技术的创新发展。

党的"十九大"报告提出：加快建设创新型国家，加强应用基础研究，突出关键共性技术、前沿引领技术、现代工程技术、颠覆性技术创新，为建设科技强国、质量强国提供有力支撑。

建筑业面临着深化改革的关键时期，不断更新的十项新技术（含防水技术）的提出对推动建筑业产业化、加强技术研发及应用具有积极意义。本书出版的目的是将新的防水材料和防水施工技术推向市场，引导防水行业采用先进、成熟、可靠的新技术，提高建设工程的科技含量，保证工程质量，引导企业吸收并转化新技术，激发创新动力，增强自身技术创新能力，促进防水技术创新体系的建设。本书对新的防水技术进行总结介绍，共涉及十二项防水新技术。

一、聚氯乙烯（PVC）、热塑性聚烯烃（TPO）防水卷材机械固定施工技术

PVC 防水卷材和 TPO 防水卷材这两类高分子防水卷材，采用机械固定法施工，适用于钢板屋面或单层防水屋面，通常采用垫片、压条、螺钉（不锈钢）进行点式固定和线性固定，在结构层上通常采用热网焊接施工，而焊接缝是其施工的薄弱环节。机械固定常用在卷材收头及节点处理上，以达到形成整体防水而无渗漏的目的。

施工时要求的基层钢板厚度，通常为 0.63～0.75mm。混凝土结构时，C20 钢筋混凝土厚度为 >40mm，该项技术主要用于公共建筑和工业厂房中。

（1）屋面为压型钢板的基板厚度不宜小于 0.75mm，且基板最小厚度不应小于 0.63mm，当基板厚度在 0.63～0.75mm 时应通过固定钉拉拔试验；钢筋混凝土板的厚度不应小于 40mm，强度等级不应小于 C20，并应通过固定钉拉拔试验。

（2）聚氯乙烯（PVC）防水卷材的物理性能指标应满足《聚氯乙烯（PVC）防水卷材》（GB 12952）标准要求，产品性能指标见表 1-1。热塑性聚烯烃（TPO）防水卷材物理性能指标应满足《热塑性聚烯烃（TPO）防水卷材》（GB 27789）标准要求。

表 1-1 聚氯乙烯 （PVC） 防水卷材主要性能

试验项目	性能要求
最大拉力 （N/cm）	≥250
最大拉力时延伸率 （%）	≥15
热处理尺寸变化率 （%）	≤0.5
低温弯折性	−25℃，无裂纹
不透水性 （0.3MPa，2h）	不透水
接缝剥离强度 （N/mm）	≥3.0
人工气候加速老化 （2500h） 最大拉力保持率 （%）	≥85
伸长率保持率 （%）	≥80
低温弯折性 （−20℃）	无裂纹

二、三元乙丙（EPDM）、热塑性聚烯烃（TPO）、聚氯乙烯（PVC）防水卷材无穿孔机械固定施工技术

首先，以电流产生的红外线加热卷材，同时透过卷材把放置在下部的金属层上的热熔涂层加热，再把带有磁性的"压固工具"置于加热部位，带磁性的"压固工具"将卷材下部的金属垫片吸附在工具的底部，同时使带有热熔涂层的金属片与高分子卷材焊接在一起，该方法不需要穿孔，可以将卷材固定。热塑性聚烯烃 TPO 防水卷材的主要性能见表 1-2。

表 1-2　热塑性聚烯烃 TPO 防水卷材性能

序号	项目		指标		
			H	L	P
1	中间胎基上面树脂层厚度 （mm） ≥		—	0.40	
2	拉伸性能	最大拉力 （N/cm） ≥	—	200	250
		拉伸强度 （MPa） ≥	12.0	—	—
		最大拉力时伸长率 （%） ≥	—	—	15
		断裂伸长率 （%） ≥	500	250	
3	热处理尺寸变化率 （%） ≤		2.0	1.0	0.5
4	低温弯折性		−40℃无裂纹		
5	不透水性		0.3MPa，2h 不透水		
6	抗冲击性能		0.5kg·m，不渗水		
7	抗静态荷载		—		20kg 不渗水
8	接缝剥离强度 （N/mm） ≥		4.0 或卷材破坏	3.0	
9	直角撕裂强度 （N/mm） ≥		60		
10	梯形撕裂强度 （N） ≥		—	250	450
11	吸水率 （70℃，168h） （%） ≤		4.0		

施工机械固定技术的顺序是：将无穿孔垫片（带有热熔涂层）固定在轻钢屋面或基层上
→铺设高分子卷材→红外电感技术磁性压固工具对准垫片→将卷材焊在基层上→卷材搭接时采

用热网焊接成整体防水层→收头密封。该项技术主要用于工业厂房、粮库等。

上述产品性能应符合《高分子防水材料 第1部分：片材》（GB 18173.1）标准，TPO和PVC卷材性能应符合《预铺防水卷材》（GB/T 23457）的规定。

三、地下工程预铺反粘施工技术

地下工程预铺反粘防水技术所采用的材料是高分子自粘胶膜防水卷材，该卷材是在一定厚度的高密度聚乙烯卷材基材上涂覆一层非沥青类高分子自粘胶层和耐候层复合制成的多层复合卷材，其特点是具有较高的断裂拉伸强度和撕裂强度，胶膜的耐水性好，一、二级的防水工程单层使用时也可达到防水要求。采用预铺反粘法施工时，在卷材表面的胶黏层上直接浇筑混凝土，混凝土固化后与胶黏层形成完整连续的整体。这种黏结是由混凝土浇筑时水泥浆体与防水卷材相互勾锁而形成。高密度聚乙烯主要提供高强度，自粘胶层提供良好的黏结性能，可以承受结构产生的裂纹影响。耐候层既可以使卷材在施工时适当外露，同时提供不黏的表面供施工人员行走，使后道工序可以顺利进行。《预铺防水卷材》（GB/T 23457）要求的主要物理性能见表1-3。

表1-3　预铺防水卷材主要物理性能

项目		指标		
		P	PY	R
	可溶物含量（g/m²）≥		2900	
拉伸性能	拉力（N/50mm）≥	600	800	350
	拉伸强度（MPa）≥	16		9
	膜断裂伸长率（%）≥	400		300
	钉杆撕裂强度（N）≥	400	200	130
	弹性恢复率（%）≥			80
	抗穿刺强度（N）≥	350	550	100
抗冲击性能（0.5kg·m）			无渗漏	
耐热性		80℃·2h 无移动流淌	70℃·2h 无移动流淌	100℃·2h 无移动流淌
低温弯折性		主材 −35℃无裂		主材 −35℃无裂
低温柔性		胶层 −25℃ 无裂	−20℃ 无裂	
抗窜水性		0.8MPa/35mm·4h 不窜水		
不透水性（0.3MPa·120mm）		不透水		
与后浇混凝土剥离强度（N/mm）≥	无处理浸水及泥沙表面	1.5	1.5	0.8
		1.0	1.0	0.5
		1.0	1.0	0.5
卷材与卷材剥离强度（N/mm）≥	无处理浸水处理	0.8	0.8	0.6
		0.8	0.8	0.6

预铺反粘法施工应注意以下事项：

（1）卷材宜单层铺设；

（2）在潮湿面施工时，基层应坚实、平整、无明水；

（3）卷材长边应采用自粘边搭接，短边应采用胶黏带黏结；

（4）立面施工时，在自粘边位置距离卷材边缘 10～20mm 内，每隔 400～600mm 进行机械固定，并应保证固定位置被卷材完全覆盖；

（5）浇筑结构混凝土时不得损伤防水层。

四、注浆法系统施工技术

注浆包括预注浆衬砌前围岩注浆、回填注浆、衬砌内注浆、衬砌后围岩注浆，装配式建筑的墙板连接采用圆筒注浆法，具体应根据水文地质条件按下列要求选择注浆方案：

（1）在工程开挖前，预计涌水量大的地段、软弱地层宜采用预注浆；

（2）开挖后有大股涌水或大面积渗漏水时，应采用衬砌前围岩注浆；

（3）衬砌后渗漏水严重的地段或空隙地段，宜进行回填注浆；

（4）衬砌后或回填注浆后仍有渗漏水时，宜采用衬砌内注浆或衬砌后围岩注浆。

注浆材料有化学注浆材料、无机（如水泥、水玻璃等）注浆材料，具体分析如下：

（1）化学注浆材料与水泥基注浆材料相比，其可灌性好，可按工程需要调整凝胶时间，有的可瞬间凝胶，适用于有流动水部位的堵漏或防潮，常用化学注浆材料有水玻璃类浆液、丙烯酰胺类浆液、丙烯酸盐类浆液、聚氨酯类浆液、木质素类浆液、环氧树脂类浆液，其分类及主要品种见图 1-1。

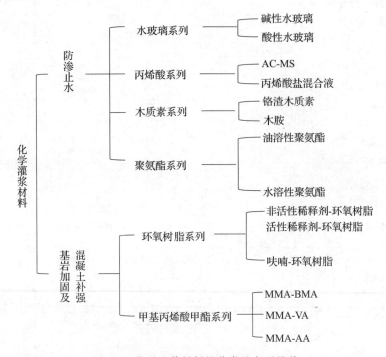

图 1-1 化学注浆材料的分类及主要品种

（2）水玻璃类浆液：是以水玻璃为主剂，加入凝胶剂，反应生成凝胶，该类产品来源广泛、价格便宜、对环境无害，应用广泛。一般用于注浆的水玻璃模数以 2.4～3.4 为宜。

（3）水泥基注浆材料：是以水泥为主，添加外加剂与水拌和后，用于无水条件下的裂缝修补、回填注浆和固结注浆。

五、丙烯酸盐注浆液防渗施工技术

丙烯酸盐化学注浆是一种新型防渗堵漏材料，它可以灌入混凝土的细微孔隙中，生成不透水的凝胶，填充于混凝土孔隙中达到防渗的目的。

丙烯酸盐浆液：是以丙烯酸盐单位水溶液为主剂加入适量的交联剂、促进剂、引发剂、水或改性剂制成的双组分或多组分均质液体注浆材料。具有低毒、环保、可灌性好的特点。丙烯酸盐注浆材料的物理性能应符合《丙烯酸盐灌浆材料》（JC/T 2037）的要求，具体见表 1-4 和表 1-5。丙烯酸盐喷膜防水材料低温柔软性不得低于 $-20℃$，与基层黏结强度不小于 0.4MPa。

表 1-4　丙烯酸盐注浆材料物理性能

序号	项目	技术要求	备注
1	外观	不含颗粒的均质液体	
2	密度（g/cm³）	生产厂控制值 ≤ ±0.05	
3	黏度（MPa·s）	≤10	
4	pH 值	6.0～9.0	
5	胶凝时间	可调	
6	毒性	实际无毒	按我国食品安全性毒理学评价程序和方法为无毒

表 1-5　丙烯酸盐注浆材料凝胶后的性能

序号	项目名称	技术要求	
		Ⅰ 型	Ⅱ 型
1	渗透系数（cm/s）	$<1×10^{-6}$	$<1×10^{-7}$
2	固砂体抗压强度（kPa）	≥200	≥400
3	抗挤出破坏比降	≥300	≥600
4	遇水膨胀率（%）	≥30	

六、种植屋面防水施工技术

种植屋面具有改善城市生态环境、缓解热岛效应、节能减排和美化空中景观的作用。种植屋面也称屋顶绿化，分为简单式屋顶绿化和花园式屋顶绿化。简单式屋顶绿化土壤层不大于 150mm 厚，花园式屋顶绿化土壤层可以大于 600mm 厚。一般构造为：屋面结构层、找平层、保温层、普通防水层、耐根穿刺防水层、排（蓄）水层、种植介质层以及植被层。要求耐根穿刺防水层位于普通防水层之上，避免植物的根系对普通防水层的破坏。目前，有阻根功能的防水材料有：聚脲防水涂料、化学阻根改性沥青防水卷材、铜胎基-复合铜胎基改性沥青防水卷材、聚乙烯高分子防水卷材、热塑性聚烯烃（TPO）防水卷材、聚氯乙烯（PVC）防水卷材等。聚脲防水涂料采用双管喷涂施工，改性沥青防水卷材采用热熔法施工，高分子防水卷材采用热风焊接法施工。

改性沥青类防水卷材厚度不小于4.0mm，塑料类防水卷材不小于1.2mm。

种植屋面系统用耐根穿刺防水卷材的基本物理力学性能，应符《种植屋面用耐根穿刺防水卷材》（GB/T 35468—2017）标准中的全部要求并应通过耐根穿刺性能试验。具体见表1-6

表1-6　现行国家标准及相关要求

序号	标准	标准号	要求
1	弹性体改性沥青防水卷材	GB 18242	Ⅱ型全部相关要求
2	塑性体改性沥青防水卷材	GB 18243	Ⅱ型全部相关要求
3	聚氯乙烯（PVC）防水卷材	GB 12952	全部相关要求（外露卷材）
4	热塑性聚烯烃（TPO）防水卷材	GB 27789	全部相关要求（外露卷材）
5	高分子防水材料　第1部分　片材	GB 18173.1	全部相关要求
6	改性沥青聚乙烯胎防水卷材	GB 18967	R类全部要求

种植屋面用耐根穿刺防水卷材应用性能指标应符合表1-7的要求。

表1-7　应用性能指标

序号	项目			技术指标
1	耐霉菌腐蚀性	防霉等级		0级或1级
2	接缝剥离强度	无处理（N/mm）	改性沥青防水卷材 SBS	1.5
			APP	1.0
		塑料防水卷材 焊接		3.0或卷材破坏
		黏结		≥1.5
	热老化处理后保持率（%）≥			80或卷材破坏

七、装配式建筑密封防水施工技术

密封防水和注浆是装配式建筑应用的关键技术环节，直接影响装配式建筑的使用功能及耐久性、安全性。装配式建筑的密封和注浆防水主要指外墙、内墙与各构配件之间的防水，主要密封防水方式有材料防水、构造防水两种。

材料防水主要指各种密封胶及辅助材料的应用。装配式建筑密封胶主要用于混凝土外墙板之间板缝的密封，也用于混凝土外墙板与混凝土结构、钢结构缝隙的密封，混凝土内墙板间缝隙，主要用于混凝土与混凝土、混凝土与钢之间的黏结。

1. 装配式建筑密封胶的主要技术性能

（1）力学性能。由于外墙板接缝会因温（湿）度变化、混凝土板收缩、建筑物的轻微振动等产生伸缩变形和位移移动，所以，装配式建筑密封胶必须具备一定的弹性且能随着接缝的变形而自由伸缩以保持密封，经反复循环变形后还能保持并恢复原有性能和形状，其主要的力学性能包括位移能力、弹性恢复率及拉伸模量。

（2）耐久性、耐候性。我国建筑物的结构设计使用年限为 50 年，而装配式建筑密封胶用于装配式建筑外墙板，长期暴露于室外，因此，对其耐久性及耐候性就需要格外关注，相关技术指标主要包括定伸黏结性、浸水后定伸黏结性和冷拉热压后定伸黏结性。

（3）耐污性。传统硅酮胶中的硅油会渗透到墙体表面，在外界的水和表面张力的作用下，使得硅油在墙体载体上扩散，空气中的污染物质由于静电作用而吸附在硅油上，就会对接缝周围产生污染。对有美观要求的建筑外立面，密封胶的耐污性应满足目标要求。

（4）相容性等其他要求。预制外墙板是混凝土材质，在其外表面还可能铺设保温材料、涂刷涂料及粘贴面砖等，装配式建筑密封胶与这几种材料的相容性是必须要提前考虑的。

2. 建筑防水的分类

除材料防水外，构造防水常作为装配式建筑外墙的第二道防线。在接缝的背水面根据外墙板构造功能的不同，采用密封条形成二次密封，两道密封之间形成空腔，形成构造防水。垂直缝部位每隔 2~3 层设计排水口。所谓两道密封，即在外墙的室内侧与室外侧均涂覆密封胶做防水。外侧防水主要用于防止紫外线、雨雪等的影响，对耐候性能要求高。而内侧两道防水主要是隔断外界水汽与内侧发生交换，同时也能阻止室内水流入接缝，造成漏水。预制构件端部的企口构造也是构造防水的一部分，可以与两道材料防水、空腔排水口组成的防水系统配合使用。

外墙漏水需要满足三个条件：水、空隙与压差，任何一个条件缺失，就可以阻止水的渗入。空腔与排水管使室内外的压力平衡，即使外侧防水遭到破坏，水也可以排走而不进入室内。内外温差形成的冷凝水也可以通过空腔从排水口排出。漏水被限制在两个排水口之间，易于排查与修理。排水可以由密封材料直接开口形成，也可以在开口处插入排水管。

3. 装配式建筑用建筑密封胶性能

建筑密封胶性能见表 1-8。

表 1-8　建筑密封胶性能

序号	项目		指标	
			低模量（LM）	高模量（HM）
1	拉伸模量（MPa）	23℃	≤0.4 和 ≤0.6	>0.4 或 >0.6
		−20℃		
2	定伸黏结性		无破坏	
3	浸水后定伸黏结性		无破坏	
4	冷拉-热压后黏结性		无破坏	
5	质量损失率（%）		硅酮≤8、改性硅酮≤5、聚氨酯≤7、聚硫≤5	

注：采用的密封防水胶标准：

1.《建筑用硅酮结构密封胶》（GB/T 16776）；

2.《硅酮和改性硅酮建筑密封胶》（GB/T 14683）；

3.《聚硫建筑密封胶》（JC/T 483）；

4.《聚氨酯建筑密封胶》（JC/T 482）。

装配式建筑防水密封是保证建筑耐久的关键技术，从防水角度看主要是大面上的防水和构件间的密封，尤其是外墙板之间的密封，外墙与梁柱的密封和黏结、连接是保障装配式建筑安全性及耐久性的关键。

八、交叉膜防水卷材施工技术

湿铺类防水卷材又称为自粘高分子类交叉强力膜卷材，是应用于地下防水工程的一项新材料的应用技术，适用于在无积水的潮湿基层上施工，不动用明火和黏结剂，对环境无污染，属于安全环保施工。

1. 湿铺高分子类（交叉强力膜）防水卷材标准

《湿铺防水卷材》（GB/T 35467）针对湿铺防水卷材性能见表1-9。

表1-9　湿铺防水卷材性能（GB/T 35467—2017）

序号	项目		指标		
			H	E	PY
1	可溶物含量（g/m²）≥				2100
2	拉伸性能	拉力（N/50mm）≥	300	200	500
		最大拉力时伸长率（%）≥	50	180	30
		拉伸时现象	胶层与高分子胶或胎基无分离		
3	撕裂力（N）≥		20	25	200
4	耐热性（70℃，2h）		无流淌、滴落、滑移≤2mm		
5	低温柔性（-20℃）		无裂纹		
6	不透水性（0.3MPa 120min）		不透水		
7	卷材与卷材剥离强度	无处理	1.0		
		浸水处理	0.8		
		热处理	0.8		
8	持粘性（min）≥		30		
9	与水泥砂浆剥离强度（N/mm）≥		1.5		
10	与水泥砂浆浸水后剥离强度（N/mm）≥		1.5		
11	尺寸变化率（%）		±1.0	±1.5	±1.5

2. 卷材特点

（1）湿铺防水卷材按增强材料有聚酯基卷材（PY），高分子膜基卷材分高强度类（H）、高延伸类（E）；

（2）施工操作简便，与基层水泥混凝土形成密封后，卷材与水泥层黏结强度高，能适应基层的裂纹变化，适用于建筑地下工程、市政工程，尤其是隧道防水工程；

（3）该卷材适用于外露的工程。

3. 施工工艺

大面积防水施工分为两种，一种是湿铺法施工，另一种是采用空铺反粘法施工；

（1）湿铺法施工操作工序

适用部位：地下室立墙、顶板及屋面。

清理基面→细部节点密封加强处理→弹卷材铺贴基准线→配置水泥浆料→卷材试铺→撕卷材底部隔离膜→涂刮水泥浆料→铺贴卷材、排气→成品养护。

（2）空铺反粘法施工操作工序

适用部位：地下室底板。

清理基面→细部节点密封加强处理→弹卷材铺贴基准线→铺贴卷材、搭接边排气→成品养护。

（3）施工注意事项

①温度低于5℃时或暗潮湿的区域，使用热熔工具将搭接部位加热后再行粘贴；

②卷材的搭接也可以与大面积卷材铺贴施工同时进行。如采用同步搭接，水泥浆料不要污染卷材搭接部位的胶黏剂，若有不慎污染要及时清理干净；

③设置在双面粘卷材上部的隔离膜不宜在卷材铺贴后立即揭除，以免污染防水表面的胶料，宜在保护层施工时一次性揭除；

④设置两道湿铺高分子类（交叉强力膜）防水卷材时，在第一道卷材铺贴时不宜立即将上表面的隔离膜揭除，应在铺第二道防水层时与第二道卷材下面的隔离膜同时揭除；在第二道大面卷材铺贴之后，在进行保护层施工之前将大面积防水层表面隔离膜揭除；

⑤铺贴地下工程底板和立墙时，卷材可平行基层的任意方向；铺贴屋面卷材时，卷材应由低往高顺序进行，搭接缝顺水流方向；卷材的短边搭接缝应错开500mm，上下两幅卷材长边搭接缝应错开卷材的1/3～1/2。

九、非固化橡胶沥青涂料复合施工技术

非固化橡胶沥青防水涂料，用于建筑工程非外露防水大面积喷涂防水层并同防水卷材复合施工，形成柔柔结合的、性能优异的防水层，在国内得到广泛应用。尤其是同自粘型防水卷材＋自粘型聚合物的性沥青防水卷材一起复合施工，效果极佳，常用于地下综合管廊工程、地下防水工程。非固化橡胶沥青防水涂料性能见表1-10。

表1-10 非固化橡胶沥青防水涂料性能

序号	项目			技术指标
1	闪点（℃）		≥	180
2	固含量（%）		≥	98
3	黏结性能	干燥基面		100%内聚破坏
		潮湿基面		
4	延伸性（mm）		≥	15
5	低温柔性			−20℃，无断裂
6	耐热性（℃）			65
				无滑动、流淌、滴落
7	热老化 70℃，168h	延伸性（mm）	≥	15
		低温柔性		−15℃，无断裂

序号	项目		技术指标
8	耐酸性（2% H_2SO_4 溶液）	外观	无变化
		延伸性（mm） ≥	15
		质量变化（%）	±2.0
9	耐碱性［0.1% NaOH + 饱和 Ca（OH）$_2$溶液］	外观	无变化
		延伸性（mm） ≥	15
		质量变化（%）	±2.0
10	耐盐性（3% NaCl 溶液）	外观	无变化
		延伸性（mm） ≥	15
		质量变化（%）	±2.0
11	自愈性		无渗水
12	渗油性（张） ≤		2
13	应力松弛（%） ≤	无处理	35
		热老化（70℃，168h）	
14	抗窜水性（0.6MPa）		无窜水

非固化橡胶沥青防水涂料同卷材复合施工的关键是二者能相容。

1. 施工操作工序

（1）基层清理

用扫帚或抛丸机、吹风机将基层的浮灰及建筑垃圾清理干净，达到基层坚实、平整、干净（无灰尘、无油污）、干燥的施工条件。

（2）细部附加层施工

采用刮涂法进行非固化橡胶沥青涂料的附加层施工。将加热后的涂料倒在附加层的基面上，使用刮板进行涂刮，涂刮要均匀，不得露底，非固化橡胶沥青涂料一般不小于2mm厚。在附加层的范围内涂刮完成后，在涂料表面覆盖铺贴聚酯无纺布。

（3）大面积涂料施工

非固化橡胶沥青涂料可采用刮涂法施工或喷涂法施工，根据施工现场情况及要求选择合适的方法。

在非固化橡胶沥青涂料大面积施工前，应确定卷材的铺贴区域及范围。按此基准线将卷材预铺，释放应力，然后将卷材重新打卷。

2. 施工方法

（1）刮涂法施工

把加热后的涂料倒在已确定范围的基面上，使用刮板进行涂刮，满刮涂不露底，刮涂厚度应满足设计要求。刮涂应控制好速度，保证涂料均匀，一次达到设计厚度，每次刮涂的宽度应比卷材宽100mm。

（2）喷涂法施工

将设备接好专用的喷枪，调整好喷嘴与基面距离、角度及喷涂设备压力，喷涂后的涂膜层表面应平整、不露底且薄厚均匀。施工时应根据设计厚度多遍喷涂，每遍喷涂时应交替改变喷涂方向，同层涂膜的先后搭压宽度宜为 30~50mm。每一遍作业幅宽应大于卷材宽度 100mm。

（3）铺贴卷材防水层

卷材铺贴于已施工完成的防水涂料表面，铺贴改性沥青卷材。自粘聚合物改性沥青卷材的搭接采用冷粘形式（搭接宽度≥80mm）。高聚物改性沥青防水卷材的搭接采用热熔法处理（搭接宽度≥100mm），用喷灯充分烘烤搭接边上下两层卷材沥青涂盖层，必须保证搭接处卷材间的沥青密实融合，且从边缘挤出均匀的、液状的沥青，对卷材端口进行密封。

十、喷涂速凝橡胶沥青防水涂料施工技术

该涂料是一种水性橡胶沥青涂料，为水乳型，双组份，组分之一为乳化橡胶沥青，另一为破乳剂为主的添加剂。二者通过专用双嘴喷涂设备施工，3~5 秒可凝结，可固化成膜，喷涂后在基层上形成一个整体无缝防水膜层，不窜水，无毒、防火、无味、无污染。喷涂厚度为 0.1~100mm，中间可加增强材料，是一种可替代卷材的材料，应用范围广泛，适用于建筑、地铁等防水工程。这是一项从国外引进的最新的技术。

喷涂速凝橡胶沥青弹性防水涂料物理性能见表 1-11。

表 1-11　喷涂速凝橡胶沥青弹性防水涂料物理性能

序号	检验项目	标准要求	
1	固体含量（%）	≥55	
2	凝胶时间（s）	≤5	
3	实干时间（h）	≤24	
4	低温柔性（℃）	标准条件	-20 无裂纹、断裂
		热处理	-15 无裂纹、断裂
		碱处理	-15 无裂纹、断裂
		紫外线处理	-10 无裂纹、断裂
5	断裂伸长率（%）≥	标准条件	1000
		碱处理	800
		热处理	800
		紫外线处理	800
6	不透水性	不透水　0.3MPa，30min	
7	黏结强度（MPa）	≥0.40	
8	拉伸强度（MPa）	≥0.80	
9	耐热度	（120±2）℃，无流淌、滑动、滴落	
10	弹性回复率（%）	85%	
11	吸水率（24h）（%）≤	2	
12	钉杆自愈性	无渗水	

1. 施工

（1）满粘法施工

①基层清理干净，细部处已按规定或图纸要求处理；

②喷涂机按要求的工作压力将浆料送到喷枪，喷枪口距被喷涂面 600～800mm。双组分材料在喷枪口外 150～300mm 处交叉后充分混合雾化，到达被喷涂面后瞬间成膜，施工速度快；

③喷涂施工宜分区完成，500～1000m² 为一区域进行施工，施工时需连续喷涂至设计厚度。每一遍的喷涂厚度控制在 0.35～0.50mm 厚，上、下交替改变喷涂方向，下一遍覆盖上一遍 2/3 宽度，以保证涂层厚度均匀、无漏喷。是一种环保冷施工做法。

（2）空铺法施工

喷涂胶膜层前，用无纺布等隔离材料空铺底层，短边横向搭接宽度为 70mm，长边纵向搭接宽度为 100mm，用 108 胶或其他专用接缝密封材料和水泥钉固定牢固。其余施工步骤与满粘法施工相同。

2. 养护

喷涂后 3s 固化成膜（气温过低时，为保证涂膜质量可适当添加缓凝剂，延长固化时间）。依据周围环境温度、湿度的不同，胶膜干燥时间为 24～48h，这期间胶膜发生排气、排水的鼓泡等属于正常现象，48h 后进行下一道工序为宜。

3. 自检修补

各类防水工程的细部构造处，边缝及接缝等处均应在固化成膜后做外观检查，发现问题应及时修补，确保涂膜防水层厚度完整无裂纹。

4. 保护层施工

当喷涂层表面设计有要求或有可能接触锐器、重物或高温焊屑时，应采取遮蔽防护措施，以保护施工层，防止被破坏。

十一、屋面保温防水施工技术

通常的屋面保温防水系统是由保温材料和防水材料分别来承担的，防水材料和保温材料共同作用在屋面上，构成屋面防水保温系统。其原则是保证功能、构造合理、防排结合、优选用材、节能环保。

目前，我国对建筑节能越来越重视，据统计屋面热损失在建筑物全部热损失中约占9%，能耗占比过高，与国外屋顶传热系数对比，我国能耗浪费惊人。我国面临的主要问题是资源相对不足、资源循环利用差，因此，需要提高屋面保温隔热及防水性能，确保按照节能标准实施。

目前，在建筑设计中要求一般地区的建筑应达到节能 65% 的标准，北京地区的建筑节能应达到 75% 的标准。在建筑节能 75% 的标准条件下，屋面整体传热系数为0.35W/m²·K，这就要求保温材料的导热系数要低，耐压强度相对要高，尤其是上人屋面和小型停车厂屋面。目前，常用的屋面保温材料有：挤塑聚苯板（XPS）保温板、现场喷涂硬泡聚氨酯保温泡沫板、硬泡聚氨酯复合保温板、现场发泡成型的发泡水泥板（发泡混凝土）、岩棉复合板、憎水珍珠岩板、BO3 或 BO4 级加气混凝土砌块等材料。这些保温材料同防水材料（通常为防水卷材或防水涂料）作用于同一基面，因此，又必须将这两种材料有机地结合为一体，才能组成屋面的防水保温系统，才能保证防水保温工程整体功能的实现。而这种屋面防水保温系统通常是由两种材料复合构成。为保障屋面防火安全，通常要求屋面采用 A 级或 B 级材料，同时应设置防火隔离带，以符合《建筑设计防火规范》（GB 50016）的强制性规定。外露型的防水材料的燃烧性能不应低于 B2 级。

1. 硬泡聚氢酯保温防水一体化技术的特点

硬泡聚氨酯既是优异的保温绝热材料，具有物理化学性能好、强度高、尺寸稳定性好、耐热度高、使用寿命长等特点，又具有良好的闭孔率，通过对硬泡聚氨酯保温材料进行改性，该材料的闭孔率可到达95％。在施工现场采用多遍喷涂成型工艺，成型后的泡沫在屋面成为无接缝壳体，使得喷涂硬泡聚氨酯保温材料具有了优异的防水性能，是真正意义上的防水保温一体化材料，该材料与保护面层构成了屋面防水保温一体化系统。

硬泡聚氨酯防水保温一体化材料施工后，在基层可形成一个连续、无缝的壳体，实现了屋面防水保温的使用安全性和完整性。由于硬泡聚氨酯具有保温和防水两种功能，提高了该建筑的保温隔热功能的持久性。平屋面排水坡度一般应大于2％，天沟、檐沟的纵向坡度不应小于1％，降低了屋面由于渗漏导致的保温性能降低、屋面窜水问题的发生。

喷涂硬泡聚氨酯防水保温一体化材料的耐紫外线能力较弱，因此，该材料不适合于外露使用，为避免使用后对防水层的破坏，需在防水保护层上部设置保护层，以提高屋面的使用年限，同时也是为了保护了保温层在使用过程中免受外界火源的影响，防止火灾发生。

按照《硬泡聚氨酯保温防水工程技术规范》（GB 50404—2007）中Ⅲ材料的技术要求，其主要技术指标如表 1-12 所示：

表 1-12　喷涂硬泡聚氨酯防水保温一体化材料的技术指标

项目	指标
密度（kg/m³）	≥55
导热系数（W/m·K）	≤0.024
压缩性能（形变10％）（kPa）	≥300
不透水性（无结皮）0.2MPa，30min	不透水
尺寸稳定性（70℃，48h）（％）	≤1.0
吸水率（％）	≤1
闭孔率（％）	≥95

2. 喷涂硬泡聚氨酯防水保温一体化材料的特点

（1）具有防水、保温双重功能。防水保温安全、可靠；

（2）保温节能效率高，且节能性能保持长久。喷涂硬泡聚氨酯的导热系数只有0.024W/m·K，节能效果显著优于其他保温材料，且由于该材料具有防水功能，保温性能不易衰减；

（3）抗压强度高。能较好地满足上人屋面、小型停车厂屋面对保温材料的强度要求；

（4）荷载轻、能满足轻质屋面对防水保温材料的荷载要求；通常情况下的建筑荷载只有 3~4kg/m²，大大降低了建筑物的荷载，特别适合于高层建筑和轻型大跨度建筑、网架结构建筑。

3. 构建屋面和有荷载限制屋面防水保温工程的施工要点

（1）与基层的黏结力强，具有好的抗风揭性。硬泡聚氨酯喷涂施工时，与混凝土、金属、木板等屋面板均有较好的自黏结性能，可实现与基层100％黏结，有效地避免了屋面产生的风揭问题。

（2）适应各种环境下使用。其适应环境温度为 −50℃～100℃，在我国可在南北各个区域使用。

（3）施工快捷简便。喷涂施工后 5min 即固化，20min 即可上人行走。异型部位无需特殊处理，减少了防水搭接点，极大地简化了复杂屋面的防水施工工艺，提高了防水安全性，特别适合于异型建筑、复杂屋面的防水保温工程。硬泡聚氨酯喷涂施工后在屋面表面可形成一个无接缝、连续的壳体，能有效地避免冷热桥现象发生。

（4）使用寿命长，维修方便。由于该材料有效地避免了窜水问题，在防水层局部受到破坏时，不会形成大面窜漏问题，在漏源明确的情况下，可对破坏的防水层进行局部维修处理。

十二、刚性防水施工技术

刚性防水是指掺加防水剂或膨胀剂的防水混凝土和掺外加剂的浆料、聚合物水泥防水砂浆、水泥结晶渗透型防水材料及堵漏材料，上述材料构成的防水系统成功地应用于屋面工程、地下工程、室内防水工程、墙体防水工程、桥面防水工程与其相关的构筑工程、地铁工程、隧道工程、水利工程。

刚性防水混凝土是指以水泥、砂、石为原料或掺入少量外加剂、高分子聚合物等材料，通过调整配合比、抑制或减少孔隙率、改变孔隙特征、增加各原材料界面间的致密性等方法，配制成的具有一定抗渗能力的混凝土、水泥砂浆类防水材料。

刚性防水材料按其胶凝材料的不同可分为两大类，一类是以硅酸盐类水泥为基料，加入有机和无机外加剂，配制而成的防水混凝土、防水砂浆；另一类是以膨胀水泥或高铝水泥等特种水泥为基材配制的防水混凝土、防水砂浆。

防水混凝土是指通过调整配合比或掺入少量减水剂、引气剂、密实剂、早强剂、膨胀剂等外加剂的途径来改善混凝土本身各界面间的密实性，补偿混凝土的收缩以提高混凝土的抗渗性、抗裂性，使其满足抗渗等级大于 0.6MPa 的不透水性混凝土。按其组成的不同，主要分为普通防水混凝土、外加剂防水混凝土和膨胀水泥防水混凝土三大类。它们各具特点，可根据不同工程要求选择使用。防水混凝土采用的标准为《砂浆、混凝土防水剂》（JC 474）。

1. 防水砂浆的性能要求见表 1-13

表 1-13　防水砂浆的性能

项目			性能指标	
			一等品	合格品
安定性			合格	合格
凝结时间	初凝（min）	≥	45	45
	终凝（min）	≤	10	10
抗压强度比（%）　≥	7d		100	85
	28d		90	80
透水压力比（%）		≥	300	200
吸水量比（48h，%）		≤	65	75
收缩率比（28d，%）		≤	125	135

注：安定性和凝结时间为受检净浆的试验结果，其他项目数据均为受检砂浆与基准砂浆的比值。

14

2. 防水混凝土的性能要求见表 1-14

表 1-14　防水混凝土的性能

项目		性能指标	
		一等品	合格品
安定性		合格	合格
泌水率比（%）	≤	50	70
凝结时间差（min）≥	初凝	-90'	-90'
抗压强度比（%）　≥	3d	100	90
	7d	110	100
	28d	100	90
渗透高度比（%）	≤	30	40
吸水量比（48h）（%）	≤	65	75
收缩率比（28d）（%）	≤	125	135

注：安定性为受检净浆的试验结果，凝结时间差为受检混凝土与基准混凝土的差值，表中其他数据为受检混凝土与基准混凝土的比值。

"—"表示提前

3. 地下工程防水混凝土

地下工程主体结构应采用防水混凝土，防水混凝土的抗渗等级应根据结构埋深和工程要求来确定，具体见表 1-15。

表 1-15　地下工程防水混凝土抗渗等级

项目	指标	
混凝土抗渗等级	F1	F2、F3
市政工程现浇混凝土结构	≥P8	≥P8
建筑工程现浇混凝土结构	≥P8	≥P6
装配式盾构管片	≥P10	≥P10

地下工程防水混凝土结构，应符合下列规定：

（1）结构厚度不应小于 250mm；

（2）变形缝处混凝土结构厚度不应小于 300mm；

（3）结构迎水面裂缝宽度不应大于 0.2mm，且不得贯通；

（4）结构迎水面钢筋保护层厚度不应小于 35mm；

（5）腐蚀性介质环境下，防水混凝土的强度等级不应低于 C40，设计抗渗等级不得低于 P8，迎水面裂缝不得大于 0.15mm，最小钢筋保护层厚度不应小于 40mm。

第二章 高分子防水卷材机械固定施工技术

第一节 概 况

一、技术简介

高分子防水卷材是以合成橡胶、合成树脂或二者的共混体为基料，加入适量的化学助剂和填充剂等，采用密炼、挤出或压延等加工工艺所制成的可卷曲片状防水材料。高分子防水卷材具有拉伸强度高，低温柔性好，延伸率大，能够适应不同气候条件下建筑结构的伸缩和变形；耐腐蚀，耐老化，使用寿命长；冷施工，施工安全，环保，无污染；可单层使用，施工简便等优点。

高分子防水卷材种类多，分类方法也有多种，现在通常分为：橡胶类、树脂类、自粘类。橡胶类防水卷材以三元乙丙橡胶防水卷材为代表；树脂类高分子防水卷材包括：热塑性聚烯烃（TPO）防水卷材、聚氯乙烯（PVC）防水卷材、氯化聚乙烯（CPE）防水卷材、聚乙烯丙纶防水卷材、高密度聚乙烯（HDPE）土工膜、EVA/ECB防水板等；自粘类高分子防水卷材包括：预铺防水卷材、带自粘层的高分子防水卷材等。

高分子防水卷材广泛应用于各类普通工业与民用建筑、场馆、桥梁、隧道、地铁等的防水工程。

高分子防水卷材施工方法分为无穿孔机械固定法、机械固定法、满粘法和预铺法等。

满粘法：防水卷材与基层采用全部黏结的施工方法。其施工工艺为：清理基层→铺贴加强层→涂刷胶黏剂、铺贴防水卷材→搭接边焊接或黏结→收头固定密封→检查验收。

机械固定法：是指采用专用固定件（如金属垫片、螺钉、金属压条等）将防水卷材以及其他屋面材料固定在屋面基层或结构层上的施工方法。其施工工艺为：清理基层→铺贴加强层→（预设固定件）铺贴防水卷材→机械固定防水卷材→搭接边焊接→收头固定密封→检查验收。

二、高分子防水卷材机械固定施工技术

（一）施工工艺

1. 机械固定施工工艺

基层准备→隔汽层铺设→保温层安装→防水层铺设和机械固定→热风焊接→细部处理和收口处理→检查验收。

2. 空铺工艺

基层准备→隔汽层铺设→保温层安装→防水层铺设→热风焊接→细部处理和收口处理→

检查验收→保护层铺设→压铺物。

（二）材料要求

1. 主体材料

主体材料包括 TPO 和 PVC 高分子防水卷材。TPO 防水卷材应符合《热塑性聚烯烃（TPO）防水卷材》（GB 27789）标准中相关要求，PVC 防水卷材应符合《聚氯乙烯（PVC）防水卷材》（GB 12952）标准中的相关要求。

2. 配套材料

高分子卷材单层屋面系统的配套材料主要包括隔汽材料、绝热材料、固定件、胶黏材料、覆盖材料、压铺材料、隔离材料、密封材料、预制件等。

（三）基层要求及处理

高分子卷材的基层包括钢板、混凝土、水泥砂浆、木板及其他硬质材料等。基层处理应满足以下要求：

（1）基层应坚实、平整、干净、干燥；细石混凝土或水泥砂浆基层不应有疏松、开裂、空鼓等现象；

（2）屋面基层上需要安装的管线、管道、构件及相关设施已经安装完毕；

（3）屋面坡度及屋面天沟排水坡度符合设计要求，且顺畅、无低洼积水处；

（4）机械固定施工时，当固定基层为混凝土结构板时，其厚度应不小于 40mm，强度等级不低 C25。当固定基层为钢板时，其厚度不应小于 0.75mm。

（四）施工机具

1. 焊接设备

焊接设备为热风型，主要分为自动焊接机和手持焊接设备两种，均为电力驱动。

（1）自动焊接机

自动热风焊接机有智能调节自动焊接机和普通自动焊接机，两种焊接形成的焊缝均为单线条型直焊缝。

智能调节自动焊接机的电子控制和数码温度显示（温度传感器位于焊口处）为焊接提供了最大的安全性和可操作性；焊机配有微电脑控制程序和数字显示器，以及预设了焊接参数；自动焊接的卷材搭接接缝应不少于 80mm。

（2）手持焊接设备

手持焊枪主要用于手工焊接和细部处理，一般配有 40mm 宽焊嘴、20mm 宽焊嘴、焊绳和压辊。

40mm 宽的焊嘴用于直缝焊接，20mm 宽的焊嘴用于细部处理。焊枪的挡位（温度）根据材料和周围环境设置。焊嘴安装后应使手持焊枪颈部不漏风，且焊嘴出风均匀。焊嘴黏有杂物或卷材材料时，可用钢丝刷清洁焊嘴。

2. 机械固定工具

机械固定时，需要用功率大于 1200W 的电动螺丝刀（用于压型钢板）、功率大于 1200W 的电动螺丝刀（用于混凝土基层）以及扭矩器和电锤等工具施工。

3. 压实工具

20mm 和 40mm 宽的硅酮辊，用来滚压热风焊接的接缝，其中，20mm 宽硅酮辊用于细部焊接滚压。

三、无穿孔电磁焊接技术

无穿孔电磁焊接技术是通过特殊设备加热卷材下部的兼作保温固定的金属垫片（带涂层）而与上部卷材形成连接，而固定件不穿透卷材的施工技术。此项技术的出现，跳出了原有的机械固定件必须设置在卷材的搭接边上的思维，从而避免卷材要根据固定件的位置进行裁剪的情况出现。由于固定件的布置更灵活，布置间距更均匀，对屋面卷材抗风揭性能有极大的提升，如图2-1所示。

（一）适用范围

此技术适合用于有保温层的钢结构屋面，防水卷材于基层机械固定，可与岩棉、聚异三聚氰胺泡沫PIR、硬质盖板以及任何不会被电磁感应加热后的垫片融化的保温板搭配使用。在XPS、EPS上直接使用电磁感应焊接时，应增加一层至少6mm厚的盖板，或者在每个涂层垫片下放置一个直径102mm的隔热垫片。在使用铝膜等包裹的保温板时，建议增加至少38mm的盖板。在钢结构上使用此项技术时，需要在基层上铺设至少38mm厚度的保温板，以保证最佳的施工状态。

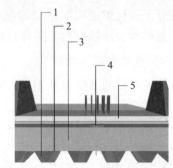

图2-1　局部示意图

1—屋面压型钢板；2—隔汽膜；
3—保温板；4—固定螺钉及垫片；
5—电磁焊接设备

（二）技术应用及标准

1. 设备介绍

使用无穿孔固定施工时，需要对固定件的垫片及卷材进行电磁焊接，电磁焊接需要的工具为：电磁焊机、磁性散热器，见图2-2。

电磁焊机：对垫片进行加热，使垫片升温，融化垫片表面的涂层及卷材的主材，从而使垫片和卷材黏结为一体。

磁性散热器：电磁焊机对垫片加热后产生大量热量，将磁性散热器置于垫片上方，可迅速消散垫片产生的热量，并且通过散热器的重力作用，使垫片与卷材更好地黏结在一起。

2. 电磁焊接施工工艺

（1）采用专用紧固件将保温材料固定至屋面后，将卷材铺设好，相邻的卷材搭接，用热风焊机焊接完成后，开始使用电磁焊机焊接卷材与垫片。

（2）试焊：根据环境温度（−18℃/49℃）和防水卷材的厚度调节焊机以达到最大的黏合力，调节能量等级以产生最佳黏合力。

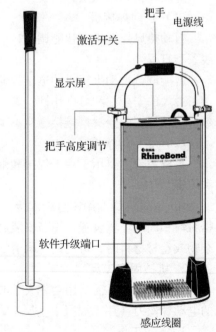

图2-2　电磁焊接设备

在保温材料样本上放置 5 个垫片，间隔 25cm（不要使用螺钉）。在垫片上面铺设一块防水卷材样块，用鞋底摩擦防水卷材以确定每个垫片的位置（图 2-3）。

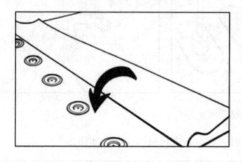
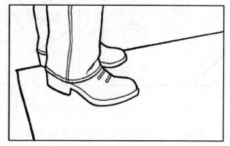

图 2-3　垫片位置示意图

将焊机底部的中心红圈直接对准第一个垫片的上方。按显示屏旁边的向上或向下箭头改变等级设置，以达到适当的初始设置，然后按"Select"键确认选取该设置。从 0 开始调试，测试卷材样块（图 2-4）。

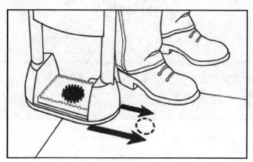
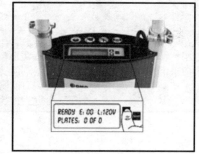

图 2-4　测试

使用把手上的激活按钮激活焊机，几秒钟后听到"滴"的提示音表示焊接完成，将焊机移开后，立即将磁性散热器置于垫片正上方，如图 2-5 所示。

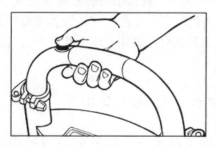
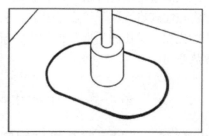

图 2-5　焊接示意

再次按显示屏旁边的向上或向下箭头改变能量设置，在 +1、+2、+3 等各个等级上对剩余垫片分别进行试焊，并在卷材上标明试焊等级。所有试件试焊完成后，等待垫片降温至可触摸温度，即可移开磁性散热器，并将试焊的卷材翻转过来，露出已焊接好的垫片，使用老虎钳将每个垫片剥离防水卷材，如图 2-6 所示。

将垫片剥离防水卷材后，通过观察剥离效果选择适合大面焊接的等级。

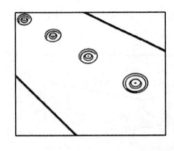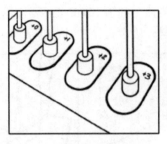

图2-6 剥离示意

注：当环境温度变化达8℃（无论升温或降温）时，应重新进行试焊作业，如图2-7所示。

垫片外观	防水卷材 剥离表面	防水卷材 上层表面	垫片外观	防水卷材 剥离表面	垫片外观	防水卷材 剥离表面	防水卷材 上层表面
100%黏合 完全、平整、与防水卷材360°黏合，垫片在防水卷材上面留下课件的印记。			部分黏合 与防水卷材不平整/不完全黏合。能量设置可能过低、工具可能偏离中心或垫片可能过度拧紧。		过热 防水卷材可能变黄、融化或起褶皱且黏合处可能烧焦。		

图2-7 重新焊接示意

（3）大面卷材电磁焊接

通过试焊确定焊机的等级设置后，开始对大面卷材进行焊接。经过临时固定的卷材应从卷材的一端开始进行焊机，焊接时将焊机底部红圈直接对准垫片的正上方，放置好焊机后，使用把手上的激活按钮激活焊机，几秒钟后听到"滴"的提示音表示焊接完成，将焊机移开后，立即将磁性散热器置于垫片正上方，接着焊接下一个点，磁性散热器循环交替使用，执行"先压的先取，后压的后取"的原则，确保散热器在垫片上放置满足45s，以保证垫片有足够的散热空间。

第二节　高分子防水卷材施工案例

一、TPO防水卷材无穿孔机械固定施工技术——雄安市民服务中心建筑屋面防水工程[*]

（一）工程概况

1. 项目名称

雄安市民服务中心建筑屋面防水工程。

---

[*] 撰稿：北京远大洪雨（唐山）防水工程有限公司　郝宁，李娜，贾志军

2. 项目地点

河北省容城县奥威东路南侧。

3. 工程面积

党工委、雄安集团、周转用房、生活用房等屋面防水工程面积11000m²。

4. 结构类型

钢框架结构、抗震设防烈度为7度，楼面板采用钢筋桁架楼承板屋面。

5. 设计年限

50年。

6. 施工部位

党工委、雄安集团、周转用房、生活用房屋面。

7. 防水设计

本项目屋面为达到《单层防水卷材屋面工程技术规范》（JGJ/T 316—2013）一级设防要求，采用1.5mmNRF-P721高分子TPO防水卷材单层机械固定施工。除满足防水需求外，为满足项目整体美观效果，我公司将NRF-P721防水卷材设计成浅灰色，与项目整体效果完美融合。

（二）防水构造设计

NRF-P721高分子TPO防水卷材，应用于单层低坡屋面，防水构造设计如图2-8所示。

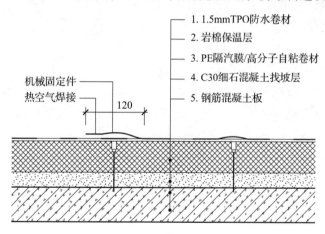

图2-8 防水构造设计图

屋面防水构造设计分析：

屋面防水原设计为正置防水，防水层采用3.0mm自粘橡胶沥青复合防水卷材＋1.5mm聚合物水泥防水涂料。由于项目要求工期紧，任务重，屋面防水施工正处于冬季，容城县2月底3月初平均气温低于5℃，不利于防水涂料施工及屋面混凝土保护层施工。由于NRF-P721高分子防水卷材采用单层屋面机械固定施工技术，接缝采用热风焊接可以在−10℃内操作，与设计院沟通后，设计院同意变更屋面防水做法，改为采用单层屋面防水系统。该系统既可以保证防水、保温、隔汽正常施工又可减少屋面湿作业，保质保进度，同时满足屋面一级设防需求。

项目总包采取冬季保温措施：现浇混凝土屋面板表面采用保温措施，所有楼内洞口封闭，采用热风炮 24h 加热。

（三）屋面防水工艺流程

NRF-P721 单层屋面防水施工工艺：

（1）基层清理，铺设隔汽膜；

（2）分层错缝铺设岩棉保温板，固定件弹线定位，见图 2-9；

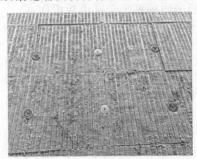

图 2-9　屋面防水工艺流程

（3）非加密区固定件配置，加密区固定件配置；

（4）卷材剥离强度现场测试，卷材接缝焊接；

（5）细部节点处理，收口固定密封。

（四）材料和设备

1. 防水材料

（1）NRF-P721 产品简介

本产品为高分子 TPO 防水卷材，为聚酯增强型卷材。

（2）产品规格型号见表 2-1。

表 2-1　NRF-P721 产品规格型号

序号	项目	产品规格
1	长度（m）	20
2	宽度（mm）	2000
3	厚度（mm）	1.5

（3）性能指标

NRF-P721 高分子 TPO 防水卷材执行《热塑性聚烯烃（TPO）防水卷材》（GB 27789—2013）P 类增强型材料标准。

2. 保温材料

（1）岩棉保温板产品：燃烧性能为 A 级的产品。

（2）产品优势特性

180kg/m³ 高密度屋面板专门为保温、吸声降噪和防火功能的平面屋面系统（特别是柔性防水屋面系统）而度身订造，具有优异的耐压缩、高荷载和抗老化及耐候性能。

（3）产品规格参数（表 2-2）

表 2-2　岩棉保温板产品规格参数

厚度（mm）	长度（mm）	密度（kg/m³）
40～100	1200×600	140～200

3. 固定件

项目由于施工工期紧张，防水质量要求高，在可行性分析和成本计算后，决定采用无穿孔固定系统加传统固定系统组合的施工形式。

1）无穿孔固定件

无穿孔机械固定系统是采用带热熔涂层的固定垫片固定在基层或保温层上，铺设防水卷材后（TPO、PVC）在固定垫片的位置上通过电磁加热的方式将卷材与固定件热熔连接，然后通过磁性散热器固定降温。

2）传统套筒固定件

岩棉保温板固定施工采用传统套筒固定件配合对应尺寸螺钉，塑料套筒材质由改性聚丙烯制成，配套螺钉选择直径 6.3mm 混凝土基层专用型螺钉。

3）固定件参数

（1）抗腐蚀性：

①抗酸雨测试 15 个循环无红锈《金属和其他无机覆盖层通常凝露条件下的二氧化硫腐蚀试验》（GB 9789）；

②中性盐雾 NSS 测试 1500h 无红锈《人造气氛腐蚀试验盐雾试验》（GB/T 10125）。

（2）SGS 检测

①SGS 抗硫化试验 15 个循环表面红锈腐蚀面积＜15%（DIN 50018，SFW 2.0S）；

②SGS 中性盐雾测试 1500h 外观等级九级（ASTM117）。

4）抗风性能

卷材抗风揭检测（ANSI/FM4474，GB 27789）：抗风等级达到（105psf）5.0kPa。

4. 其他辅材

1）丁基胶带；

2）0.3mmPE 隔汽膜；

3）固定压条硅酮耐候密封胶。

5. 主要施工机具

1）自动爬行焊机

适用于平面高分子 TPO 防水卷材搭接缝焊接处，施工稳定，效率高。

自动爬行焊机应由专人操作，施工前需进行试焊接，做剥离试验。

型号：VARIMAT；

技术规格：230V/3680W/50Hz；

焊接温度：最高（620±1）℃，连续可调。风机风量 500L/min 50%～100%，连续可调。风机静压：最大 5000 Pa（50mbar）。焊接速度 1.5～12m/min，连续可调。外形尺寸：600mm×430mm×310mm。

2）手持焊枪及配件

型号：TRIAC S；

电压：230V；

功耗：1600W；

温度：20 ~ 700℃，连续调节。

频率：50Hz；

风量：最大 230L/m；

风压：3000Pa，静压。

适用于细部处理；

大焊接机无法操作的部位；

根据不同需要可更换焊枪嘴。

手持焊枪特点：

3）无穿孔焊接机

（1）施工效率块，节省 20% ~ 50% 固定件。

（2）均匀分布屋面风荷载，增加抗风揭能力。

（3）适用于无穿孔屋面固定系统，每套设备配 6 个散热器，焊接完成后对固定件进行加压冷却。

（五）施工方案

1. 编制依据

（1）现场勘查照片；

（2）项目的施工图纸；

（3）工程采用的主要规程及标准规范及图集：

《施工现场临时用电安全技术规范》（JGJ 46—2005）；《建筑工程施工质量验收统一标准》（GB 50300—2013）；《热塑性聚烯烃（TPO）防水卷材》（GB 27789—2011）；《屋面工程技术规范》（GB 50345—2012）；《屋面工程质量验收规范》（GB 50207—2012）。

2. 防水系统设计（表2-3）

表 2-3　防水系统设计

序号	施工部位	主要材料	厚度	施工方式
1	防水层	NRF-P721 防水卷材	1.5mm	机械固定法
2	保温层	岩棉保温板	100mm	机械固定法
3	隔汽层	PE 隔汽膜	0.3mm	空铺

3. 施工储备

1）施工物资准备

为保证该项工程的材料供应，施工前对所施工区域工程量进行详细核算，综合考虑运距和时间、材料质量及备选厂家；总包单位提前 7d 通知防水分包单位准备进场，我们将充分调动我们的资源优势，利用我们的原材料储备，在接到开工通知后 24h 内，将第一批材料及施工工具运抵施工现场，后续材料 3d 内抵达现场。

2）劳动力准备

（1）施工力量配备　本公司深入研究该工程工作量及施工难度，根据施工作业最优化组织管理原则，进行合理的劳动力安排，确保按甲方要求保质保时间完成施工任务。

（2）劳动力培训工作　针对该项目特点、难点，专门培训技术工人60余人。

项目采用机械固定法施工，7～9人分为一个小组，包括隔汽层铺设、保温层铺设固定、防水层铺设固定、热焊接和其他辅助岗位。热焊接的质量需每天施工前进行焊接试验，该岗位人员必须严格按照操作流程施工。除合理的劳动组织外，施工的全过程从施工方案的确定、材料质量和施工的全过程，均有完善的生产、施工工艺和质量及安全的管理监督体系，以此保证防水质量。

（3）管理人员：设两名施工经验丰富、管理协调能力强的专业工长。

（4）具体操作人员：分包单位施工人员必须具备防水施工上岗证。

（5）机具准备。

根据实际情况、工程规模及劳动力配备情况配备施工设备及工具，易耗品一次性配足。

（六）屋面防水工艺流程（图2-10）

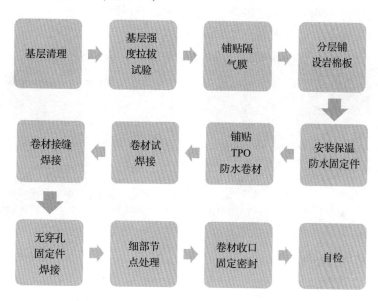

图2-10　屋面防水工艺流程

（七）屋面防水施工

1. 基层验收：

（1）混凝土屋面养护完成，含水率小于8%；

（2）屋面穿出构件，安装完成；

（3）基层无蜂窝麻面、开裂、起砂等情况；

（4）阴角应为直角、阳角抹圆弧；

（5）收口位置基层为混凝土，可持钉；

（6）施工前采用拉拔仪器测试基层强度，基层强度不得低于$800N/m^2$；

（7）$100m^2$选择3个点测试取平均值。

注意：混凝土阴角部位的圆弧砂浆会导致高分子卷材U形压条无法安装到根部，或影响到膨胀钉固定位置，因此不建议抹阴角圆角。

2. 铺设隔汽层（图 2-11）

1）将隔汽膜摊开后沿屋脊方向铺设。

施工时自然滚铺即可，完成面平整不褶皱、不空鼓。

2）隔汽膜搭接部位及收口部位采用丁基胶带密封处理。

3. 铺设丁基胶带（图 2-12）

丁基胶带是经过特殊的工艺流程生产出的环保型无溶剂密封黏结材料，主要用于 PE 膜连接密封，起阻断气流的作用。使用胶带时应注意以下几点：

（1）丁基胶带宽度不应小于 10mm。

（2）需在 -15 ~ 45℃温度范围施工，粘贴时注意检查 PE 膜搭接是否歪斜，及时调整，禁止 PE 膜褶皱，防止空鼓。

（3）丁基胶带搭接处及 T 字缝处粘贴应连续、不断开。

（4）PE 膜搭接宽度不应小于 100mm。

（5）当屋面有女儿墙时，周边 PE 膜应沿墙面向上连续铺设。

（6）高出保温层上表面不应小于 150mm。

图 2-11　铺设隔汽层

图 2-12　铺设丁基胶带

4. 铺设岩棉保温板

1）基层要求平整干燥。

2）岩棉保温板铺设应紧贴基层，铺平垫稳、拼接缝严密、固定件安装牢固。

3）保温层采用双层 50mm 岩棉板错缝铺设，上下层不产生贯通缝（图 2-13）。

4）保温固定件垫片应与保温板平齐；固定件垂直固定在屋面现浇混凝土基层上，嵌入混凝土不少于 30mm。

5）岩棉板固定件每块板不少于 2 个，固定位置沿中线均匀布置。

5. 机械固定件施工

1）屋面机械固定件数量应根据抗风揭计算确定。

2）该项目采用无穿孔固定件加传统套筒固定件组合使用。

图 2-13　铺设岩棉保温板

3）固定件均匀分布于屋面，其中边角加密区全部采用无穿孔固定件固定。

4）项目基层为 C30 细石混凝土，固定件施工前应采用冲击钻预钻孔，钻头直径小于固定螺钉直径 0.5mm，在预钻孔位置安装相应配套固定件（图 2-14）。

图 2-14　配套冲击钻头

5）固定件垫片应与保温板平齐；固定件垂直固定在屋面现浇混凝土基层上，嵌入混凝土不少于 30mm。

6. NRF-P721 卷材施工

1）防水层施工前应试铺定位，铺贴和固定的防水卷材应平整、顺直、松弛，不应扭曲、皱褶。

2）防水层平行于屋脊铺设，卷材搭接应顺流水方向，短边搭接缝相互错开不小于 300mm。

3）卷材搭接部位表面干净、干燥，搭接尺寸准确。

4）卷材收边收口位置应采用金属压条固定，收口位置采用硅酮耐候密封胶密封。

5）卷材 T 形接缝位置采用同材质高分子卷材焊接处理。

6）防水卷材搭接部位焊接面应擦拭干净、干燥，采用自动焊接机进行焊接，由专人操作，保持 3m/min 的速度稳定行走。

7）自动焊接无法操作的部位用手持式焊接机，采用热风焊接，焊接时焊嘴与焊接方向为 45°角，压辊与焊嘴平行并保持大约 5mm 的距离，焊接边应有亮色熔浆渗出，不应出现漏焊、跳焊、烧焦或焊接不牢现象，焊接时不得损害非焊接部位的卷材。

（八）细部节点处理

细部节点作为防水施工的重中之重，施工前应与设计、技术部门沟通，进行防水深化设计，并严格按照设计要求施工。

（九）质量检测

（1）大面要求：铺设顺直，平整。

（2）搭接宽度要求：先焊长边搭接，后焊短边搭接，焊接时不得损坏非焊接部位。

（3）接缝要求：每条焊缝必须通过手工检测，即用平口螺丝刀，稍微用力，沿焊缝移动，无漏焊、跳焊为合格。

二、TPO 防水卷材无穿孔固定施工技术——中国商飞技术中心工程*

（一）工程概况

（1）工程名称：中国商飞公司北京民用飞机技术研究中心综合实验室项目。

（2）工程地点：北京市昌平区。

（3）屋面结构形式：钢网架结构形式，焊接球节点。

　＊ 撰稿：潍坊宏源防水工程有限公司北京分公司　耿伟历，李征，高伟

（4）招标范围：屋面保温及防水材料供给及施工。

（5）结构形式：钢结构屋面。

（6）质量标准：合格。

（7）安全生产管理目标：确保工程设备和施工安全，无伤亡、无重大安全生产责任事故。

（8）文明施工管理目标：规范化、标准化现场管理，确保文明施工。

（二）屋面参数

（1）屋面大小：42.00m×105.80m，双坡屋面；

（2）屋面高度：16.20m（女儿墙顶）；

（3）排水形式：有组织内排水

（4）基本风压值为0.45kN/m²（$n=50$），地面粗糙度为B类；

（三）基本构造（图2-15）

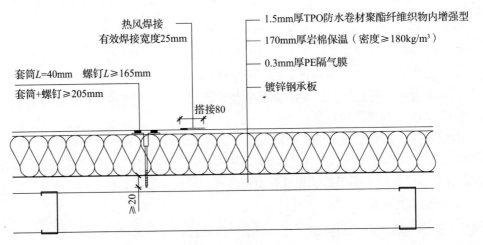

图2-15 基本构造图

（四）施工工法

本工程采用无穿孔垫片、套筒及螺钉将TPO防水卷材固定至屋面的施工方法。

1. 防水性能的优势

不必每幅卷材边缘都固定，卷材无穿孔；无需考虑卷材幅宽；无需裁剪卷材，减少卷材搭接缝；风荷载分布更均匀；提高抗风揭等级，目前可达到1-210等级；屋面更加美观；提高施工效率，且降低工人劳动强度。

2. 本工程屋面螺钉距离设置

加密间距：0.6m×0.5m；非加密间距：0.6m×0.75m；加密区宽度：3.0m。

（五）材料和设备

1. 防水卷材介绍

TPO防水卷材即热塑性聚烯烃类防水卷材，是采用先进的聚合技术，以乙丙橡胶与聚丙烯结合在一起的热塑性聚烯烃（TPO）合成树脂为基料，加入抗氧剂、防老化剂、软化剂制成的新型防水卷材，可以用聚酯纤维网格布做内部增强材料制成增强型防水卷材，属合成高分子防水卷材类产品。

在实际应用中，该产品具有抗老化、拉伸强度高、伸长率大、潮湿屋面可施工、外露无需保护层、施工方便、无污染等特点，作为轻型节能屋面以及大型厂房和环保建筑的防水层。

该材料特点如下：

TPO 兼有乙丙橡胶优异的耐候性和耐久性与热塑性材料的可焊接性；

不加增塑剂，具有高柔韧性，不会产生一般聚氯乙烯材料因增塑剂迁移而变脆的现象，保持长期的防水功能；

中间夹有一层聚酯纤维织物，使卷材具有高拉伸性能，耐疲劳，耐穿刺，适合于机械固定屋面的施工；优异的低温柔韧性能，在 $-40℃$ 下仍保持柔韧性，在较高温度下保持机械强度；

耐化学性，耐酸、碱、盐、动物油、植物油、润滑油腐蚀，耐藻类、霉菌等微生物生长；

耐热老化，尺寸稳定性好；以白色为主的浅色，表面光滑，高反射率，具有节能效果且不易污染；

成分中不含氯化聚合物或氯气，焊接和使用过程无氯气释放，对环境和人体健康无害。

2. 主要施工设备介绍

1）主要设备

施工机具分别为自动热风焊机、电磁感应焊机、手持热风焊机。

2）设备用途

（1）自动热风焊机主要用在防水卷材大面施工时搭接边的焊接作业。其主要工作原理是，电磁感应焊机加热空气从而使焊嘴达到工作所需的温度，焊嘴融化搭接边卷材，再通过配重将搭接边压融成一体，形成封闭的防水层。

（2）电磁感应焊机主要用于防水卷材与垫片的焊接。电磁感应焊机可隔着卷材加热无穿孔固定垫片，使垫片上的图层与卷材焊接在一起，然后通过磁性散热器使卷材和垫片紧密地结合在一起。

（3）手持热风焊机主要用在防水卷材细部节点施工时的焊接作业。其主要工作原理是，热风焊机加热空气从而使焊嘴达到工作所需的温度，焊嘴融化搭接边卷材，再通过压辊边焊边压，将卷材需要焊接的部位焊接成一体，形成封闭的防水层。

3）其他机具

其他工具包括剪刀、卷尺、皮尺等辅助性工具。

（六）防水构造和设计

1. 女儿墙节点（图 2-16）

2. 山墙节点（图 2-17）

3. 屋脊节点（图 2-18）

4. 天窗节点（图 2-19）

5. 溢水口节点（图 2-20）

（七）施工

1. 编制依据

1）发包单位提供资料

（1）招标文件、招标答疑及澄清；

（2）施工图纸；

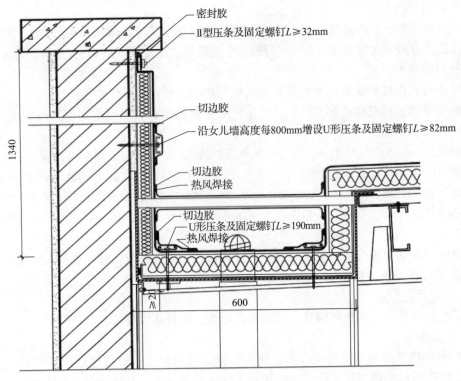

密封胶
Ⅱ型压条及固定螺钉L≥32mm

切边胶
沿女儿墙高度每800mm增设U形压条及固定螺钉L≥82mm

切边胶
热风焊接

切边胶
U形压条及固定螺钉L≥190mm
热风焊接

1340

≥20

600

图 2-16　女儿墙节点示意

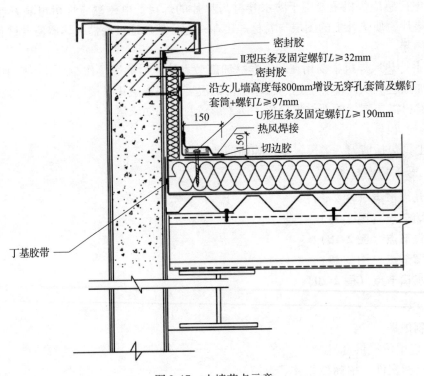

密封胶
Ⅱ型压条及固定螺钉L≥32mm
密封胶
沿女儿墙高度每800mm增设无穿孔套筒及螺钉
套筒+螺钉L≥97mm
U形压条及固定螺钉L≥190mm
热风焊接
切边胶

150

150

丁基胶带

图 2-17　山墙节点示意

30

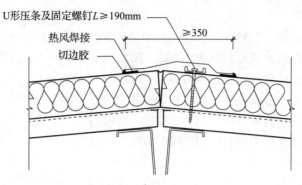

图 2-18 屋脊节点示意

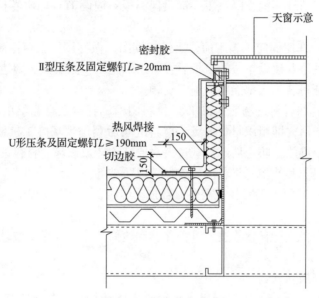

图 2-19 天窗节点示意

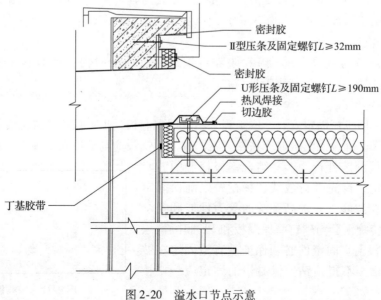

图 2-20 溢水口节点示意

2）规范图集，如：

（1）《热塑性聚烯烃（TPO）防水卷材》（GB 27789—2011）；

（2）《坡屋面工程技术规范》（GB 50693—2011）；

（3）《单层防水卷材屋面工程技术规程》（JGJ/T 316—2013）；

（4）《压型钢板、夹芯板屋面及墙体建筑构造（二）》（06J925—2）；

（5）《屋面工程质量验收规范》（GB 50207—2012）；

（6）《屋面工程技术规程》（GB 50345—2012）。

2. 施工工艺

1）施工流程

前期准备→基层清理→铺设隔汽膜→铺设保温板→铺设 TPO 防水卷材→验收。

2）前期准备

（1）技术准备：在屋面防水施工前，要仔细读图，做好图纸会审记录并编制施工方案，施工方案通过监理单位及建设单位的审批后方可组织施工。施工人员到达施工现场后要做好技术交底记录，保证每名工人都能掌握施工要领。

（2）材料准备：在材料进场前，将 TPO 材料的检测报告及样品给甲方单位进行样品的确认，样品确认完毕后立即组织材料进场。材料进场后利用现场施工机械或吊车运至屋面，材料在屋面严禁集中堆放，防止局部荷载过大对原结构造成破坏。材料进场后要做好防护措施，防止卷材被破坏。其他施工材料应妥善保管以防破坏。

（3）机具准备：屋面施工安装，需要 1 台自动焊机，1 台手动焊枪，以及大量的电动螺丝刀等。

由专人对机械设备进行日常检查、维护保养和检修工作，确保机械设备完好。

3）基层处理

清除基层上的碎屑和异物

铺设 TPO 卷材屋面系统的压型钢板，必须与主体结构有可靠地连接，能够承受屋面风荷载的作用。压型钢板间的连接要平顺、连续，不得有任何尖锐突出物，以免刺穿、割伤隔汽层及卷材，压型钢板屋面节点做法符合设计及相关国家规范的要求。

4）铺贴隔汽层

在经验收合格的基层上铺设 PE 膜隔汽层，注意铺设时保持顺直。相邻 PE 膜搭接10cm，搭接缝采用 10mm 丁基胶带黏结并压实。

5）机械固定保温层

保温板应采用机械固定安装，本工程采用双层保温板，上下层应错缝铺设，避免形成通缝影响保温效果。铺设保温板时应搭接紧密。保温板铺设应与后续卷材施工同步进行。保温板的固定应根据固定件行距，并结合钢板板型的波峰间距等数据确定，首先进行放线、标记，以确保固定件的固定位置在波峰上，提高系统的受力性能和安全性；然后采用传统铜套与螺钉将保温板和 PE 膜隔汽层固定在压型钢板上。固定件必须保证垂直地固定在波峰上，一次成活，不得预钻。保温板的固定应严格按图 2-21 确定。

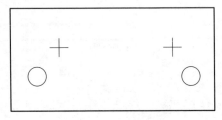

图 2-21　保温板固定

注：上图仅适用于 0.6m×1.2m 保温板，当保温板固定件与卷材固定件重合时，取消保温固定件，优先保证卷材固定件的位置。

螺钉紧固过程中应始终确保螺钉与压型钢板垂直，紧固程度应适宜，紧固过足或不足会严重影响屋面的抗风揭能力。固定螺钉应穿透压型钢板，至少露出压型钢板 20mm。

6）卷材的铺设及固定

首幅卷材进行放线、施工时，首先要进行卷材预铺，卷材的铺设方向应与压型钢板波纹方向垂直，把自然疏松的卷材按轮廓布置在基层上，平整顺直，不得扭曲，卷材长边搭接宽度为 80mm，卷材短边搭接为 80mm，根据前述风荷载计算结果及钢板板形确定固定件实际间距，安装时应注意固定件必须顺直。

卷材在铺设展开后，应放置 15～30min，以充分释放卷材内部应力，避免在焊接时起皱。

铺设相邻卷材，沿卷材长向形成宽度为 80mm 的搭接，热风焊接宽度至少 40mm。

屋面周边和角部的固定件应加密，加密方式根据屋面加密区示意图进行确定。另外在天窗、变形缝、出屋面管道等处，均要求采用垫片或压条对卷材进行固定。

7）热风焊接

使用自动热风焊接机、爬行焊机或手持热风焊接机以及硅酮辊焊接 TPO 卷材。当屋面坡度较大时，不便使用自动焊机时，推荐使用爬行焊机或手持热风焊机，如图 2-22 所示。

图 2-22　手持热风焊机使用示意

8）大面卷材电磁焊接

经过临时固定的卷材应从卷材的一端开始焊接，焊接时将焊机底部红圈直接对准垫片的正上方，放置好焊机后，使用把手上的激活按钮激活焊接，几秒钟后听到"滴"的提示音表示焊接完成，将焊机移开后，立即将磁性散热镇压器置于垫片正上方，接着焊接下一个点，磁性散热镇压器循环交替使用，执行"先压的先取，后压的后取"原则，确保散热镇压器在垫片上放置满足 45s，以保证垫片有足够的散热（图 2-23）。

9）卷材的清洗

TPO 卷材受污染或暴露在外部环境约 7d 后，在热风焊接前必须进行清洗处理。受污染的卷材搭接部位，先用湿布擦去灰尘等，再用清水清洗焊接区（严重污染可使用中性清洗剂清洗），再用干净的布擦干，用专用卷材清洗剂进行彻底清洗，白色抹布擦干，待卷材清洗剂彻底挥发后进行焊接，焊接速度应较正常焊接速度慢约20%。

图 2-23 电磁焊接示意

10）温度设定

使用自动焊接机时，加热设定焊接温度约在 450～550℃。焊接的温度及速度由环境温度、风力、卷材温度所决定。每天正式开始焊接前或气温急剧变化后，必须进行试焊，以确定最佳的焊接温度及速度。

11）卷材的焊接

准备热空气焊接机，让其预热约 5～10min 达到工作温度。在接缝前将自动焊接机就位，手指导向与机器沿接缝运动方向相同。

抬起搭接的卷材时，在搭接区插入自动热空气焊接机的吹气喷嘴。立即开始沿接缝移动机器，以防烧坏卷材。

沿缝作业确保机器前部的小导向轮与上片卷材的边对准，并且要保证电线有足够的长度，以防焊机偏离焊道。

所有接缝相交处，用硅酮辊滚压接缝，以保证焊缝的连续性。TPO 卷材多层厚度引起的表面不规则可能造成假焊。当使用 1.5mm 厚 TPO 卷材时，TPO 非增强泛水的表面搭接必须位于所有"T"形接头搭接相交处上面。

完成接缝焊接后，立即从接缝处移开自动焊接机喷嘴，避免烧伤卷材。

保证热焊接区无褶皱，应事先将搭接区的褶皱切掉。在自动热空气焊接机停止和重新启动的区域进行焊接时，需用手持焊接机。

12）手持焊接机的设定

用于泛水焊接时手持焊接机的温度应设定为"6°"。

用于卷材焊接时手持焊接机的温度设定为"8°"。

硅酮辊应始终沿垂直于卷材的焊接缝或泛水方向进行滚压。

13）剥离试验

焊接完全冷却后，将卷材裁成 20mm 宽的卷材条，剥离卷材条，任何断裂现象必须发生在焊接缝以外。

14）T形接头处理

通过合理排布卷材，避免产生十字接头，可减少接头，保证有焊缝均为直线焊缝或T形接头：当三层卷材相互搭接时，会产生T形接头，为避免卷材相互搭接时出现焊接不实的情况，需进行如下处理：

剪一片圆形的卷材（直径约12cm），把其焊在T形接头上，先点焊固定，再将周边一圈焊接牢固。

15）细部节点的处理

卷材收口：TPO防水卷材收口处应用专业收口压条，收口螺钉固定，密封膏密封。阴阳角、天沟、落水口、天窗等部位若与工程实际情况不符，施工技术人员应及时与设计单位、业主等相关单位联系，根据现场实际情况确定细部做法。

3. 施工注意事项

1）因为白色卷材表面的反射率很高，工人施工时应戴太阳镜（过滤紫外线）保护眼睛。

2）女儿墙较低的屋面周边应设置防护栏杆，确保施工安全。

3）卷材表面潮湿时发滑，应小心行走，避免摔倒。

4）切边密封膏及胶黏剂及卷材清洗剂应严格按说明书的要求贮存和使用。

5）螺钉、垫片等金属物件不应随意丢弃在卷材上，避免划伤卷材。

6）应尽量避免在铺设好的屋面行走、拖拉或贮存物品，避免破坏施工完毕的屋面。

7）卷材、保温板在屋面不应集中堆放，避免局部荷载过大造成屋面基层变形。

8）隔汽层、保温层及TPO卷材的施工工作面之间的距离不应太大，保温板的施工不应超前卷材施工太多，以便于自攻螺钉的固定。在每一工作日的施工中，严禁先将保温层施工完毕后再进行卷材的施工，避免下雨时来不及遮盖保温层。

9）施工前应做好排水措施，确保雨水能及时排走，避免雨水浸泡安装完毕的保温层。

10）每个工作日结束时应对已施工完毕的屋面采取封闭措施，防止雨水、潮气进入保温层。

（八）结语

TPO防水卷材作为高分子防水卷材，由于其优越的物理性能、耐候性、抗紫外线能力等，被广泛地应用在钢结构及混凝土屋面等需要卷材暴露的防水部位。随着TPO防水卷材的广泛应用，其施工工艺及质量要求凸显得越来越重要，本章主要针对钢结构屋面的TPO防水卷材的施工工艺及设备机具做了简要介绍，希望对TPO防水卷材的施工有所帮助。

三、机械固定TPO屋面施工技术——阿苏卫循环经济园区生活垃圾焚烧发电厂屋面防水工程[*]

（一）工程概况

阿苏卫循环经济园区生活垃圾焚烧发电厂位于北京市昌平区小汤山镇与百善镇交界处阿苏卫循环经济园内，建筑面积63447.54m²，其中主厂房建筑面积43355.9m²，地下渗沥液沟

---

* 撰稿：北京万宝力防水防腐技术开发有限公司 王力，徐阜新，王兵

建筑面积 1408.4m²，汽机厂房建筑面积 5162m²，主控厂房及宣教中心建筑面积 10848.4m²，其他低矮厂房及蓄水池等构筑物建筑面积 2672.84m²。

该工程焚烧厂房为单层，局部四层，采用混凝土排架、框架、钢构、钢排架结构。其中垃圾池间建筑高度为 46.20m，焚烧间建筑高度为 56.87m，垃圾卸料大厅建筑高度 17.16m，烟气净化间建筑高度 49.49m。汽机厂房为二层，局部三层，采用混凝土框、排架结构，建筑高度为 23.12m。主控厂房及宣教中心为五层，采用框架结构，建筑女儿墙高度为 22.20m。

该工程建筑工程等级为二级，建筑结构设计年限为 50 年。建筑物的抗震设防烈度为 8 度，厂房生产火灾危险性为丁类，建筑物耐火等级为二级。

该项目负责处理北京市区生活垃圾，工程建成后垃圾日处理量为 3000t/d，设置 4 台 750t/d 垃圾焚烧炉和 2 台 30MW 抽汽凝汽式汽轮发电机组。

（二）施工方案

该工程 1 号厂房三区、1 号厂房一、二区卸料大厅及垃圾存储间为钢骨架轻型屋面板，其采用满粘 TPO 防水卷材；1 号厂房一、二区焚烧间、烟气净化间为压型钢板屋面，其采用机械锚固 TPO 防水卷材；2 号厂房、3 号厂房、4 号厂房为混凝土结构屋面，其采用满粘 TPO 防水卷材。

（三）材料和设备

1.5mm 厚 TPO 防水卷材、100mm 厚岩棉保温板、0.25mm 厚闪蒸高密度自粘聚乙烯隔汽膜、自动热空气焊机、手持热空气焊机、焊缝探测器、聚四氟乙烯辊、电动螺丝刀。

（四）防水构造和设计

1. 钢骨架轻型屋面板防水构造自上而下依次为：

1）1.5mm 厚 TPO 卷材防水层；2）2.0 厚聚合物水泥基防水涂料；3）10mm 厚 DS 砂浆找平层；4）钢骨架轻型屋面板；5）钢网架。

2. 压型钢板屋面防水构造自上而下依次为：

1）1.5mm 厚 TPO 防水卷材，带配套螺钉固定；2）100mm 厚岩棉保温板，用带垫片的专用螺钉固定于压型钢板上；3）0.25mm 厚闪蒸高密度自粘聚乙烯隔汽膜；4）0.8mm 白色镀铝锌彩色压型钢板；5）钢檩条；6）钢网架（钢梁）。

3. 钢筋混凝土结构屋面防水构造自上而下为：

1）1.5mm 厚 TPO 卷材防水层；2）2mm 厚聚合物水泥基防水涂料；3）10mm 厚 DS 砂浆找平层；4）最薄 100mm 厚 SF 憎水膨胀珍珠岩保温砂浆找 2% 坡；5）钢筋混凝土板。

（五）施工

1. 满粘 TPO 屋面施工

施工工艺：基层表面清理→2mm 厚聚合物水泥基防水涂料→定位弹线→节点部位加强处理→大面涂刷→铺贴卷材→卷材搭接→收头处理→组织验收。

（1）基层表面清理，将尘土、砂粒、杂物清扫干净。

（2）涂刷 2mm 厚聚合物水泥基防水涂料。

将防水涂料按施工要求比例配置好，用搅拌器搅拌至均匀、不含团粒的混合物即可使用，配料数量根据工程面和完成时间所安排的劳动力而定，配好的材料应在 40min 内用完。大面分层涂刮水泥基防水涂料：分纵横方向涂刮水泥基防水涂料，后一遍涂层应在前一涂层表干但未实干时施工，以指触不黏为准。水泥基防水涂料收头采用多遍涂刷或用密封材料封严。

（3）铺贴前在未涂胶的基层表面排好尺寸，弹出标示线，作为铺贴卷材的基准线。

（4）将整幅卷材打开，平摊在干净、平整的基层上，以松弛卷材应力，并将卷材从一端提起对折于另一端。在基层上滚涂水泥浆料，接缝部位留出100mm，涂刷厚度要均匀，不得有漏底或凝块存在。

（5）铺贴平面与立墙相连接的卷材，由下向上进行，接缝留在平面上；卷材在阴阳角接缝距阴阳角200mm以上，两幅卷材短向接缝错开500mm以上，长边搭接不小于80mm。立面防水卷材采用机械固定。

（6）排气、滚压：每铺完一幅卷材，立即用压辊从卷材的一端开始，沿卷材的长边方向顺序用力滚压一遍，以使空气彻底排出，使卷材粘贴牢固。

（7）接缝处理：大面铺贴完成后，在未刷基层胶的100mm处，将接头翻开，将搭接边擦拭干净，再用自动焊接机焊接搭接边。

（8）防水层卷材收头于四周凹槽内或滴水线下，用密封胶密封处理。

（9）卷材的焊接施工

为使防水卷材粘贴牢固，封闭严密，应将接缝表面的油污、尘土、水滴等附着物擦拭干净后，才能进行防水焊接施工。持焊枪工人应站在卷材滚铺的前方，焊嘴与焊接方向为45°角，把焊枪对准卷材和基面的交接处，同时加热卷材与基层，热风吹熔TPO卷材焊接面至熔融状态，边施焊边压平收口并用压辊压实，压辊与焊嘴平行并保持大约5mm的距离，焊缝边缘应有熔浆溢出，施焊时应注意气温和焊枪温度及速度，使焊缝平整。因焊接效果与焊接速度、热风温度、操作人员的熟练程度关系极大，焊接施工时必须严格控制，决不能出现漏焊、跳焊、焊焦或焊接不牢现象。手持式焊枪温度控制在250～450℃之间，焊接速度为0.2～0.5m/min，焊接时用手动压辊压实，随焊随压。

（10）防水收口

防水收头采用专业收口压条，收口螺钉紧固，密封膏密封。

2. 机械固定TPO屋面

施工工艺：基层处理→铺贴隔汽层→机械固定保温层→机械固定卷材→热熔焊接卷材→接缝检查→细部节点处理。

（1）基层处理

施工前，应对基层进行验收，以确保基层符合铺设TPO卷材的要求。铺设TPO卷材屋面系统的压型钢板必须与主体结构连接可靠，能够承受屋面风揭荷载的作用。压型钢板间的连接要平顺、连续，不得有任何尖锐突出物，以免刺穿、割伤隔汽层及卷材，压型钢板屋面节点做法符合设计及相关国家规范的要求。原屋面轻微锈蚀的钢板基层应除锈并刷环氧涂料，严重锈蚀的钢板基层应更换。

（2）铺贴隔汽层

在经验收合格的基层上铺设PE膜隔汽层，相邻PE膜搭接100mm，确保隔绝室内潮气，避免室内水汽进入保温层。

（3）机械固定保温层

螺钉必须保证锚固在压型钢板波峰位置，螺钉紧固过程中，应始终确保螺钉与压型钢板垂直，紧固程度应适宜，紧固过足或不足均严重地影响屋面体系的抗风揭能力。对于较松软的保温层，适宜的紧固可以看见垫片周围轻微的压缩变形，应确保垫片不使保温板表面出现裂缝，固定螺钉应穿透压型钢板，至少露出压型钢板20mm。

（4）卷材的铺设及固定

首先进行放线，施工时首先要进行卷材预铺。采用压型钢板基层时，卷材的铺设方向应与压型钢板波纹方向垂直，把自然疏松的卷材按轮廓布置在基层上，保证平整顺直，不得扭曲。卷材长边搭接宽度为120mm，卷材短边搭接75mm，按设计固定件间距安装固定件，固定件应确保顺直，螺钉与卷材边缘的距离为20mm。

铺设相邻卷材，沿卷材长向形成宽度为120mm的搭接，热空气焊接宽度至少40mm。

屋面周边和角部的固定件应进行加密，可以采取以下方法：

①屋面周边区域。使用宽度为1.0m的周边卷材或在卷材中间增加一行固定件，用20cm宽均质卷材覆盖并用热风焊接在大面卷材上。

②角部区域。采用宽度为1.0m周边卷材中间设置一排固定件或普通卷材中间部位设置两排固定件，用20cm宽均质卷材覆盖并用热风焊接在大面卷材上。

周边及角部区域的宽度 a 应为0.1倍的建筑物短边尺寸及0.4倍的建筑物高度的小者，但不能小于0.9m。当建筑物高度小于18m时，角部区域为方形，当建筑物高度大于18m时，角部区域为 L 形，如图2-24所示。

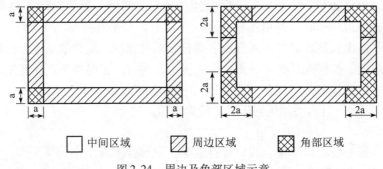

□ 中间区域　　▨ 周边区域　　▧ 角部区域

图2-24　周边及角部区域示意

另外，在天窗、变形缝、出屋面管道等处，均要求采用垫片或压条对卷材进行固定。

（5）热熔焊接卷材

使用自动热空气焊机、爬行焊机或手持热空气焊机以及硅酮辊，以热空气焊接 TPO 卷材。当屋面坡度较大时，不便使用自动焊机时，推荐使用爬行焊机或手持热空气焊机。

TPO 卷材受污染或暴露在外部环境约7d左右，在热空气焊接前应进行清洗处理。受污染的卷材搭接部位，先用湿布擦去灰尘，再用清水清洗焊接区（严重污染可使用中性清洗剂清洗），再用干净的擦拭布擦干，用专用卷材清洗剂进行彻底清洗，白色抹布擦干，待卷材清洗剂彻底挥发后焊接，焊接速度应较正常焊接速度慢约20%。

使用自动焊机时，加热设定焊接温度约在 $400 \sim 550℃$。焊接的温度及速度由环境温度、风力、卷材温度决定，每天正式开始焊接前或气温急剧变化后，必须进行试焊，以确定最佳的焊接温度及速度。

卷材焊接时准备热空气焊机，让其预热约 $5 \sim 10min$ 以达到工作温度。机械固定现场搭接，最小搭接宽度为120mm，并且保证至少40mm的焊接宽度。

在接缝前将自动热空气焊机就位，手指导向与机器沿接缝运动方向相同。

抬起搭接的卷材时，在搭接区插入自动热空气焊机的吹气喷嘴。立即开始沿接缝移动机器，以防烧坏卷材。

沿缝作业确保机器前部的小导向轮与上片卷材的边对准，并且要保证电缆有足够的长度，以防牵动机器离开运行道。

所有接缝相交处，用硅酮辊滚压缝以保证热空气焊缝的连续。TPO卷材多层厚度引起的表面不规则，可能造成假焊。当使用1.5mm厚TPO卷材时，TPO非增强泛水的表面搭接必须位于所有"T"形接头搭接相交处上面。

完成接缝焊接后，立即从接缝处移开自动热空气焊机喷嘴，避免烧伤卷材。

保证热焊接区无褶皱，在搭接区的褶皱必须切掉。在自动热空气焊机停止和重新启动的区域进行焊接时，需用手持焊机。

用于泛水焊接时手持焊机的温度应设定为"6°"。

用于卷材焊接时手持焊机的温度设定为"8°"。

硅酮辊应始终沿垂直于卷材的焊接缝或泛水方向进行滚压。

（6）接缝检查

焊缝冷却后，使用扁口螺丝刀对所有焊缝进行检查，确保不出现漏焊现象。若发现缺陷，使用手持焊机修理焊缝缺陷。

接缝探测完成以后，在增强卷材的所有切边上使用切边密封膏进行密封。

（7）吸收及细部节点处理

卷材收口：TPO防水卷材收口处应用专业收口压条、收口螺钉固定，密封膏密封。阴阳角、天沟、落水口、天窗等部位，严格按节点要求进行施工。

细部节点处理如图2-25~图2-32所示。

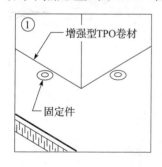
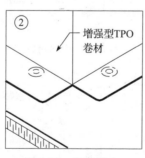

图 2-25 阳角泛水

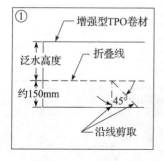
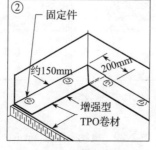

图 2-26 阴角泛水

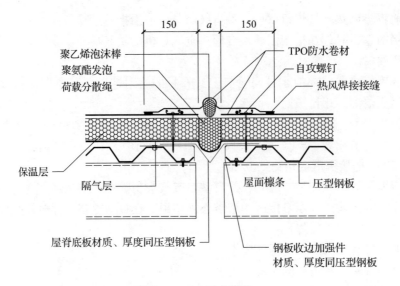

图 2-27　水平变形缝

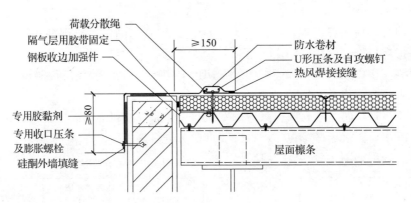

图 2-28　山墙封口

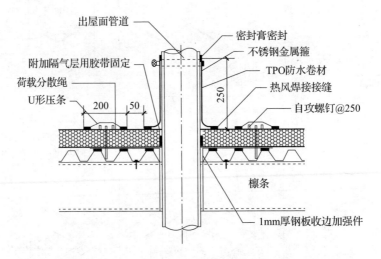

图 2-29　出屋面管道（mm）

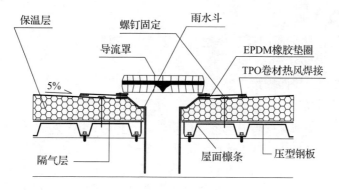

图 2-30 雨水口

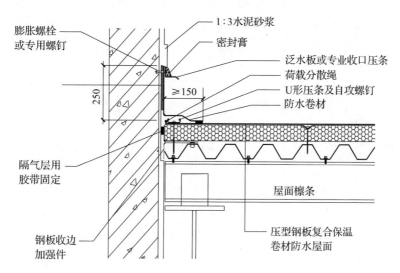

图 2-31 高低跨屋面

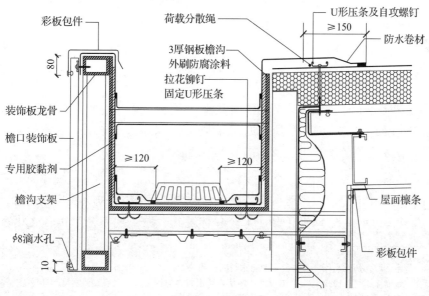

图 2-32 外檐沟

（六）施工注意事项

（1）因为白色卷材表面的反射率很高，工人施工时应戴太阳镜（过滤紫外线）保护眼睛。

（2）女儿墙较低的屋面周边应设置防护栏杆，确保施工安全。

（3）卷材表面潮湿时发滑，应小心行走，避免摔倒。

（4）密封膏、胶黏剂及卷材清洗剂应严格按说明书的要求贮存和使用。

（5）螺钉、垫片等金属物件不应随意丢弃在卷材上，避免划伤卷材。

（6）应尽量避免在铺设好的屋面行走、拖拉或贮存物品，避免破坏施工完毕的屋面。

（7）卷材、保温板在屋面不应集中堆放，避免局部荷载过大造成屋面基层变形。

（8）隔汽层、保温层及TPO卷材的施工工作面之间的距离不应太大，保温板的施工不应超前卷材施工太多，在紧固螺钉时应能看清压型钢板，保证螺钉方便地紧固在压型钢板波峰位置，在每一工作日的施工中，严禁先将保温层施工完毕后再进行卷材的施工，避免下雨时来不及遮盖保温层。

（9）施工前应做好排水措施，确保雨水能及时排走，避免雨水浸泡安装完毕的保温层。

（10）每个工作日结束时应对已施工完毕的屋面采取封闭措施，防止雨水、潮气进入保温层。

（11）细部节点施工应与大面卷材同步进行，避免大面卷材污染后与后续卷材产生焊接困难等问题。

（12）本工程采用可燃挤塑聚苯板，项目部应配备足够的消防器材，采取严格的消防措施。

（13）每条焊缝焊接完毕，待冷却后，由专门质检人员用扁口螺丝刀或专用工具检查是否有漏焊、虚焊现象。

（七）结语

该项目TPO防水卷材屋面完工至今，未出现任何渗漏。由于TPO防水卷材在单层屋面的应用越来越成熟，该产品受到越来越多客户的青睐。该项目的成功实施，必将为其他同类项目提供宝贵的施工经验。

四、PVC防水卷材柔性防水施工技术——潍坊文化艺术中心地下室防水工程[*]

潍坊文化艺术中心建设项目地下防水采用PVC高分子防水卷材作为主要防水材料进行柔性防水设防，该防水方案对工程所处的特殊地质环境的适应性较强，防水效果较好，本节重点介绍了该防水工程的施工工艺及细部节点处理。

（一）工程概况

潍坊文化艺术中心是山东省潍坊市的标志性建筑，位于市政府人民广场南部，总建筑面积31万平方米，规划建设5个组团、11个单体建筑，城市规划艺术馆、文化宫、青少年

* 撰稿：杨迎生，耿伟历，高伟。潍坊市宏源防水材料有限公司，北京100176。
作者简介：杨迎生，男，1982年生，工程师，现从事防水材料应用工作。联系地址：北京市亦庄经济技术开发区荣华南路2号大族广场T2座11层，E-mail：yangyingsheng@hongyuan.cn

宫、科技馆、图书馆、大剧院、音乐厅、观光双塔、东西商业连廊等。

在设计上，采用展翅飞翔的风筝形态，象征着风筝之都潍坊飞跃发展的城市轨迹。

潍坊市文化艺术中心二组团工程包括劳动人民文化宫和青少年宫两个单位，总建筑面积为 12.09 万平方米，地下建筑面积 65342m²。其中劳动人民文化宫建筑面积 52243m²，地下建筑面积 17427m²；青少年宫总建筑面积 41134m²，地下建筑面积 20371m²。劳动人民文化宫结构形式为地下一层，地上四层，除中部（1-10）轴～（1-16）轴为钢框架结构外，其余均为钢筋混凝土结构；青少年宫地下一层，地上四层，均为钢筋混凝土结构。

（二）防水设计及主材

1. 防水设计

潍坊文化艺术中心地下车库、人防空间的防水遵循"以防为主，刚柔结合，多道防水，因地制宜，综合治理"的原则。采用钢筋混凝土自防水体系，即以结构自防水为根本，施工缝、变形缝、穿墙管等细部构造防水为重点，并在结构迎水面设置柔性全包防水层。

本工程地下室防水等级为一级，外墙、底板及顶板均为防水混凝土加 PVC 卷材外防水。本工程基础采用柱下独立基础，基础底标高为 -8.400m，整个范围内均设防水底板，防水底板厚度为 300mm，板底标高为 -8.400m，防水混凝土的抗渗等级为 P6。

该车库顶板设计为绿化及综合广场，其园林景观集建筑技术和绿化美化于一体，采用借景、组景、点景、障景等造园技法，创造出具有不同使用功能和性质的园林景观。潍坊文化艺术中心二组团工程体量大，工程造型复杂，更高的标准要求给施工带来相当的难度。为保证施工管理工作的高效有序运转，潍坊宏源防水工程公司制定了一系列具有可操作性的制度措施，为施工人员理清思路、攻克难点、保证施工有序高效进行提供了坚实保障。

2. 防水主材

本项目采用的聚氯乙烯防水卷材（PVC 防水卷材）是一种性能优异的高分子防水卷材，以聚氯乙烯树脂为主要原料，加入各类专用助剂和抗老化组分，采用先进设备和先进工艺生产制成，具有拉伸强度高、延伸率高、热处理尺寸变化小、使用寿命长、环保无污染、施工方便等特点；同时，施工方便、焊接时牢固可靠，且环保无污染；作为住房城乡建设部"建筑业十项新技术"中的一项内容，具有推广应用前景。

（三）防水施工

本工程地下工程防水设防等级除钢筋混凝土结构自防水外，还设置一道柔性防水层，即底板、侧墙采用宏源牌 1.5mm 厚聚氯乙烯（PVC）防水卷材。车库顶板采用宏源牌（1.5mm 厚）PVC 防水卷材；

1. 施工工艺

地下全外包防水工程采用外防外贴时，应先平面，后立面，两面交角处交叉进行；各部位防水构造如图 2-33 所示。

防水施工顺序应与底板或基础垫层、外墙及顶板施工顺序一致，遵循"先细部后大面、先平面后立面"的原则。根据本工程地下室防水面积大的特点，并为了节约工期，底板防水施工应分流水段施工，流水段划分依据为现场实际施工分区，对具有施工条件和工作面的部位先进行施工，外墙按照单面墙体分段流水施工，顶板也需按照施工分区进行流水施工。

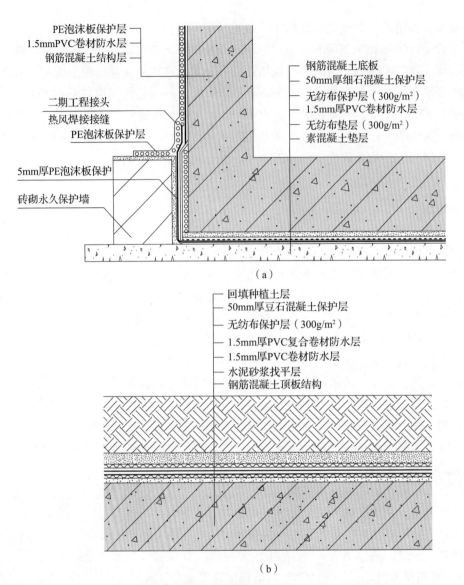

图 2-33　防水构造

（a）底板、侧墙防水构造；（b）顶板防水构造

（1）底板、侧墙 PVC 卷材施工工艺

基础底板防水卷材施工工艺流程：基层清理→细部处理（管道、附加层等）→打线、展卷放样→卷材的铺贴→焊接搭接缝→卷材封口→收头密封固定→清扫检查（看有无漏焊、焊接不牢或过焊现象）→验收。

地下室侧墙防水卷材施工工艺流程：基层清理→穿墙管处理及阴阳角处铺贴 PVC 卷材附加层→机械固定每幅卷材收口部位→自上而下粘贴每幅卷材→清理甩槎卷材→下部卷材与底板甩槎焊接→收头密封固定→清扫检查（看有无漏焊、焊接不牢或过焊现象）→验收。

（2）顶板 PVC 卷材施工工艺

基层清理→细部处理（管道、附加层等）→打线、展卷放样→铺贴第一道卷材→焊接搭接缝→卷材封口→铺贴第二道卷材→焊接搭接缝→收头密封固定→清扫检查（看有无漏焊、焊接不牢或过焊现象）→验收。

2. 操作要点及技术要求

1）基层处理

基层应坚实、干燥、平整、无灰尘、无油污，凹凸不平和裂缝处应用聚合物砂浆补平，施工前清理、清扫干净，必要时用吸尘器或高压吸尘机吹净。地下工程平面与立面交接处的阴阳角、管道根部等，均应做成半径为50mm的圆弧。

2）卷材防水层的铺设

PVC卷材防水层根据设计要求采用厚度为1.5mm的PVC卷材。底板和顶板采用空铺法，墙体采用满粘法。

（1）满粘法：是采用专用基层胶黏剂把卷材全部黏结在基层上的施工方法。满粘法适用于各类工程的卷材与基层以及卷材与卷材之间的黏结。卷材防水层满粘法施工工艺：

①卷材在铺贴之前，需在合格基层上将卷材从紧卷状态下展开，使其从拉伸状态自由收缩，消除卷材在生产卷曲过程中产生的应力，避免以后卷材收缩造成不良后果，应至少放置12h。

②先在基层弹好基准线，卷材与基层粘贴时应把一幅或多幅卷材的短边折叠一半，从折叠处分别在基层和PVC防水卷材预粘表面用胶辊或毛刷涂刷一层胶黏剂，待胶黏剂干燥不黏手时（溶剂接近完全挥发状态），使预粘面合拢，用压辊压实。

上、下层卷材和相邻两幅卷材的接缝应错开1/3～1/2幅宽，且两层卷材不得相互垂直铺贴。

（2）空铺法：是将卷材空铺在基层上，只黏结搭接缝部位并在卷材上铺设不同压载材料的施工方法。适用于基层变形较大及防水层上有重物覆盖的建筑屋面、建筑地下的底板垫层混凝土平面部位。

卷材防水层空铺法施工工艺：

①先把PVC卷材展开放置在符合要求的基层上自然松弛30min左右，对准基准线铺设卷材，之后进行搭接缝的处理。

②铺设卷材时，卷材周边按间距500mm采用螺钉固定；两卷材搭接处长边及短边搭接宽度均为100mm，采用手持或电动电热风焊枪进行焊接。焊接速度以1m/min为宜，以形成PVC熔体为准。

③卷材的接缝焊接：为使防水卷材接缝焊接牢固，封闭严密，应将接缝表面的油污、尘土、水滴等附着物擦拭干净后，才能进行热风焊接施工。焊接时应先进行预焊，后进行施焊，焊嘴与焊接方向为45°角，热风吹熔PVC卷材焊接面至熔融状态，边施焊边用压辊压实，压辊与焊嘴平行并保持大于5mm的距离，焊缝边缘应有呈亮色的熔浆溢出，施焊时应注意气温和焊枪温度及速度，使焊缝平整，结构牢固，因焊接效果与焊接速度、热风温度、操作人员的熟练程度关系极大，焊接施工时必须严格控制，决不能出现漏焊、跳焊、焊焦或焊接不牢现象。手持式焊枪温度控制在200～300℃之间，既不能过高也不能过低。使用自行式焊机时，调节温度、速度等参数使其达到最佳焊接效果。应先焊接长边搭接，后焊短边接缝。

3）细部处理

细部附加处理：细部如阴阳角、管根部位等用专用附加层卷材及裁剪好的阴阳角卷材在两面转角、三面阴阳角等部位进行附加增强处理，平立面平均展开。方法是先按细部形状将

45

卷材剪好，在细部贴一下，视尺寸、形状合适后，再将卷材粘贴。附加层要求无空鼓，并压实铺牢。附加层卷材与基层：一般部位应满粘，应力集中部位只需要轻微压贴即可。在立面与平面的转角处，卷材的接缝应留在平面上，距立面不应小于600mm。

长边、短边搭接均不应小于100mm，有效焊接宽度不小于30mm，短边搭接宜采用压顶搭接，即用150~200mm宽的无复合PVC防水卷材搭接。

阴阳转角、三面阴角附角卷材铺贴如图2-34、图2-35所示。

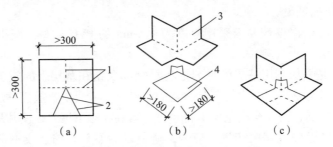

图2-34 阴阳转角附加卷材铺贴示意图

（a）附加卷材片；（b）对折粘贴法；（c）加贴小块卷材示意图

1—折线；2—剪裁线；3—对折方法；4—小块卷材

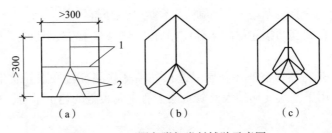

图2-35 三面阴角附加卷材铺贴示意图

（a）附加卷材片；（b）对折粘贴法；（c）加贴小块卷材示意图

1—折线；2—剪裁线

4）检查验收PVC卷材

铺贴时边铺贴边检查，检查时木柄钩刀检查接口，发现粘贴不实之处及时修补，不得留任何隐患，现场施工员、质检员必须跟班检查，检查并经验收合格后方可进行下道工序施工。

待自检合格后报请监理及建设方按照《地下防水工程质量验收规范》（GB 50208—2011）验收，验收合格后方可进入下一道工序施工。

5）保护隔离层施工

水平面一般用刚性保护，卷材铺贴完成并经检查合格后，将防水层表面清扫干净，对防水层采取保护措施并根据设计要求进行防水保护层施工，卷材防水层与刚性保护之间设隔离层，隔离层材料可为低质沥青卷材、塑料膜、无纺布、纸筋灰等；铺贴立面卷材防水层时，应采取防止卷材下滑的措施，采用聚苯板做软保护。

3. 施工技术难点

1）辅助机械固定

在本工程的PVC防水卷材防水系统中，其中底板PVC防水卷材采用空铺法施工，仅在搭接部位采用满粘法连接，这样既可以避免由于底板基层表面不易干燥影响施工进度，保证了PVC防水卷材的完整性。

在立墙部位施工时，受卷材自身荷载和自然条件影响，PVC防水卷材仅仅靠胶粘是达不到粘贴要求的，故我们建议增设辅助机械固定，以保证防水工程的质量和安全。

2）三面阴阳角

阴阳角（此处的阴阳角专指三维交叉部位）在大部分防水工程中数量较多，也是防水层薄弱的部位之一，本工程也不例外，针对这一重点部位，我公司特进行了重点处理。

为了充分保证施工质量，避免人为因素影响，所以本公司准备采用指派技术精良的作业工人在现场进行预制，严格按照设计图尺寸放样、裁剪、热合，并通过严格的质量检测，既保证防水系统质量，又可以缩短工期。

3）甩槎与接槎的防水构造措施（图2-36）

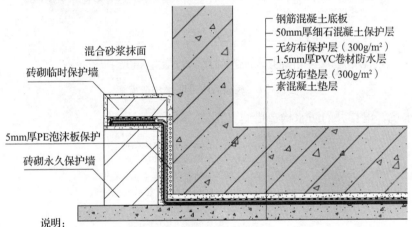

说明：
1.本做法系根据目前国内传统土建施工工艺设计的。
2.PVC卷材防水系统是单层防水系统，实施中要求按照国家规范增加附加层，附加层周边与防水层焊接可形成局部双道防水。

（a）

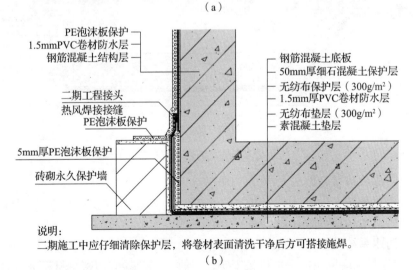

说明：
二期施工中应仔细清除保护层，将卷材表面清洗干净后方可搭接施焊。

（b）

图2-36 甩槎与接槎的防水构造

（a）基础地板防水做法大样Ⅰ；（b）基础地板防水做法大样Ⅱ（二期工程）

4）底板后浇带防水构造措施（图2-37）

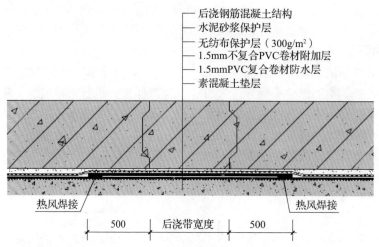

后浇钢筋混凝土结构
水泥砂浆保护层
无纺布保护层（300g/m²）
1.5mm不复合PVC卷材附加层
1.5mmPVC复合卷材防水层
素混凝土垫层

热风焊接   热风焊接

500　后浇带宽度　500

注：若基抗需要提前停止降水，后浇带部分需要设置承压设施

图2-37　底板后浇带防水构造措施

5）集水坑、电梯井的防水构造措施（图2-38）

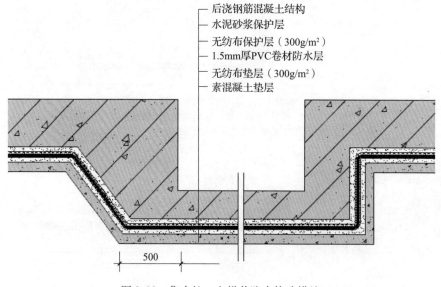

后浇钢筋混凝土结构
水泥砂浆保护层
无纺布保护层（300g/m²）
1.5mm厚PVC卷材防水层
无纺布垫层（300g/m²）
素混凝土垫层

500

图2-38　集水坑、电梯井防水构造措施

6）周边防水收口接合做法大样图（图2-39）

7）底板变形缝防水大样（图2-40）

8）穿墙管防水构造措施（图2-41）

9）卷材防水系统外墙收口做法（图2-42）

地下工程卷材末端收头应采取机械固定，但收头部位均应用密封材料进行封闭，密封宽度不小于10mm。外墙立面卷材的收口采用固定压条、射钉固定并用沥青基密封膏密封，在保证防水系统安全性能的前提下，对延长防水系统的安全使用寿命帮助极大。

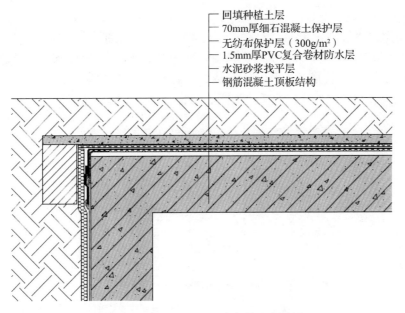

—回填种植土层
—70mm厚细石混凝土保护层
—无纺布保护层（300g/m²）
—1.5mm厚PVC复合卷材防水层
—水泥砂浆找平层
—钢筋混凝土顶板结构

图2-39　周边防水收口接合做法大样图

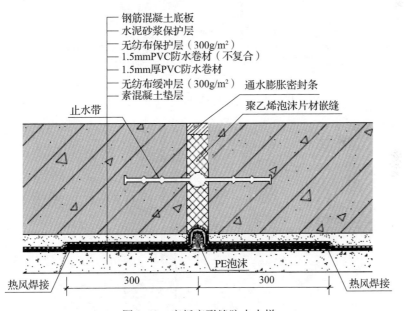

—钢筋混凝土底板
—水泥砂浆保护层
—无纺布保护层（300g/m²）
—1.5mmPVC防水卷材（不复合）
—1.5mm厚PVC防水卷材
—无纺布缓冲层（300g/m²）　通水膨胀密封条
—素混凝土垫层　　聚乙烯泡沫片材嵌缝

止水带

PE泡沫

热风焊接　　300　　　300　　　热风焊接

图2-40　底板变形缝防水大样

10）顶板防水做法（图2-43）

（四）应注意的质量问题

（1）卷材搭接不良：接头搭接形式以及长边、短边的搭接宽度偏小，接头处的黏结不密实，接槎损坏、空鼓；施工操作中应按程序弹标准线，使其与卷材规格相符，操作中齐线铺贴，使卷材接长边不小于100mm，短边不小于150mm。

（2）空鼓：铺贴卷材的基层潮湿，不平整、不洁净，产生基层与卷材间窝气、空鼓；铺设时排气不彻底，窝住空气，也可使卷材间空鼓；施工时基层应充分干燥，卷材铺设应均匀压实。

（3）管根处防水层粘贴不良：清理不洁净、裁剪卷材与根部形状不符、压边不实等造成粘贴不良；施工时清理应彻底干净，注意操作，将卷材压实，不得有张嘴、翘边、褶皱等现象。

（4）渗漏：转角、管根、变形缝处不易操作而容易产生渗漏。施工时附加层应仔细操作；保护好接槎卷材，搭接应满足宽度要求，保证特殊部位的质量。

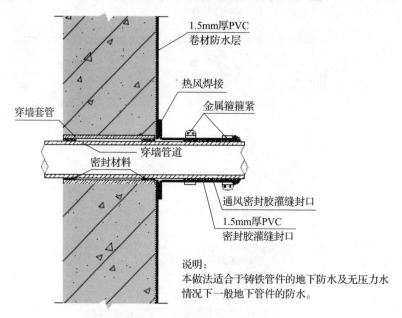

图 2-41　穿墙防水构造措施

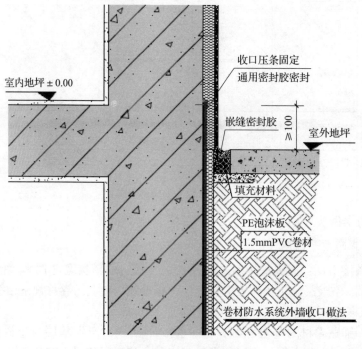

图 2-42　外墙收口做法

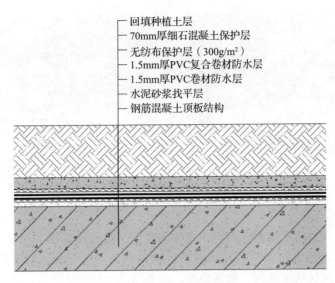

図 2-43 顶板防水做法

（五）本项目新技术应用及效果

1. 新型卷材应用

针对工程实际情况，甲方、设计单位选用新型防水材料（PVC）。开展防水材料筛选与防水系统设计的研究，以提高防水系统的安全、可靠性。

2. 后期使用效果

已投入使用近六年，没有出现一处渗漏点，得到各方赞赏。

3. 工法创新

采用热风焊接＋机械固定方法施工。该工法施工过程方便、快捷、安全、环保。

4. 提升质量荣获鲁班奖、金禹奖

施工过程中，克服种种困难，严格控制质量。目前，没有发现一处渗漏水的事故，得到相关方面的一致认可。

（六）结语

在此项目施工过程中，我单位发挥优势水平，实行标准化施工及标准化队伍的配置，在施工工法及工艺方面更是努力克服各种困难，应用传统的材料，创新施工工艺，现场管理制度严格，最终顺利完成该项目的施工。

该工程通过正确选材与精心施工，确保了工程质量，达到了预期的效果。施工后经过几场大雨的考验，未出现渗水漏水现象，经过六年的项目运行，做到了真正的滴水不漏。

五、TPO 防水卷材金属屋面改造施工技术——扬州顶津食品有限公司屋面改造工程*

本工程为扬州顶津食品公司屋面改造项目；建筑面积约 50000m²；项目原屋面为有保温层的压型钢板（天沟处无保温），存在多处锈蚀及渗漏现象（图 2-44）。

---

* 撰稿：潍坊市宏源防水材料有限公司　高伟　杨迎生　耿伟历

图 2-44　屋面现状示意

（一）施工方案

原屋面为钢结构自防水屋面，现已出现渗漏现象，具体情况如下：

（1）一期工程未涂刷防水涂料和防锈漆，屋面锈蚀较为严重，渗漏严重；二期工程使用时间较短，屋面锈蚀情况略好，渗漏略少。

（2）天沟等细部节点部位钢板接缝质量差，渗漏严重；天沟没有做保温，有冷凝现象存在，钢板锈蚀严重。

（3）重点难点

基层的质量最容易影响卷材的铺贴效果，在施工中对基层的处理必须作为重点。

细部节点是钢结构屋面防水的重点部位，必须有针对性地进行节点防水设计，且必须精细施工。

针对本工程渗漏情况，我单位拟采用自粘 TPO 防水卷材满粘法施工对屋面进行整体维修。

步骤：

（1）基层清理：除锈、拆除多余钢板、卷材；

（2）弹线定位：在清理好合格的基层上根据卷材规格及搭接要求弹线定位；

（3）钉眼处理：屋面钉眼做附加层；

（4）涂刷底涂：在屋面钢板上涂刷底涂层；

（5）铺贴卷材：预铺卷材、铺贴卷材；

（6）细部处理：对细部节点做针对性防水处理；

（7）竣工验收：自检合格后，组织竣工验收。

防水方案及主材见表 2-4：

表 2-4　防水方案

序号	层次	主要材料	厚度	施工方式
1	防水卷材	带自粘层 H 型 TPO 防水卷材	1.2mm	满粘法
2	底涂	底涂	—	—
3	结构	原钢板除锈	0.6mm	—

（二）材料及设备

1. 材料介绍及材料准备

自粘 TPO 是由 H 类 TPO 卷材和氯丁胶复合而成的防水卷材，属合成高分子防水卷材类防水产品。TPO 防水卷材即热塑性聚烯烃类防水卷材，是以采用先进的聚合技术将乙丙橡胶与聚丙烯结合在一起的热塑性聚烯烃（TPO）合成树脂为基料，加入抗氧剂、防老剂、软化剂制成的新型防水卷材。

我公司所选用的防水材料都经过严格的检验，提供国家级建筑材料测试中心提供的合格检测报告，保证 100% 的产品合格率。

材料同时执行《带自粘层的防水卷材》（GB/T 23260—2009）和《热塑性聚烯烃（TPO）防水卷材》（GB/T 27789—2011）两个标准。

2. 材料特点（图 2-45）

图 2-45　TPO 材料的特性

（1）自粘 TPO 有优异的耐候性和耐久性与可焊接性。

（2）不加增塑剂，具有高柔韧性，可保持长期的防水功能。

（3）能够与坚实、平整、干净的基层牢固黏合，降低耗材，减少施工步骤。

（4）优异的低温柔韧性能，在 −40℃ 下仍保持柔韧性，在较高温度下保持机械强度。

（5）耐化学性，耐酸、碱、盐、动物油、植物油、润滑油腐蚀，耐藻类、霉菌等微生物生长。

（6）耐热老化，尺寸稳定性好。以白色为主的浅色，表面光滑，高反射率，具有节能效果。

（7）成分中不含氯化聚合物或氯气，焊接和使用过程无氯气释放，对环境和人体健康无害。

3. 其他配件（图 2-46）

4. 主要防水设备

（1）手持热风焊接机：用于 TPO 卷材的接缝焊接。

（2）硅酮压辊：与热风焊机共同使用，用来辊压热风焊接接缝。

（3）油漆刷或长柄滚筒：用于底层材料的涂刷。

（三）防水构造和设计方案

该项目为单层屋面防水构造，防水等级为 Ⅱ 级，设计采用自粘 TPO 防水卷材满粘翻修处理，防水构造如图 2-47 所示。

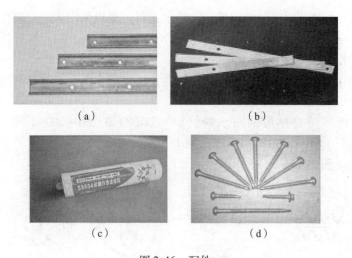

图 2-46　配件

（a）U 形压条；（b）收口压条；（c）密封胶；（d）螺钉

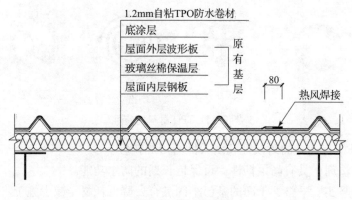

图 2-47　防水构造

该方案的优势在于：

（1）满粘系统，无需穿透卷材，保证卷材的整体性，防止卷材与基层之间窜水，完全隔绝外界雨水渗漏；（2）施工成本及施工噪声低；（3）施工步骤少，施工速度快，相对施工工期短，协调难度小；（4）维修方便快捷；（5）利于减少屋面荷载，减少材料浪费，环保。

（四）施工

1. 施工准备

1）材料准备

在材料进场前，我单位先提供 TPO 材料的检测报告及样品给甲方单位进行样品的确认，样品确认完毕后立即组织材料进场。材料进场后利用现场施工机械或吊车运至屋面，将材料在屋面墙角分别堆放，防止局部荷载过大对原结构造成破坏。

①材料堆放场地为总包方认可，卷材下方预垫木方托盘。

②在露天存放时，必须用塑料布或防水油布妥善覆盖。各种材料在使用之前应注意保管，不得损坏材料标签，以免影响安装。

③材料堆放要求整齐，必要时挂上标识牌。材料堆放如图 2-48 所示。

图 2-48　材料堆场

2）劳动力准备

管理人员：设 1 名施工经验丰富、管理协调能力强的专业工长。

具体操作人员：施工人员必须具备防水施工上岗证，由具备丰富施工经验、责任心强并有相应资质的防水专业负责人和技术负责人现场指挥和指导施工。劳动力计划安排见表 2-5

表 2-5　劳动力计划表　　　　　　　　　　　　　　　　　单位：人

人员	基层处理	铺设防水层	细部焊接处理
防水工	2	4	2
杂工	1	2	1
管理人员	1		
合计	13		

3）机械设备准备（表 2-6）

表 2-6　主要施工机械设备表

序号	机具名称	单位	数量	序号	机具名称	单位	数量
1	干粉灭火器	瓶	5	8	辊子	个	15
2	平铲	把	5	9	铁桶	只	4
3	扫帚	把	5	10	剪刀	把	5
4	手持热风焊机	台	8	11	量尺	把	5
5	手持压辊	把	10	12	除锈机	台	4
6	墨盒	个	2	13	靠尺	把	2
7	焊缝钩针	个	2	14	拖把	个	6

4）技术准备

在屋面防水施工前要仔细读图，做好图纸会审记录并编制施工方案，施工方案通过审批后方可组织施工。施工人员到达现场后要做好施工技术交底并记录，保证每位工人都能掌握施工要领。

5）天气条件

施工应在良好的气候条件下进行，不应在雨、霜和五级及其以上大风天气下施工。

2. 方案实施说明

屋面基层清理→弹线定位→钉眼处理→涂刷底涂层材料（S形）→铺贴卷材→细部处理→收口处理→竣工验收。

1）基层处理

施工前需对原屋面老化的卷材进行拆除并集中处理（图2-49）。

图2-49　基层处理

用干净的抹布将屋面无锈蚀钢板的灰尘擦拭干净，有其他材料覆盖的部位，需将其清除干净，以满足满粘施工基层的要求；对于锈蚀部位用打磨机进行除锈处理。注意除锈时力度要适中，不能将钢板打磨得太薄。

屋面天沟部分，应将伸出天沟的钢板切割掉，便于铺设天沟内部卷材；部分风机口立面钢板采用波型钢板，为便于卷材收口应更换为平板（图2-50）。

图2-50　屋面天沟处理

出屋面结构四周应进行重点清理，后期添加或没有固定的钢板应清除或固定牢靠；用来压实固定的钢管及时清理。

所有支撑排风扇或者大型管道的支腿，应用发泡聚氨酯或方木对支腿填充，填充高度为250～300mm，以便于卷材收口。

为避免妨碍施工，又不妨碍厂房内机械设备的正常使用，屋面现存的PVC管应该临时架高，待屋面卷材施工完成后再放回原位。

2）弹线定位

铺贴卷材前在基层面上排尺弹线（平行于屋脊方向），作为铺贴的标准线，使其铺设平直（图2-51）。

图 2-51　弹线定位

3）钉眼处理

将屋面的钉眼部位用相应尺寸的卷材作为附加层铺贴（图 2-52）。

4）涂刷底涂层材料

在即将铺设卷材的位置，用排刷涂刷底涂层材料（图 2-53）。

①在底涂层涂刷前需按 1:1 比例兑水、拌匀待用。在基面薄薄涂刷一层，使用量约为兑水后 0.1kg/m²。底涂层的涂刷以能覆盖住基面为准，不可太厚，越薄越好，以底涂层不能成膜为原则。涂刷完成后待其干固，底涂层干固后（约 10～15min）即可铺设卷材。

图 2-52　钉眼处理

②在正式施工前需先进行小面积范围的试粘，以确定粘贴效果。

③施工前遇有下雨时，需待雨停后用拖布将基面明水清理干净后再行涂刷底涂层，此时应将兑水比例调低，调低值需进行现场试验测试。遇有阴天时，干固时间会较长，干固后用手触碰，不黏手即可进行下到工序。

图 2-53　底涂层涂刷

5）铺设卷材（图 2-54）

图 2-54　铺设卷材

首先将防水卷材按照既定位置进行预铺，把自然疏松的 TPO 卷材平铺在屋面板上，静置 30min，使内部应力充分释放，减少褶皱。将卷材自粘胶层朝下，一边撕隔离膜一边滚动铺设卷材（铺设方向应平行于屋脊走向），并用压辊辅助压实，同时将接缝压实，保证接缝搭接宽度不小于 80mm。

6）卷材焊接

卷材长、短边搭接宽度为 80mm，采用手持焊机进行热风焊接，焊接宽度不小于 40mm。

搭接缝应顺流水方向、最大频率风向搭接。施工前进行精确放样，尽量减少接头；接头应相互错开至少 30cm 以上。焊接缝的接合面应擦干净，无水露、无油污及附着物。

对于每天施工后留下的接口，必须采用胶带或有效的方式进行保护，避免淋雨和受潮。

（1）热风焊接注意事项

①老化卷材的清洗

TPO 卷材受污染或暴露在外部环境约 7d 后，在热风机焊接前必须应进行清洗处理。

受污染的卷材搭接部位，先用湿布擦去灰尘等杂物，再用专用卷材清洗剂进行彻底清洗，白色抹布擦干，待卷材清洗剂彻底挥发后焊接，焊接速度应较正常焊接速度慢约 20%。

②温度设定

使用自动焊机时，加热设定焊接温度约在 450~550℃。焊接的温度及速度由环境温度、风力、卷材温度所决定，每天正式开始焊接前或气温急剧变化后，必须进行试焊，以确定最佳的焊接温度及速度。

③卷材的焊接（图 2-55）

准备热风焊机，让其预热约 5~10min 达到工作温度。在接缝前将自动热风焊机就位，手指方向与机器沿接缝运动方向相同。

抬起搭接的卷材，在搭接区插入自动焊机的吹气喷嘴。立即开始沿接缝移动机器，以防烧坏卷材。

沿缝作业确保机器前部的小导向轮与上片卷材的边对准，并且要保证电线有足够的长度，以防焊机离开运行焊缝。

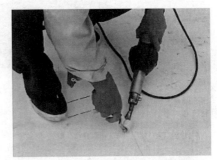

图 2-55　焊接

所有接缝相交处，用硅酮辊滚压以保证热空气焊缝的质量。

完成接缝焊接后，立即从接缝处移开自动热风焊机喷嘴，避免烧伤卷材。

保证热焊接区无褶皱，在搭接区的褶皱必须切掉。在自动热风焊机停止和重新启动的区域进行焊接时，需用手持焊机。

对于卷材的焊接温度和速度应进行每天试验和记录，根据试验测得的温度和速度进行焊接。

（2）检查维修

①接缝检查

焊缝冷却后，使用扁口螺丝刀对所有焊缝进行检查，确保不出现漏焊现象（图2-56）。若发现缺陷，使用手持焊机对焊缝缺陷进行修理。

②T形接头处理

当三层卷材相互搭接时，会产生T形接头，为避免卷材相互搭接时出现焊接不实的情况，需进行如下处理：

剪一片圆形的卷材（直径约12cm），把其焊在T形接头上，先点焊固定，再将周边一圈焊接牢固（图2-57）。

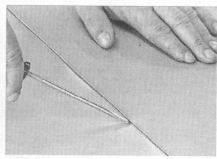

图2-56　焊缝检查　　　　　　　　　　　　图2-57　T形接头处理

7）细部处理

（1）山墙部位，卷材收口高度为300mm，收口处用密封胶抹实密封；底部用U形压条固定并焊接卷材覆盖条（图2-58）。

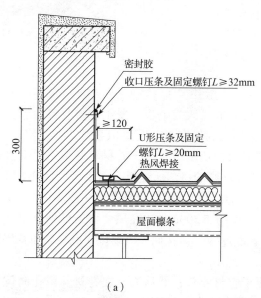

（a）　　　　　　　　　　　　　　　（b）

图2-58　山墙部位处理

（2）屋脊盖板用一定宽度的附加卷材覆盖，附加卷材两长边与大面卷材热风焊接接缝；波形板波峰处用椭圆形卷材覆盖片覆盖焊接（图2-59）。屋脊盖板上的卷材宽度需要按照现场屋脊盖板的宽度而定。

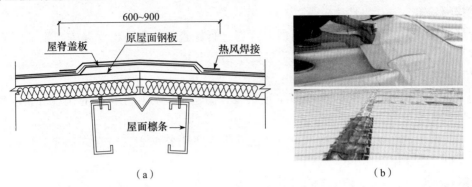

（a）　　　　　　　　　（b）

图2-59　屋脊盖板处理

（3）穿出屋面管管根处用100mm宽的卷材圆环做附加层，与大面卷材焊接搭接，上翻卷材与附加层同样为焊接搭接；金属喉箍收口并用密封胶密封（图2-60）。

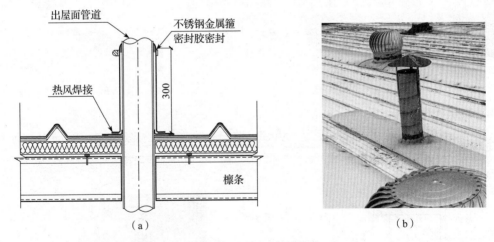

（a）　　　　　　　　　（b）

图2-60　穿出屋面管处理

（4）立面为波型钢板的风机洞口，要将波形板改为平板，便于卷材收口；卷材收口高度≥300mm或在角钢支撑的最低处收口，并用密封胶密封（图2-61）。

（5）天沟处，将延伸到天沟上部的波形钢板切割掉，便于卷材下翻施工；天沟处没有保温、室内有冷凝现象时，应在天沟处加40mm厚的挤塑保温板（图2-62、图2-63）。

（6）烟囱底座部位，卷材在底座立面最高点收口，用密封胶密封（图2-64）。

（7）小型排风扇底座部位，卷材收口高度应≥300mm或在风扇口最低处收口。应先拆掉风扇口的管道及支撑，铺贴大面卷材并在底座收口。在原先风扇口管道支撑和基层连接的部位将卷材裁剪出略大于支撑腿的孔洞。

将H形钢支撑用发泡聚氨酯填充，便于卷材收口；然后固定在卷材预留孔洞位置并与排风管道连接；预留孔洞处，卷材按出屋面管的方法收口固定（图2-65）。

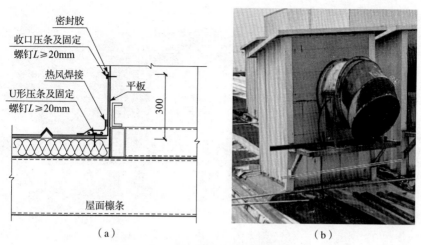

（a）　　　　　　　　　　　　　　　　（b）

图 2-61　立面为波形钢板的洞口处理

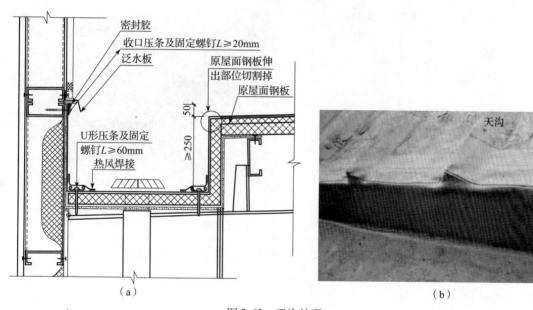

（a）　　　　　　　　　　　　　　　　（b）

图 2-62　天沟处理

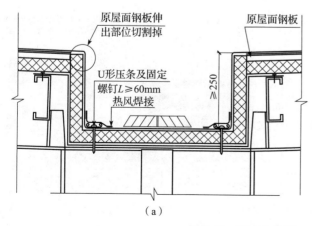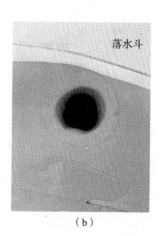

（a）　　　　　　　　　　　　　　　　（b）

图 2-63　落水斗处理

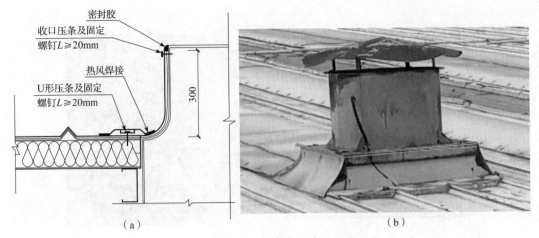

图 2-64　烟囱底座处理

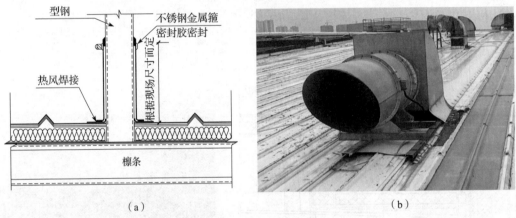

图 2-65　小排风扇底座处理

（8）大型排风扇底座卷材收口高度应≥300mm；安装有风扇口的一侧，应将风扇口拆下，卷材收到底座内侧，再将风扇口装回。若出现高差，则在竖向收口处用收口压条固定并用密封胶密封（图2-66）。

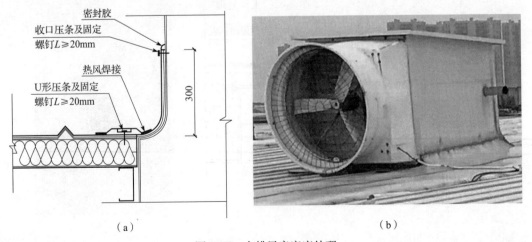

图 2-66　大排风扇底座处理

（9）采光板处需要加高改为屋面天窗。将原有采光板拆除，在原采光板长边两侧露出来的檩条上焊接固定方钢立柱（间距依据现场檩条间距而定），立柱上方用 C 形钢连接（焊接固定）。参见图 2-67。

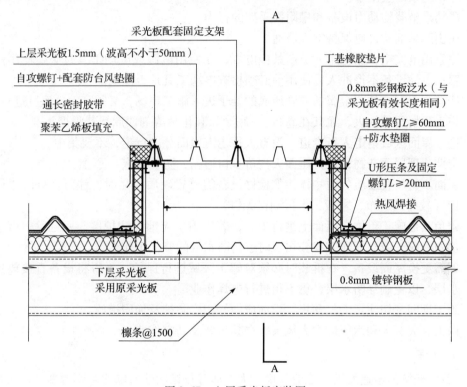

图 2-67　上层采光板安装图

下层采光板用角钢在长边两侧固定，中间钢丝网用角钢固定。天窗周边用 Z 形镀锌钢板包边，镀锌钢板下端与屋面钢板用螺钉固定，上端与 C 形钢用螺钉固定。参见图 2-68。

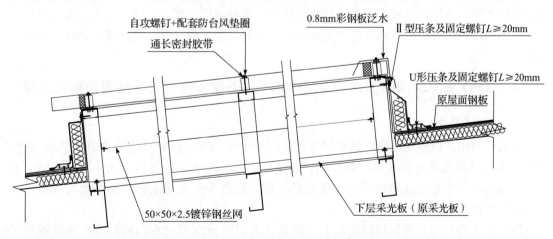

图 2-68　下层采光板安装图

上层采光板边缘压在镀锌钢板上。泛水板和采光板螺钉固定处要加通长密封胶带。其他配件安装详见各厂家附件图。

（五）施工注意事项

- 施工人员进入施工现场必须配戴安全帽，在大坡度屋面、挑檐及 2m 以上高空作业时，应系好安全带。
- 严禁乘坐载物动力设备和攀附脚手架的行为。
- 涂刷胶黏剂时，应保持空气流通。
- 注意用电安全，非电工人员严禁接电源；在使用电源或电动工具时必须使用保险装置；电动设备不得冲人，使用前必须检查电动工具是否漏电。
- 严禁穿着带钉的、金属的或硬质底的鞋子进入施工现场，必须穿着软底鞋进行作业。
- 施工现场严禁烟火，尤其在卷材、"底涂"和化学溶剂四周严禁吸烟。
- 进入屋面区域请走人行走道，没有人行走道屋面分散行走，不要集中。
- 定期清理屋面杂物，保持屋面天沟落水口通畅，防止堵塞。
- 屋面不得放置硬质尖锐物体，如检修设备需放置硬质物品时，注意做好防水层的保护（较厚的麻布、木板、木板确保无钉）。
- 避免其他施工单位在屋面上进行施工，若需施工应铺设防护层，一旦发生破损现象切勿隐瞒，应立即通知我公司及时进行防水层的修复工作。
- 如需更换屋面设备，在拆装时必须对施工区域进行保护，不得将设备直接放置在防水层，以免刺穿防水层，更不得进行电焊作业。
- 施工期间密切注意天气预报，雨前应做好相应防护及加固措施。
- 雨天、大雾天和六级以上大风天，严禁吊装及高空作业。

（六）结语

随着我国经济的迅速发展，工业厂房、大型体育场馆的建造随之急剧增多。防水材料的落后致使大部分建筑都是以钢结构自防水的形式建造，然而钢结构自防水的耐久性、气密性、柔韧性等缺点导致轻钢屋面维修的市场非常巨大。

宏源防水公司认为在工程防水维修过程中，首先应该综合考虑防水工程造价和使用期限，然后重视防水设计与施工工艺、防水材料与结构及基层、施工时间、施工环境之间的匹配、协同和优化，以优质材料和优秀的施工技术人员保证工程质量，以此来达到最佳的防水效果。

六、TPO 单层轻钢屋面系统应用技术——石家庄市体育学院屋面防水工程 *

（一）技术简介

目前，我国单层屋面系统的防水层主要使用 EPDM、PVC 和 TPO 三种高分子防水卷材。TPO 防水卷材因其具有的多项优越性能，同时解决了 EPDM 防水卷材无法焊接的问题以及 PVC 防水卷材因增塑剂迁移而易发生老化的问题，是当今建筑屋面防水市场上增长速度最快的单层屋面系统材料。

PVC 防水卷材在大型钢结构屋面上应用案例为 TPO 防水卷材在国内的推广发展铺平了道路。十年前，国外多家 TPO 品牌进入中国市场，随着这些品牌企业的大力宣传推广，以

＊ 撰稿：姚金朋，王菲菲，孙时亭。北京市建国伟业防水材料有限公司。

及受国家鼓励推广"新材料、新工艺、新技术、新设备"四新政策的影响，很多业主及设计师对单层屋面系统的应用逐渐熟悉，并在适合使用该系统的项目中加以推荐，使得单层屋面系统慢慢被接受。当然，这与高分子防水卷材本身的材料性能和防水效果密不可分。

在欧美国家，单层柔性屋面系统已成为平屋面工程的最主要屋面系统形式，它是一种拥有近50年历史的成熟系统。欧美高分子防水卷材在平屋面工程中全部采用单层卷材施工的屋面系统形式。

单层屋面系统是相对于叠层和多层系统而言的。单层屋面系统，通常包括结构层、隔汽层、保温层、防水层等屋面结构，采用机械固定、满粘或空铺等不同方式将各层次依次结合起来，形成了层次简单、构造清晰、施工标准化程度高的防水系统。结构层通常有钢筋混凝土结构屋面板、金属压型钢板或木质结构；隔汽层通常包括铝箔或聚乙烯膜等；保温层通常采用岩棉保温板、XPS保温板、EPS保温板或聚异氰脲酸酯板等。所用的防水卷材通常采用PVC防水卷材、EPDM防水卷材、TPO防水卷材及部分可采用机械固定法施工的聚合物改性沥青防水卷材。

单层屋面系统具有自重轻、防水保温性能好、施工快捷、易检修、寿命长、性价比高、节能环保、标准化程度高等特点。《单层防水卷材屋面工程技术规程》（JGJ/T 316）是指导和规范单层屋面工程施工的最新标准。其中在钢结构屋面，能够彻底解决传统屋面系统的渗漏水问题、冷桥结露问题、噪声问题、多曲面构造问题。

随着我国PVC、TPO防水卷材等材料标准的出台，单层防水卷材屋面工程技术规程也发布并实施，结合我国的国情和政策，单层屋面系统必将得到更大发展。《热塑性聚烯烃（TPO）防水卷材》（GB 27789—2011）中P类主要性能见表2-7。

表2-7　《热塑性聚烯烃（TPO）防水卷材》（GB 27789—2011）中P类主要性能

序号	项目		指标
1	中间胎基上面树脂层厚度（mm）≥		0.40
2	拉伸性能	最大拉力（N/cm）≥	250
		最大拉力时伸长率（%）≥	15
3	热处理尺寸变化率（%）≤		0.5
4	低温弯折性		−40℃无裂纹
5	不透水性		0.3MPa，2h不透水
6	抗冲击性能		0.5kg·m，不渗水
7	抗静态荷载		20kg不渗水
8	接缝剥离强度（N/mm）≥		3.0
9	梯形撕裂强度（N）≥		450
10	吸水率（70℃ 168h，%）≤		4.0

（二）施工

1. 工程概况

本项目位于河北省石家庄市体育学院内，结构类型为轻钢屋面，防水面积2000m^2，防水材料选用北京市建国伟业防水材料有限公司生产的1.2mm厚P类外露TPO防水卷材，使用机械固定法进行施工。

2. 施工方案（表2-8）

表2-8 施工方案

施工部位	设计材料	施工方法
轻钢屋面	1.2mm 外露 TPO	机械固定

3. 材料和设备

基层清理工具：钢丝刷、扫帚、小平铲等。

施工工具：自动热风焊机、手动热风焊枪、电动螺丝刀、橡胶压辊、电线、电源稳压器、剪刀或裁纸刀、钢卷尺、刷子、皮卷尺等。

防护工具：安全帽、口罩、工作服、橡胶手套、平底橡胶鞋、安全带（绳）等。

4. 防水构造级设计（图2-69）

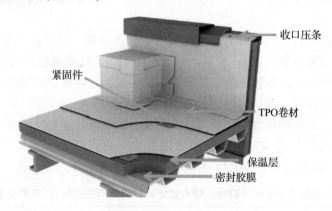

图2-69 轻钢屋面防水构造设计

5. 单层轻钢屋面系统施工

1）施工准备

（1）技术准备

施工人员持证上岗，保证所有施工人员都能按有关操作规程、规范及有关工艺要求施工。对于复杂的分项以及重要施工部位，事先编制具体施工方案。事先准备本工程的各项资料，确保资料真实，及时归档。

（2）基层要求及处理

基层处理应满足以下要求：

①基层应坚实、平整、干净、干燥；基层不应有疏松、开裂、空鼓等现象；

②屋面基层上需要安装的管线、管道、构件及相关设施已经安装完毕；

③屋面坡度及屋面天沟排水坡度符合设计要求，且顺畅、无低洼积水处；

④机械固定施工，当固定基层为混凝土结构板时，其厚度应不小于60mm，强度等级不低于C25。当固定基层为钢板时，其厚度不应小于0.75mm。

2）工艺流程

基层处理→卷材预铺→机械固定→卷材搭接→搭接区热焊接→节点处理→卷材收头→检查验收。

3）施工工艺

（1）基层处理：铺设卷材的基层应坚实、平整、干净、干燥。

（2）卷材预铺：把卷材按预先确定好的位置进行铺设，应平整顺直，不得扭曲，相邻卷材相互交叠。

（3）搭接区下层卷材的机械固定：紧固件和垫片沿标记线所示，距卷材边缘 30mm 处固定卷材（图 2-70）。

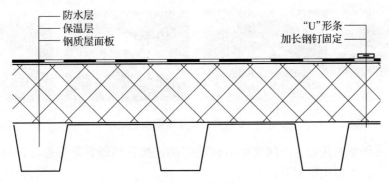

图 2-70　机械固定卷材

（4）卷材搭接：相邻卷材搭接宽度一般 120mm，上层卷材遮盖住下层卷材机械紧固件，且应超过机械紧固件 5～6mm（图 2-71）。

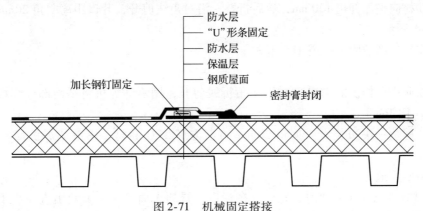

图 2-71　机械固定搭接

（5）搭接区热焊接：焊接搭接边前，先对焊接区进行清洁处理，随后用手动焊枪（或自动焊机）均匀施焊（图 2-72）。

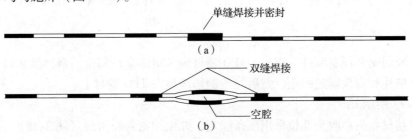

图 2-72　热焊接
（a）单缝焊；（b）双缝焊

（6）节点处理：阴阳角、管根等细部做增强附加，裁剪适合相应节点的卷材片材，采用手持式焊枪将片材焊接于大面卷材上。

①女儿墙

屋面 TPO 卷材防水层机械固定时，女儿墙部位应先做平面，平面向立面卷起 100mm 高，在距离阴角 50～60mm 处，用 U 形预打孔镀锌钢条和自攻螺丝固定，然后铺贴立面 TPO 卷材，接缝应在平面，接缝宽不小于 10cm，采用自动焊接机焊接（图 2-73）。

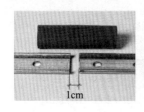

图 2-73　女儿墙做法

注意：U 形压条对接时，中间要留 1cm 的间隔，接头用塑料套管连接，以免划伤卷材。U 形压条固定后，上口用密封胶密封。

②内角（阴角）

平面向立面卷起卷材，在内角（阴角）左右两侧 150mm 范围内虚铺不压实，两侧向中间压，使 TPO 卷材形成一个"袋子"，然后将"袋子"向一侧墙壁压实粘贴。

立面卷材向平面伸出 120mm，然后折叠，沿对角线剪开，开口距离阴角 20mm，剪裁焊接如图 2-74 所示。

最后在封口部位附加一道 TPO 卷材。

③阳角

将立面向平面伸出的 TPO 卷材沿阳角折线剪开，用手动焊机将平面部分焊接起来，搭接宽度不小于 50mm。

然后，剪裁一块边长大于剪口 20mm 的正方形 TPO 卷材，用手动焊机焊实在剪口处（图 2-75）。

④出屋面管道

大面 TPO 卷材做至管道时，先小心在管道位置的大面卷材上剪裁出直径小于管道外径 10mm 的孔洞，然后套在管道上，周围卷起。然后，剪裁一块 TPO 卷材，宽度大于管道 50mm，长度大于管道周长 30mm 的片材，裹在管道上，焊成圆筒状。最后，将圆筒套在管道上，把其下部与平面卷材焊接严密。上部内翻至管道内，焊接在管道内壁收头。如图 2-76 所示。

⑤落水口

落水口采用配套预制型件。首先，TPO 卷材到预留落水口部位，裁出落水口，在落水口周围用三个垫片和自攻螺丝固定，然后将预制件焊接在 TPO 卷材上。

如图 2-77 所示。

⑥防水卷材收头：收头部位采用压条固定，并使用密封胶密封（图 2-78）。

6. 施工注意事项

（1）完工后严禁在卷材上钻孔和放置重物、带棱角的尖锐物，以避免破坏卷材。

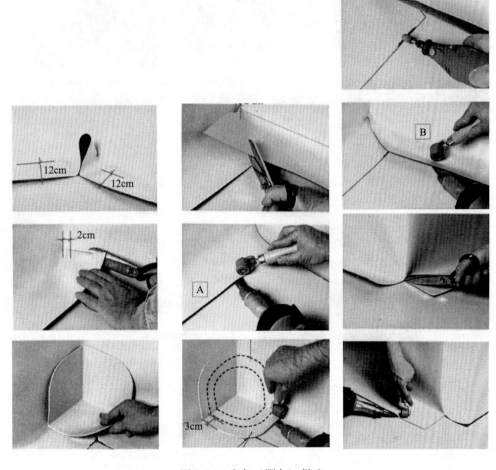

图 2-74　内角（阴角）做法

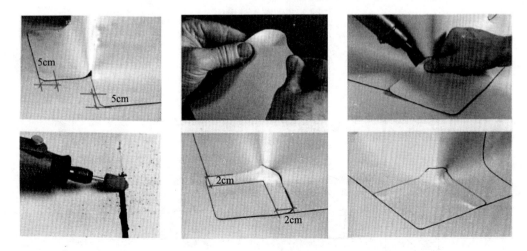

图 2-75　阳角处理

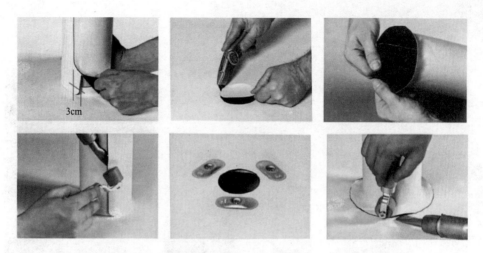

图 2-76　出屋面管道处做法

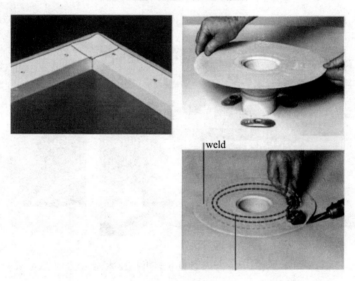

weld

图 2-77　落水处做法

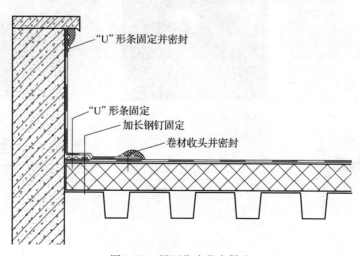

"U"形条固定并密封

"U"形条固定

加长钢钉固定

卷材收头并密封

图 2-78　屋面收头节点做法

（2）屋面避雷线设置时宜采取固定措施，但不能破坏卷材防水层。

（3）施工时防止金属压条和螺钉扎坏卷材造成渗漏，施工完毕必须将现场清理干净。

（4）完工后严禁在防水层上进行其他工种施工，防止人为踩踏、破坏防水层。

（三）结语

TPO屋面基于质量轻、寿命长、外形美观等特点，在欧美得到快速发展。但TPO屋面在国内还是一种新兴的屋面系统，应用处于起步阶段。随着中国屋面防水事业和屋面工程科技的发展，也随着TPO产品标准和应用规范的建立，作为一种科技含量高、性能优异、外形美观的新型屋面系统，TPO屋面系统必将不断完善，并在国内市场得到更多应用。

第三章　种植屋面防水施工技术

第一节　概　况

在海绵城市建设中，种植屋面绿化系统是"集水、排水、蓄水"的重要系统，包括屋面和地下室顶板种植绿化系统，其构造组成依次为：（1）植被层；（2）种植土；（3）滤水层；（4）排（蓄）水层；（5）保护层和隔离层；（6）防水层。防水层是防水的关键，其防水等级为 I 级，是采用两道设防的防水措施，最上面的采用耐根穿刺型防水卷材，其标准为《种植屋面耐根穿刺防水卷材》GB/T 35468—2017。由上面各层组成的种植屋面防水系统，起到绿化环境、节能保温的作用，是各级政府大力支持和倡导的技术。

《种植屋面工程技术规程》JGJ 155 是指导和规范种植屋面防水施工的依据。目前，种植屋面广泛地用于新建工程、改扩建工程的屋面和地下室顶板的绿化工程。

第二节　技术案例

一、顶板耐根穿刺种植屋面防水施工技术——北京城市副中心种植屋面防水工程*

（一）工程概况

北京市城市副中心 A1 地块工程位于通州区潞城镇，总建筑面积31.5万平方米，地上最高11层，建筑面积约15.5万平方米；地下2层，建筑面积约16万平方米，地上建筑分为中楼和东、西楼三部分，种植顶板耐根穿刺防水建设面积10万平方米。

施工总承包单位为北京城建集团；防水施工由北京市京建防水施工有限责任公司承担；防水材料供应商为北京世纪洪雨科技有限公司。

（二）种植顶板的选材

1. 种植顶板的构造

种植顶板构造层次较多，施工工序复杂。种植顶板从上到下依次为种植层、种植土层、过滤层、排（蓄）水层、耐根穿刺层、普通防水层、找坡找平层、保温隔热层、结构层。

2. 北京城市副中心 A1 地块种植顶板防水设计

（1）北京城市副中心 A1 地块项目的防水设计为自粘聚合物改性沥青防水卷材＋化学阻根铜胎基耐根穿刺防水层，具体的防水材料为3mm厚自粘聚合物改性沥青防水卷材＋4mm

---

　　* 撰稿：北京世纪洪雨科技有限公司　庾朝鹏

厚化学阻根铜胎基耐根穿刺防水卷材。

（2）自粘聚合物改性沥青防水卷材，为非外露使用的无胎基或采用聚酯胎基增强的本体自粘防水卷材。具有自黏合性、高延伸性、高柔韧性等特点。适用于各类防水工程，最适用于地下工程，无明火作业、安全性能更好。

（3）种植顶板部分采用了耐根穿刺防水卷材。我单位是国内最早研究耐根穿刺卷材的公司之一，于2009年通过了北京市园林研究所耐根穿刺的检测。耐根穿刺防水卷材是以长纤维聚酯胎基、铜箔胎或复合铜胎为胎基，以SBS或APP改性剂为主料，添加德国朗盛公司生产的化学阻根剂，其产品的环保性和防水的安全可靠性得到了国内外专家的认可。众多项目案例已经证实"绿茵"耐根穿刺卷材的安全性。阻根剂不会抑制和损伤根系生长，只是改变植物根系的生长方向。回访竣工多年的种植顶板或种植屋面项目，发现植物依然茁壮生长，枝叶茂盛。耐根穿刺防水卷材对增加城市绿化面积、缓解热岛效应起到很积极的作用，大力发展耐根穿刺卷材，对美化环境有很大意义。

（4）底层采用自粘聚合物防水卷材，上层采用复合铜胎基改性沥青防水卷材，该组合方式很好地结合了两种材料的优点。自粘法施工适用于平面部位施工，车库顶板平整，特殊部位较少，粘贴效果良好，热熔施工工艺将上、下两道沥青卷材热熔满粘在一起，极大地增强了防水体系的稳定、牢固性。

（三）种植顶板施工技术

1. 施工工艺流程

防水基层处理→局部附加层施工→施工3mm厚自粘防水卷材→检查验收→4mm厚铜胎基耐根穿刺防水卷材（蓄水试验）→隔离层→混凝土保护层→排水板、隔离层施工→种植土层→检查→报检验收。

2. 种植顶板施工工艺

1）基层处理施工工艺

将阴阳角、后浇带、高低跨等节点细部的基层清扫干净。基层应坚实、平整、洁净，无空鼓、起砂、裂缝、松动和凹凸不平的现象。阴角处做50mm小圆弧，阳角部位做10mm小圆弧。

2）自粘卷材施工工艺

（1）施工基层处理剂：在大面、阴阳角、后浇带等节点细部，使用长柄滚刷将基层处理剂涂刷在已处理好的基层表面，并且要涂刷均匀，不得漏刷或露底。基层处理剂也可以采取喷涂施工，公司生产有专用喷涂工具。基层处理剂施工完毕，应达到干燥程度（一般以不粘手为准）方可进行卷材的热熔施工。

（2）细部节点的处理：用与大面同材质的卷材，裁剪好的阴阳角在两面转角、三面阴阳角等部位进行附加增强处理，平立面平均展开。方法是先按细部形状将卷材剪好，在细部贴一下，视尺寸、形状合适后，将卷材的底面用加热器辅助加热，待其底面达到合适状态，即可立即粘贴。在已涂刷一道基层处理剂的基层上，附加层要求无空鼓，并压实铺牢。

（3）弹线：在已处理好并干燥的基层表面，按照所选卷材的宽度，留出搭接缝尺寸（长短边均为80mm），将铺贴卷材的基准线弹好，以便按此基准线进行卷材铺贴施工。

（4）大面积粘贴自粘卷材主要有拉铺法和滚铺法两种施工方法。在实际施工中，施工人员可根据现场环境、温度等条件，确定合理的铺装粘贴方式。排气、压实、防皱是保证卷材施工质量的重要工序，该工序不能少。

①基本要求：在粘贴卷材时，应随时注意与基准线对齐，以免出现偏差难以纠正。卷材铺贴时，卷材不得用力拉伸。粘贴后，随即用压辊从卷材中部向两侧滚压，排出空气，使卷材牢固粘贴在基层上，卷材背面搭接部位的隔离纸不要过早揭掉，以免污染黏结层或误粘。

②拉铺法：将卷材对准基准线全幅铺开，从一头将卷材（连同隔离纸）揭起，沿卷材幅长中线对折，用裁纸刀将隔离纸边轻轻划开，注意不要划伤卷材，将隔离纸从卷材背面小心撕开一小段约500mm长，两人合力揭掉隔离纸，对准基准线粘铺定位。先将半幅长的卷材铺开就位，拉住揭下的隔离纸均匀用力向后拉，慢慢将剩余半幅长的隔离纸全部拉出，拉铺时注意拉出的隔离纸的完整性，发现撕裂、断裂应立即停止拉铺，将撕裂的隔离纸残纸清理干净后，再继续拉铺。

③滚铺法：即揭隔离纸与铺贴卷材同时进行。施工时不需要打开整卷卷材，用一根钢管插入成筒卷材中心的纸芯筒，然后由两人各持钢管一端抬至待铺位置的起始端，并将卷材向前展出约500mm，由另一人揭此卷材的隔离纸，并将其卷到已用过的包装纸芯筒上。将已剥去隔离纸的卷材对准已弹好的基线轻轻摆铺，再加以压实。起始端铺贴完成后，一人缓缓揭隔离纸卷入上述纸芯筒上，并向前移动，抬着卷材的两人同时沿基准线向前滚铺卷材。注意抬卷材的两人移动速度要相同、协调。滚铺时不能太松弛；铺完一幅卷材后，用长柄滚刷，由起端开始，彻底排除卷材下面的空气，然后再用大压辊或手持式轻便振动器将卷材压实，粘贴牢固。

（5）立面和大坡面的铺贴：由于自粘型卷材与基层的黏结力相对较低，在立面或大坡面上，卷材容易产生下滑现象，因此在立面或大坡面上粘贴施工时，宜用手持热风机将卷材底面的胶黏剂适当加热后再进行粘贴、排气或滚压。

（6）大面积卷材排气、压实后，再用手持小压辊对搭接部位进行碾压，从搭接内边缘向外进行滚压，排出空气，粘贴牢固。

（7）接缝粘贴与密封：卷材搭接采用材料自粘胶面搭接，温度较低时可采用热风加热器辅助进行，搭接长度为100mm。卷材搭接处、卷材收头、管道包裹、异型部位，应采用自粘橡胶沥青防水卷材专用密封膏密封，如图3-1所示。

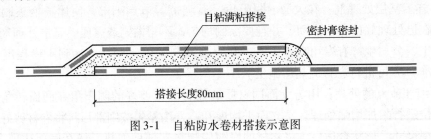

图3-1　自粘防水卷材搭接示意图

3）热熔铜胎基卷材施工工艺

（1）施工铜胎基SBS卷材：用汽油喷灯烘烤卷材底面和基层表面，使卷材底面的沥青熔化，边烘烤边向前滚铺卷材，随后用压辊滚压，挤出卷材与基层之间的空气，铺贴后卷材应平整、顺直，搭接尺寸正确，长短边搭接100mm，卷材完全没有扭曲变形等。

热熔满粘铜胎基耐根穿刺 SBS 卷材：将开始端部卷材热熔粘牢后，持火焰加热器对准待施工卷材，使喷嘴距卷材及基层加热处 0.3~0.5m 施行往复移动烘烤（不得把加热器火焰停留在一处烤时间过长，否则易产生胎基外露或胎体与改性沥青基料瞬间分离），加热均匀，不得有过分加热烧穿或加热不到位现象。卷材底面胶层呈光亮的黑色并拌有微泡（不得出现大量气泡），及时推滚卷材进行粘铺，后随一人施行排气压实工序。铺贴后卷材应平整、顺直，搭接尺寸正确，不得扭曲。

（2）搭接缝处理：搭接部位应保证卷材之间的有效搭接≥100mm，同时用喷灯充分烘烤上层卷材底面与下层卷材上表面的沥青涂盖层，必须保证搭接处卷材间的沥青密实熔合，且有熔融沥青油溢出，使得搭接边被沥青油完好地密封。

（3）检查处理：铺贴时边铺边检查，检查时用专用工具检查接口，发现熔焊不实之处及时修补，不得留任何隐患，现场施工员、质检员必须跟班检查，检查合格后方可进入下一道工序施工，特别要注意平立面交接处、转角处、阴阳角部位的做法是否正确。

（4）施工铜胎基耐根穿刺防水卷材：第一层卷材检查合格后再弹线放样，然后铺贴第二层卷材，铺贴方法同第一层，但必须注意上下层卷材不得相互垂直铺贴，应与第一层卷材平行铺贴，并且上下两层卷材的接缝应错开 1/3~1/2 幅宽，其他施工方法同第一层，如图 3-2所示。

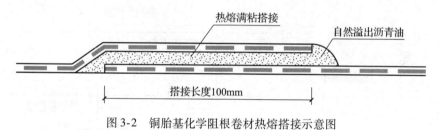

图 3-2　铜胎基化学阻根卷材热熔搭接示意图

（5）报检验收：铜胎基耐根穿刺防水卷材施工完毕后，应进行自我检查，重点是对搭接缝部位、阴阳角及其他复杂的节点部位。经自我检查合格后，报监理检验，验收合格后进行下步工序施工。

（四）种植顶板节点做法详解

1. 种植顶板防水节点构造

1）大面施工：结构顶板采用两道防水卷材进行设防，自粘 3mm 厚Ⅱ聚酯胎防水卷材和 4mm 铜胎基防水卷材均满足地下室技术规范和种植屋面技术规程的要求，施工前先进行喷涂底油后进行自粘卷材施工，再进行耐根穿刺防水卷材的施工，如图 3-3 所示。

2）卷材的铺贴：卷材施工时，相邻两幅卷材的搭接缝要错开，错开长度不小于 1500mm，搭接长度为不小于 100mm，平面搭接以及立墙搭接如图 3-4 所示。

3）高低跨施工：首先在阴阳角部位做 3mm 自粘聚合物改性沥青防水卷材附加层一道，每边宽度 250mm，然后进行非固化涂料与卷材的复合施工，施工步骤与大面相同，在立墙部位可根据现场的高度，加固压条螺钉，确保牢固可靠性，立墙防水施工完成后砌筑砖墙对其进行保护，如图 3-5 所示。

4）后浇带附加层：后浇带宽度 800mm，对此部位进行附加材料的防水施工，用 3mm 自粘卷材沿后浇带方向铺贴，每边宽出后浇带施工缝 250mm，如图 3-6 所示。

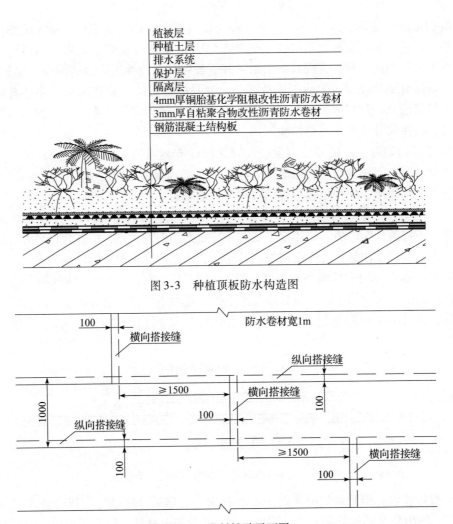

图 3-3 种植顶板防水构造图

图 3-4 卷材铺贴平面图

5）立墙收头处理：立面上返高度超过顶板的覆土，由于上返部位是防水薄弱环节，因此应着重进行处理，添加辅助材料进行加强。本方案采用金属压条固定钉加强，收头部位整体采用与大面相容沥青类密封膏全部密封处理，侧墙防水应进行保护层设置，保护层宜采用排水板。做法如图 3-7 所示。

6）阳角部位处理：首先在阳角部位做 500mm 宽、附加层每边 250mm，材料为 3mm 厚自粘聚合物防水卷材的附加层，随后施工自粘耐根穿刺卷材，立面卷材向上返至平面，长度≥500mm，平面卷材向下返至立面，长度≥500mm。阳角部位为结构应力集中部位，故加强处理确保防水质量及耐久性。平立面交接处做法示意图如图 3-8 所示。

7）蓄水试验。防水层施工完毕后，按规定进行蓄水试验。蓄水 24h 无渗漏为合格，排出蓄水后，方可进行下一道工序施工。

2. 种植层节点构造

1）无纺布隔离层施工。无纺布空铺于防水卷材之上，铺设应平整；无纺布应进行搭接铺设，搭接宜采用缝合固定或直接搭接，搭接宽度不应小于 150mm，边缘沿种植挡土墙上翻时应与种植土高度一致。

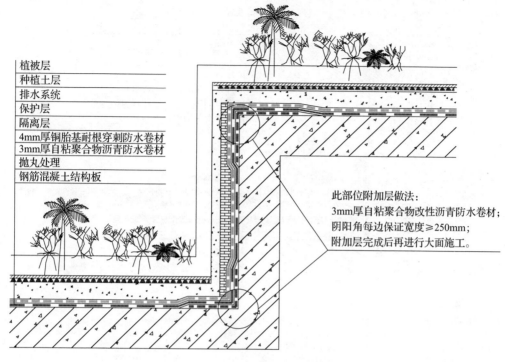

植被层
种植土层
排水系统
保护层
隔离层
4mm厚铜胎基耐根穿刺防水卷材
3mm厚自粘聚合物沥青防水卷材
抛丸处理
钢筋混凝土结构板

此部位附加层做法：
3mm厚自粘聚合物改性沥青防水卷材；
阴阳角每边保证宽度≥250mm；
附加层完成后再进行大面施工。

图 3-5　顶板高低跨防水构造图

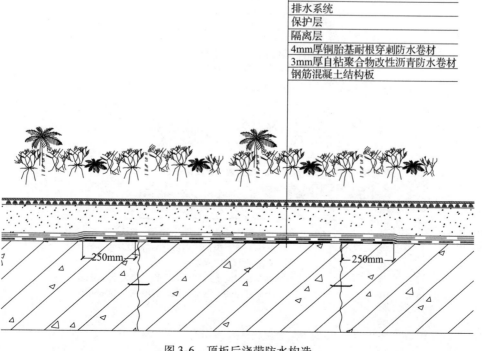

植被层
种植土层
排水系统
保护层
隔离层
4mm厚铜胎基耐根穿刺防水卷材
3mm厚自粘聚合物改性沥青防水卷材
钢筋混凝土结构板

250mm　　250mm

图 3-6　顶板后浇带防水构造

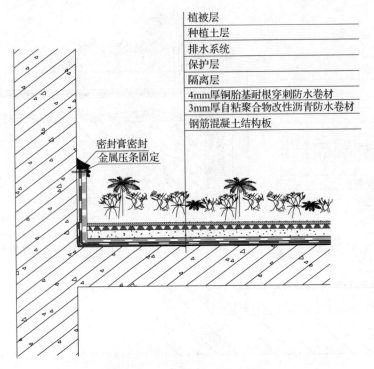

図 3-7 种植顶板立墙收头做法

植被层
种植土层
排水系统
保护层
隔离层
4mm厚铜胎基耐根穿刺防水卷材
3mm厚自粘聚合物改性沥青防水卷材
钢筋混凝土结构板

密封膏密封
金属压条固定

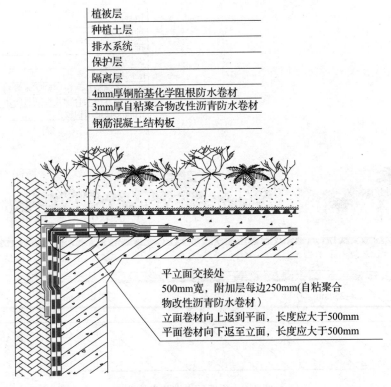

图 3-8 平立面交接处做法示意图

植被层
种植土层
排水系统
保护层
隔离层
4mm厚铜胎基化学阻根防水卷材
3mm厚自粘聚合物改性沥青防水卷材
钢筋混凝土结构板

平立面交接处
500mm宽，附加层每边250mm(自粘聚合物改性沥青防水卷材)
立面卷材向上返到平面，长度应大于500mm
平面卷材向下返至立面，长度应大于500mm

2）保护层施工。80mm 厚 C20 细石混凝土保护层施工，要求保护层内配双向φ6@200，6m×6m 分格缝，缝宽20~30mm，缝填聚苯板，建筑密封膏嵌缝。防水保护层坡向及坡度同结构，施工过程中应严格对标高、坡向、坡度进行控制。

3）塑料定型排水板。排水板应在防水层及其保护层施工完毕并检验合格后方可施工。施工前基层表面应清扫干净，无明显凸起、凹坑，无杂物。排水板施工应根据施工部位，合理安排铺设方向，减少裁剪。平面铺设时，基层平整干净，无杂物，如果有明显的凹陷或凸起，应用水泥砂浆找平。排水板长边铺设方向与找坡方向一致，不得有变形，长边搭接应整齐。在防水收头位置预留不小于 150mm 的排水板用于固定。排水板宜采用焊接方式进行搭接，搭接宽度不小于 100mm。塑料网格连接采用搭接的连接方式，搭接宽度不宜小于 50mm。

4）聚酯无纺布过滤层施工。无纺布应空铺在排水板及塑料网格上，铺设方向与排水铺设方向一致，铺设应平整。无纺布接缝宜采用缝合的连接方式或直接搭接方式，搭接宽度不小于 150mm。

5）种植土层的施工。排水板施工完毕，过滤层铺贴完后，经各方检查验收合格，可进行回填土施工，回填应由四周向中心铺填，第一层回填土一次性回填厚度宜小于 400mm。另施工中应根据施工设计图进行花池砌筑、暗散水及排水沟施工。

（五）结语

北京城市副中心 A1 地块工程是受北京市各级领导关注的重点项目。在项目前期，我单位全面做好各项准备工作，收集项目的成功案例，提供有力的技术支持。在合同中标后根据业主及总包的要求，公司准备原材料采购，同时加大产品的生产与质量监督，确保在规定的时间提供优质的产品，满足施工要求。

二、SBS 改性沥青 + JJAF 种植屋面防水施工技术——天津国耀上河花园种植屋面防水工程[*]

（一）工程概况

该工程位于天津市北辰区双街镇北运河旁，是天津国耀置业发展有限公司开发的国耀上河花园项目，属高层住宅小区，总建筑面积约 30 万平方米，此次防水施工部位为车库顶板，施工面积约 2 万平方米，设计两道防水，为 4mm SBS 改性沥青防水卷材 + 4mm JJAF 种植屋面用耐根穿刺防水卷材。

（二）防水构造与设计

种植屋面的基本构造层次由上至下依次为：

植被层→种植土层→过滤层→排（蓄）水层→保护层→耐根穿刺防水卷材层→普通防水层→找平层→结构层。

种植屋面的构造层次较多，技术要求较高，涉及建筑、农林和园艺等专业学科，是一个系统工程。

1. 植被层

根据种植形式和种植土的厚度，选择适合当地气候条件的符合生态环保要求的花草

＊ 撰稿：天津市京建建筑防水工程有限公司　郭磊、王珍珠、刘涛

树木。

2. 种植土层

种植土是屋面种植植物赖以生长的土壤层，种植土分为三类：田园土、改良土和无机复合种植土。

3. 过滤层

1）材料选择：在种植土与排水层之间，采用质量不低于$250g/m^2$的无纺布、矿物棉垫等材料。

2）作用：起到保水和滤水作用，将种植土因下雨或浇水后多余的水及时通过过滤层排除掉，防止植物因水多烂根，同时将种植土保留下来避免种植土流失。

4. 排水层

1）材料选择：排水层采用凹凸型排水板。

2）作用：改善基质的通气状况，吸收种植土渗出的多余水分，土壤缺水时提供植物所需水分，可将雨水排出，有效缓解瞬时集中降雨对屋顶承重造成的压力，起到排水、蓄水作用。

5. 保护层

1）采用细石混凝土做保护层时，保护层下面应铺设隔离层。

2）作用：保护耐根穿刺防水卷材不被破坏。

6. 耐根穿刺层

1）材料选择：符合《种植屋面用耐根穿刺防水卷材》（JC/T 1075）标准规定。

2）作用：在普通防水层上铺一道耐根穿刺层，确保不被植物根所穿破。

7. 找平层

为便于迅速排除种植屋面的积水，确保植物正常生长，宜采用结构找坡，同时找坡层压光后又可做找平层。

8. 结构层

屋面结构层应根据种植屋面的种类和荷载进行设计和施工，一般应用现浇钢筋混凝土做屋面结构。

（三）施工方案

本项目车库顶板防水层拟采用4mm厚SBS改性沥青防水卷材+4mm JJAF种植屋面用耐根穿刺防水卷材，采用热熔满粘铺贴方法进行施工。同层卷材之间的长、短边搭接宽度均为100mm，搭接缝采用热熔法焊合。

1. 施工总体部署

1）劳动力组织

为了该工程能顺利进行，确保工期与质量，重点抓好劳动力的组织，一是组织充足的劳动力，二是提高劳动力素质。

（1）根据工程具体情况，分阶段合理组织协调各工种劳动力进场，既确保工程进度又不造成劳动力浪费。

（2）对进场施工人员严格挑选，择优录用，尽量先用配合时间长、工作能力强、思想素质高的班组。

（3）工程施工中建立试用考核及奖惩制度，以保工程质量、工程进度为目标。

2）施工材料与机具准备（表 3-1）。

表 3-1　种植屋面防水施工所需主要材料与设备明细表

序号	材料名称	规格型号	单位	备注
1	基层处理剂	冷底油	kg	处理基层用
2	SBS 改性沥青防水卷材	4mm	m²	—
3	JJAF 种植屋面用耐根穿刺防水卷材	4mm	m²	—
4	弹线盒		个	放线定位
5	火焰喷枪		个	热熔卷材
6	封边抹子		个	封边
7	壁纸刀	—	个	裁剪卷材
8	压辊	—	个	压实卷材用
9	安全帽	—	顶	进入施工区域，每人必戴
10	软底鞋	—	双	施工人员人手一双
11	劳保手套	—	副	施工人员人手一副，并备用一副
12	灭火器	3L	个	灭火用

3）施工前准备

（1）基层坚实、平整、干燥、干净，并会同监理工程师严格执行交接检查。

（2）平立面交接处、转折处、阴阳角、管根等均应做成均匀一致、平整光滑的圆角，圆弧半径不小于 50mm。

（3）出基层的构件安装完毕后方可进行防水施工。

（4）基层应无明水、干燥、干净。

2. 消防安全准备

做好安全、消防准备工作，现场配备足够的消防器材，确保消防道路的畅通。

3. 施工工艺流程

基层处理→涂刷基层处理剂→卷材附加层→弹线→热熔铺贴第一道 SBS 卷材→热熔焊接搭接缝→验收第一道 SBS 卷材→弹线铺贴第二道 JJAF 种植屋面用耐根穿刺防水卷材→热熔满粘第二道卷材→热熔焊合搭接缝→检查、验收→成品保护。

4. 施工

1）基层处理：将基层清扫干净，基层应平整、清洁、干燥。

2）涂刷基层处理剂：用长柄滚刷将基层处理剂涂刷在已处理好的基层表面，并且要涂刷均匀，不得漏刷或露底。基层处理剂涂刷完毕，达到干燥程度（一般以不粘手为准）方可施行热熔施工，以避免失火。

3）一般细部附加增强处理：用专用附加层卷材及标准预制件在两面转角、三面阴阳角等部位进行附加增强处理，平立面平均展开。方法是先按细部形状将卷材剪好，在细部贴一下，视尺寸、形状合适后，再将卷材的底面用火焰加热器烘烤，待其底面呈熔融状态，即可立即粘贴在已涂刷一道基层处理剂的基层上，附加层要求无空鼓，并压实铺牢。

4）弹线：在已处理好并干燥的基层表面，按照所选卷材的宽度，留出搭接缝尺寸（长短边均为 100mm），将铺贴卷材的基准线弹好，以便按此基准线进行卷材铺贴施工。

5）卷材按基准线进行试铺，然后再将卷材卷起，将起始端卷材粘贴牢固后，持火焰加热器对着待铺的整卷卷材，使喷嘴距卷材及基层加热处 0.3～0.5m 施行往复移动烘烤（不得将火焰停留在一处直火喷烤时间过长，否则易产生胎基外露或胎体与改性沥青基料瞬间分离），应加热均匀，不得过分加热或烧穿卷材。至卷材底面胶层呈黑色光泽并拌有微泡（不得出现大量气泡），及时推滚卷材进行粘贴，后随一人施行排气压实工序。

6）接缝处理。用喷灯充分烘烤搭接边上层卷材底面和下层卷材上表面沥青涂盖层，必须保证搭接处卷材间的沥青密实熔合，且有熔融沥青从边端挤出，形成宽度 5～8mm 的匀质沥青条（图 3-9）。

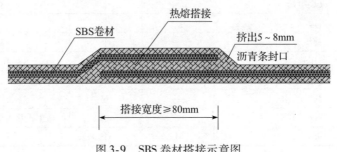

图 3-9　SBS 卷材搭接示意图

7）检查验收：铺贴时边铺边检查，检查时用螺丝刀检查接口，发现熔焊不实之处及时修补，不得留任何隐患，现场施工员、质检员必须跟班检查，检查合格后方可进入下一道工序施工，特别要注意平立面交接处、转角处、阴阳角部位的做法是否正确。

8）第一层卷材检查合格后再弹线放样，然后铺贴第二层卷材，操作方法同第一层，但必须注意上下层卷材不得相互垂直铺贴，且上下两层卷材的接缝应错开 1/3～1/2 幅宽，其他同第一层。待自检合格后报请监理及建设方按照《地下防水工程质量验收规范》（GB 50208—2011）进行验收，验收合格后及时进行保护层的施工。

5. 施工注意事项

1）施工前，进行安全教育、技术措施交底，施工中严格遵守安全规章制度。

2）施工人员必须戴安全帽、穿工作服、软底鞋，立体交叉作业时必须架设安全防护棚。

3）施工人员必须严格遵守各项操作说明，严禁违章作业。

4）施工现场一切用电设施必须安装漏电保护装置，施工用电动工具正确使用。

5）五级风及其以上时停止热熔施工。

6）基层处理剂涂刷完毕必须完全干燥后方可铺贴卷材。

7）在点火时以及在烘烤施工中，火焰喷灯严禁对着人，特别是立墙卷材热熔施工时，更应注意施工安全。

6. 质量控制

1）验收依据

防水卷材进场、施工过程中，严格按照《种植屋面工程技术规程》（JGJ 155—2013）的相关要求进行验收和质量控制。

2）组织管理措施

所有进入现场的施工人员必须严格按合同要求和施工规范、规程操作。施工管理人员要经常深入工地，强化施工质量的跟踪管理。

3）材料管理措施

（1）工程使用的材料必须有出厂合格证及试验报告。

（2）对进场材料需经过复试后方可用于工程。

4）技术措施

（1）严格执行书面技术交底制度、技术复核制度和各工序验收记录，层层严格把关。

（2）施工方法和材料代用不得随意更改。

（3）在防水层的施工过程中，施工人员必须穿软底鞋，严禁穿带钉子或尖锐突出的鞋进入现场，以免破坏防水层。

（4）施工过程中质检员应随时、有序地进行质量检查，如发现有破损、扎坏的地方要及时组织人员进行正确、可靠的修补，避免隐患的产生。

（5）严禁在未进行保护的防水层上托运重型器物和运输设备。

（6）不得在已验收合格的防水层上打眼凿洞，所有预埋件均不得后凿、后做，如必须穿透防水层时，要提前通知防水单位，以便提供合理的建议并进行及时的修补。

（四）结语

由于种植屋面构造层次较多，一旦发生渗漏，维修困难，费用较高，因此对施工工法有较高的要求，该工法属同类材质热熔搭接，粘贴牢靠，密封严实，耐久性更好，该工法已应用多年，属成熟工法，同时加上该设计合理，排水通畅，植物生长茂盛，未发现有渗漏现象。

三、PBC-328＋SBS＋SBS复合铜胎基耐根穿刺防水施工技术——北京槐房再生水厂种植屋面防水工程*

北京槐房再生水厂工程地下室顶板防水做法采用了2mm厚PBC-328非固化橡胶沥青防水涂料＋4mm厚弹性体（SBS）改性沥青防水卷材＋4mm厚SBS改性沥青复合铜胎基耐根穿刺防水卷材多道防水设防的方案，防水工程整体性好，取得了良好的防水效果。以下重点对防水方案设计及施工过程做阐述。

（1）PBC-328非固化橡胶沥青防水涂料（附无纺布）本身既可形成一道独立防水层，又具有优异的黏结性能，既能与结构基层牢固黏结，也能与材质相容的沥青基卷材形成有效结合。非固化涂料施工后可立即与无纺布复合形成一道连续、完整、无接缝、有自愈能力的高弹性涂层结构，与基层可形成满粘、无窜水隐患的防水体系。同时，选择SBS改性沥青防水卷材和复合铜胎基耐根穿刺防水卷材作为主防水层，可以显著提高整体防水体系的抗变形能力、耐砸破和耐穿刺性能。非固化橡胶沥青防水涂料形成的防水层又能起到防水隔汽的作用，大大地提高了保温层的保温性能和使用寿命。

（2）本工程种植顶板防水做法及其构成的防水系统是一种创新。解决了防水体系的整体渗漏问题。

（一）工程概况

北京槐房再生水厂是北京市第一座全地下再生水厂，也是亚洲最大的主体处理工艺全部在地下的再生水厂工程，建成后的槐房再生水厂全年满负荷运转的情况下，可将2亿立方米

＊ 撰稿：北京东方雨虹防水技术股份有限公司　韩培亮　许宁

的污水转化为可利用的再生水，相当于 100 个昆明湖，堪称北京"地下水城"。

槐房再生水厂工程位于北京市西南部，邻近马家堡西路和槐房路，北侧为南环铁路，南侧为通久路。规划流域范围西起西山八大处，东至展览馆路，北起长河，南至丰台，包括花乡、卢沟桥乡、石景山等部分乡域地区，流域面积约 137km²。

再生水厂工程东西最长达 805m，南北最宽处为 519m，包括 45 个建（构）筑物。地下部分占地面积 16.22 万平方米，为地下两层、局部（管廊）地下三层，水厂地面景观将建设槐房湿地保护区。在水厂顶板之上有 8 层共 17cm 厚的保护层和防水层，水厂地面景观已建设有槐房湿地保护区，地上湿地公园占地约有 18 公顷。地下室顶板全部按照种植顶板要求进行设计，顶板防水面积有 13 万平方米，防水等级为 I 级。

（二）工程防水方案与防水材料

1. 工程防水方案

该项目地下室种植顶板防水工程原方案施工难度大、周期长、防水效果差，进入冬季后无法在低温条件下进行施工。根据工程重要性及实际情况，经过专家论证，最终决定该工程地下室种植顶板防水做法采用 2mm 厚 PBC-328 非固化橡胶沥青防水涂料＋4mm 厚弹性体（SBS）改性沥青防水卷材＋4mm 厚 SBS 改性沥青复合铜胎基耐根穿刺防水卷材多道防水设防的方案。在顶板结构基层上先涂布一道非固化橡胶沥青防水涂料＋无纺布防水封闭层，再施工保温和保护层，最后再热熔满粘 4mm 厚弹性体（SBS）改性沥青防水卷材（第一道）＋4mm 厚 SBS 改性沥青复合铜胎基耐根穿刺防水卷材（第二道）。该防水做法既满足《地下工程防水技术规范》（GB 50108—2008）一级防水设防的规定，又满足《种植屋面工程技术规范》（JGJ 155—2013）对种植屋面防水设防的要求。其构造做法如图 3-10 所示。

图 3-10 种植顶板防水构造做法

2. 防水材料

PBC-328 非固化橡胶沥青防水涂料是由优质石油沥青、功能性高分子改性剂及特种添加剂经过科学优化而制成的。该产品具有突出的蠕变性能，并由此带来自愈合、防渗漏、防窜水、抗疲劳、耐老化、无应力等突出应用特性。其主要性能见表 3-2。

表 3-2　PBC-328 非固化橡胶沥青防水涂料主要技术指标

序号	项目		技术指标
1	固含量（%，≥）		99
2	不透水性（0.2MPa，30min）		不透水
3	低温柔性（℃）		−25℃、无断裂、无裂纹
4	耐热性（℃）		70
5	延伸性（mm）		≥30
6	黏结强度（MPa）	干基面　≥	0.1
		潮湿基面　≥	0.1
7	与卷材黏结剥离强度（N/mm）		1.5

注：行业标准为《非固化橡胶沥青 防水涂料》JC/T 2428—2017，上表为企标。

此外，PBC-328 非固化橡胶沥青防水涂料还具有以下突出特点：

1）优异的基层适应性

材料可很好地适应结构变形，当基层开裂、拉伸防水层时，由非固化橡胶沥青防水层吸收应力，封闭基层的微细裂缝，确保整个防水系统长期保持完整性。

2）突出的自愈合能力

当防水层受到外力作用被戳破时，破坏点不会扩大，防水层底部也不会发生窜水现象，而且材料的蠕变性能可自愈轻微的渗漏问题，提高了防水层的可靠性，减少了工程维护成本。

3）优异的抗老化性、低温柔性、耐腐蚀性。

4）黏结力强，可与不同基层黏结，黏结力强，即使在潮湿基面也有很好的黏结力。

5）良好的施工性

施工效率高，机械加热，不动用明火，可以刮涂和喷涂施工，机械化程度高，施工速度快，刮涂施工简单而又轻便。施工一道（喷涂与刮涂）就可达到设计厚度。

6）安全环保

施工无明火，安全环保。

（三）防水施工工艺

1. 工艺流程

基层处理→喷涂专用基层处理剂→细部节点加强处理→涂布非固化橡胶沥青防水涂料→铺贴无纺布保护隔离层→铺设保温板→现浇细石混凝土保护层→喷涂专用基层处理剂→铺设防水卷材→蓄水试验→隔离层和保护层施工。

2. 操作要点

1）基层处理

穿过防水层的管道、预埋件、设备基础等均应在防水层施工前埋设和安装完毕。用扫帚或吹风机将基层灰尘及建筑垃圾清理干净，基层表面明显凹凸不平时宜用水泥砂浆抹平。涂布 PBC-328 非固化橡胶沥青防水涂料前，应用抛丸机将混凝土结构基层进行抛丸处理，将水泥浮浆及混凝土碎块打磨清理掉，露出坚固的混凝土基层（图 3-11）。验收的基层应坚实、平整、干净、干燥，阴阳角处应做圆弧处理。

图 3-11　抛丸机打磨处理（左）、打磨后基层效果对比（右）

2）喷涂专用基层处理剂

在验收合格的基层上均匀地喷涂专用配套的沥青基基层处理剂，喷涂时要求厚度均匀、不露底、不堆积，应遵循先高后低、先立面后平面的施工原则。

3）细部节点加强处理

对后浇带、管根、预埋件、阴阳角等处刮涂 PBC-328 非固化橡胶沥青防水涂料做加强处理，并铺贴一道聚酯无纺布进行增强处理。

4）涂布非固化橡胶沥青防水涂料

PBC-328 非固化橡胶沥青防水涂料可选用刮涂或喷涂法施工。在施工区域，根据无纺布宽度弹涂料施工基准线（基准线宽出无纺布 200mm）。根据结构平整度情况，在人工、材料、设备等组织协调顺畅的情况下，可优先采取机械喷涂的方式，以提高工作效率；对于节点部位宜采取人工刮涂的方式，确保附加层的尺寸和厚度。涂料厚度应涂刷均匀，不得漏刷并达到设计厚度。

5）铺贴无纺布保护隔离层

随即将无纺布铺贴于已施工完成的防水涂料表面，要求铺贴顺直、平整、无褶皱。无纺布搭接宽度为 100mm，搭接部位采用冷粘形式，即将非固化橡胶沥青防水涂料刮涂或喷涂于无纺布搭接宽度范围内，边铺贴边滚压（图 3-12）。

6）铺设保温板

按设计要求铺设 50mm 厚挤塑聚乙烯泡沫塑料保温板。

7）现浇细石混凝土保护层

保温层验收合格后，按设计要求现浇40mm 厚 C20 细石混凝土保护层，随浇随压实抹平。

8）喷涂专用基层处理剂

同操作要点2）。

图 3-12　铺贴无纺布保护隔离层

9）铺设防水卷材

基层处理剂干燥并验收合格后，热熔满粘 4mm 厚弹性体（SBS）改性沥青防水卷材（第一道）+4mm 厚 SBS 改性沥青复合铜胎基耐根穿刺防水卷材（第二道）。

10）蓄水试验

卷材防水层完工后，按规范、规定进行蓄水试验。最低点蓄水高度不小于 20mm，蓄水时间不小于 24h，无渗漏为合格。

11）隔离层和保护层施工

卷材防水层验收合格后，进行隔离层铺设和保护层施工。隔离层铺设无纺布一道，卷材平面保护层采用 70mm 厚 C20 细石混凝土随打随抹，卷材立面保护层采用砌块砌筑保护。

（四）小结

北京槐房再生水厂工程地下室顶板防水做法采用了 PBC-328 非固化橡胶沥青防水涂料 +4mm 厚弹性体（SBS）改性沥青防水卷材 +4mm 厚 SBS 改性沥青复合铜胎基耐根穿刺防水卷材，取得了良好的防水效果。该工程地下室顶板完工至今，无渗漏现象发生。非固化橡胶沥青防水涂料施工简便，受施工环境温度影响较小，施工速度快，适合工期紧张的防水工程。非固化橡胶沥青防水涂料可单独作为一道防水层，也可与卷材共同组成复合防水层；非固化橡胶沥青防水涂料是一种具有一定自愈能力、黏结力强的蠕变性材料，可吸收基层的应力，封闭基层，可以大大提高防水层的整体设防能力，减小防水层高应力状态下的老化速率，提高防水层耐久性。希望非固化橡胶沥青防水涂料及其可形成的复合式防水体系能在今后的防水工程中得到广泛的应用。

四、装配式种植屋面系统防水施工技术——海拉尔融富花园小区项目和雄安设计中心防水工程[*]

（一）工程概况

海拉尔融富花园小区项目（2 层）和雄安设计中心项目（6 层）的屋面防水工程均采用东方雨虹工业化装配式种植屋面系统。

（二）东方雨虹工业化装配式种植屋面系统概述

屋面是建筑物最复杂、最重要的围护系统。其重要性体现在建筑屋面是雨、雪、日照最主要的受体，集结构围护、保温隔热、防水防潮于一体。

东方雨虹公司的工程师经过多年的深入研究，采用可靠性分析设计，以最大程度地降低渗漏水概率、提高设计使用寿命、维护结构功能为基本出发点，开发设计了集防水、保温、防护、功能为一体化的工业化装配式种植屋面系统。

东方雨虹根据各构造层的功能特点，将工业化装配式种植屋面系统分为定型体系和用户可选体系。定型体系明确了屋面结构基层至保温层既定的构造形式，包含基层保障系统、防水排水系统和保温系统三个子系统项目；用户可选体系则提供了用户根据自身对系统的保障需求、审美要求、造价控制等因素进行自主选择的多种子系统项目，包含衬垫防水系统、滞水型雨水收集压铺系统和景观压铺系统三个子系统项目。该屋面系统与传统屋面构造设计相

＊ 撰稿：北京东方雨虹防水技术有限公司

比，有如下优点：

（1）防水层铺贴于坚实稳定的结构基层上，能够有效消除窜水隐患，防水功能得到最大化保障，经久耐用，功能保障可靠度大于95%。

（2）各子系统采用的材料、构件均是在工厂中工业化生产，现场装配，可最大程度地节省资源消耗，满足绿色、装配建筑理念。

（3）各子系统施工采用现场装配成型，节省了现场施工的时间，工期可缩短30%~45%；

（4）系统经济高效，每种材料、构件都能发挥其最长的使用寿命，寿命终了，85%可以回收再利用。

（5）屋面系统对雨水有过滤、滞留、收集、排除等功能，可减缓径流时间，缓解排水压力，是海绵城市建设的重要环节。

（6）装配式构造体系恒荷载轻（≤1.5kN），可最大程度地降低结构造价。

（7）此屋面系统已申请国家专利，受专利保护，专利公开号：CN206784749U。

（8）东方雨虹提供自结构楼板以上所有构造的施工，责任分工明确，便于管控。

（9）装配式结构，易于维护、维修、更新，提供30年的质量保证期。

（10）各子系统共同作用保障屋面系统整体功能需要。空间综合利用，可以按常规需求设计，也可以按照客户需求，提供"私人订制"。

（三）工业化装配式种植屋面技术方案

根据海拉尔融富花园小区项目和雄安设计中心项目建筑情况，我们推荐了该工程使用兼具最高级别防水可靠度和经济性的"标准型"工业化装配式种植屋面系统，以实现种植屋面防水构造体系免整体更新的持久节能屋面。"标准型"工业化装配式种植屋面系统构造层次设计方案如图3-13所示。

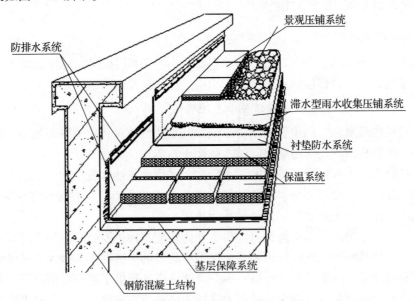

图3-13　工业化装配式种植屋面系统构造

工业化装配式种植屋面系统由六个子系统构成：

1. 基层保障系统

该子系统包含：钢筋混凝土结构层修补加强和基层处理剂。

（1）钢筋混凝土结构层修补加强

钢筋混凝土结构，随施工抹平，并可采用打磨、剔凿的方式并配合专用基层修补料对凹凸不平的屋面进行处理。

（2）基层处理剂

涂刷高黏结性 BPS 基层处理剂，用量 0.5kg/m²，与防水层形成满粘结构体系，保证防水层与基层衔接更加紧密。

2. 防排水系统

该系统包含：防水材料和专用配套件。

（1）防水材料

选用 4mm 厚 SBS 高聚物改性沥青防水卷材，卷材直接热熔满粘于坚实的混凝土结构上，高效防水防护，防水可靠度大于 98.8%，对混凝土结构的防水保护设计寿命期为 30 年，实际使用寿命期可达 50 年以上。

（2）专用配件

用于收边的专用密封膏，收口压条、螺钉，专利型双层排水组件（横式落水口和直式落水口）等。

图 3-14 为工业化装配式屋面专用双层排水直式落水口组件，可实现径流和渗流的双层排水，保证了屋面系统的排水能力。

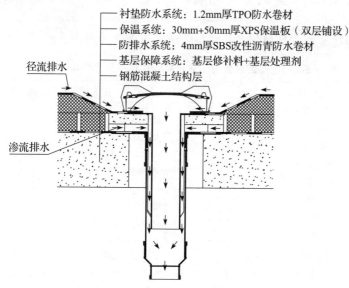

图 3-14　双层排水直式落水口组件

3. 保温系统

采用阻燃型保温材料——挤塑聚苯乙烯泡沫塑料（XPS）保温板，该保温系统采用 30mm + 50mm XPS 保温板厚双层铺设，其中下层保温板分格设置，并结合专利产品双层排水组件形成下层排水通道，确保寿命期内高效保温。

要求：XPS 保温板压缩强度≥150kPa，吸水率≤1.5%，燃烧性能为 B_1 级。

4. 耐根穿刺防水系统

该防水系统选择的是具备防水、阻根能力的增强型热塑性聚烯烃（TPO）高分子防水卷材，TPO 防水卷材具有优异的耐候性和环境适应性，且力学性能优异，其中不含增塑剂，属于绿色环保防水材料。此系统与防排水系统配合，对种植屋面形成双重保护。

要求：TPO 高分子卷材厚度为 1.2mm，采用空铺压顶施工工法，卷材搭接边采用热风焊接。

5. 滞水型雨水收集压铺系统

此子系统由聚酯无纺布（过滤）和断级配人工砂铺 PC 砖、少量卵石隔离带构成，对衬垫防水系统提供抗风揭保护，以及上人活动保护，同时还具备雨水错峰滞留、收集利用的功能，延缓屋面径流排水的时间，减小排水压力。

要求：选用的断级配人工砂为粗砂，有利于雨水的渗透和排除；聚酯无纺布单位面积质量为 250g/m²。

6. 景观压铺系统

按照设计要求，主要采用生态木、PC 砖，并配合绿化种植形成屋面景观压铺系统。此子系统可按甲方要求进行 PC 砖、生态木、绿化种植、卵石及屋面小品等自选组合，实现多种屋面功能的协调统一。

（四）工业化装配式种植屋面系统与传统屋面做法比选

传统屋面防水做法具有明显的缺陷，将防水层铺设于不坚实的基层上，难以保证长期可靠的防水功能；现场采用大量湿作业，造成资源浪费、不环保，且后期维修困难，维修、维护及更新成本高。

表 3-3 为工业化装配式种植屋面系统与传统屋面做法的对比。

表 3-3　传统屋面与工业化装配式种植屋面做法对比

屋面种类	传统屋面	工业化装配式种植屋面系统
屋面构造做法	1. C20 细石混凝土保护层； 2. 干铺油毡一层； 3. 3mm＋3mm 厚 SBS 改性沥青防水卷材； 4. 1:2.5 水泥砂浆找平层； 5. 水泥珍珠岩找坡层； 6. 挤塑聚苯保温板； 7. 隔汽层； 8. 钢筋混凝土屋面板	1. 景观压铺系统； 2. 滞水型雨水收集压铺系统； 3. 1.2mm 厚 TPO 耐根穿刺防水系统； 4. 80mm 厚 XPS 保温系统； 5. 4mm 厚 SBS 高聚物改性沥青防水卷材； 6. 基层保障系统； 7. 钢筋混凝土屋面板
可靠度分析	1. 两道防水卷材铺设于不坚实的找平层上，当找平层碎裂时，防水层也破损，造成窜水渗漏，无法定位渗漏点，维修困难，此种做法可靠度低； 2. 采用细石混凝土湿作业对防水层进行保护，保护层容易开裂，且后期不易维修，维修成本高； 3. 构造层次多而复杂，大量采用湿作业，造成资源浪费、不环保	1. 基层保障系统在混凝土屋面板上厚涂一层"宜顶"专用基层处理剂，形成一层致密的涂层，具有一定的防水作用； 2. 第一道防水卷材直接热熔满粘于坚实的混凝土结构上，高效防水防护，且无窜水层，易于定位维修； 3. 第二道防水层设置于保温层之上，对保温层进行保护，并采用面层系统对衬垫防水层进行压铺保护，系统可靠度高； 4. 工业化装配式种植屋面系统采用现场装配式施工，无湿作业，可采用"打开"式维修、维护或更新，简便快捷，且无资源浪费，成本低

（五）施工准备

1. 施工材料及机具准备

主材及辅材：雨虹牌沥青卷材，雨虹牌 TPO 防水卷材，雨虹牌 BPS 基层处理剂、BSR-242 密封膏、收口压条及螺钉，雨虹专用附加层卷材等。

基层清理工具：小平铲、凿子、吹灰器、扫帚。

基层处理剂涂刷工具：喷涂机、滚刷、毛刷。

沥青卷材铺贴工具：弹线盒、剪刀、壁纸刀、卷材展铺器。

沥青卷材热熔工具：喷灯、钢压辊、小压辊。

TPO 卷材焊接工具：自动爬行焊机、手持热风焊机、压辊。

2. 施工基层条件

（1）对基层进行清扫、清理，基层应坚实、干燥、干净、平整。

（2）在转角、阴阳角、平立面交接处应抹成圆弧，圆弧半径不小于 50mm。

（3）阴阳角、管根部等更应仔细清理，若有污渍、铁锈等，应以砂纸、钢丝刷、溶剂等清除干净。

（4）穿出屋面的构/管件安装完毕后方可进行防水施工。

（5）如果需要则应搭设脚手架进行卷材的吊装（以工程实际情况而定）。

（6）做好安全、消防工作，配备足够的消防器材，保障消防道路的畅通。

（六）SBS 沥青卷材施工操作要点

1. 施工工艺流程（图 13-15）

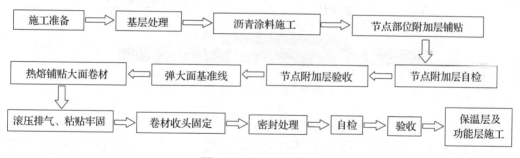

图 3-15　施工工艺流程

2. 操作要点及技术要求

（1）基层检查、验收：选用适当工具清理基层，使基层平整、清洁、干燥，在凹凸不平的位置采用"宜顶"专用基层修补料进行修补，达到卷材施工条件。

（2）涂刷专用基层处理剂：用长柄滚刷将基层处理剂涂刷在已处理好的基层表面，并且要涂刷均匀，不得漏刷或露底。基层处理剂涂刷完毕，达到干燥程度（一般以不粘手为准）方可施行热熔施工。

（3）细部节点附加处理：对于转角处、阴阳角部位、出屋面管件以及其他细部节点均应做附加增强处理，附加层专用卷材为 4mm 厚 PE + SBS 卷材。方法是先按细部形状将卷材剪好，在细部贴一下，视尺寸、形状合适后，再将卷材的底面用汽油喷灯烘烤，待其底面呈熔融状态，即可立即粘贴在已涂刷一道基层处理剂的基层上，附加层要求无空鼓且实。

三维阴阳角附加层如图 3-16 所示。

（4）弹线、预铺卷材：在已处理好并干燥的基层表面，按照所选卷材的宽度，留出搭接缝尺寸（长、短边搭接宽度为100mm），将铺贴卷材的基准线弹好，以便按此基准线进行卷材铺贴。

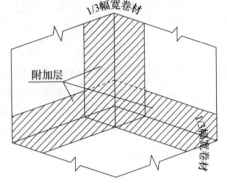

图 3-16 阴阳角附加层示意图

施工屋面工程卷材铺贴方向，应根据屋面坡度方向而定，在坡度＜3%时，卷材平行于屋脊方向铺设，且卷材搭接缝顺流水方向。屋面工程卷材铺贴顺序：高低跨相毗邻时，先做高跨，后做低跨，同等高度的屋面先远后近，同一平面内先铺雨水口、管道、伸缩缝、女儿墙转角等细部，然后从屋面较低处开始铺贴。

（5）热熔满粘卷材：将起始端卷材粘贴牢固后，持火焰喷灯对着待铺的整卷卷材，使喷灯距卷材及基层加热处0.3~0.5m施行往复移动烘烤（不得将火焰停留在一处直火烧烤时间过长，否则易产生胎基外露或胎体与改性沥青基料瞬间分离），应加热均匀，不得过分加热或烧穿卷材。至卷材底面胶层呈黑色光泽并拌有微泡（不得出现大量气泡），及时推滚卷材进行粘贴，后随一人施行排气压实工序。

（6）热熔融合搭接缝：搭接缝卷材必须均匀、全面地烘烤，必须保证搭接处卷材间的沥青密实融合，且有10mm熔融沥青从边端挤出，沿边端封严，以保证接缝的密闭，如图3-16所示。

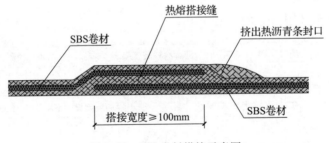

图 3-17 SBS 卷材搭接示意图

（7）卷材收口：女儿墙、排风口/风道等（如果有）立面卷材终端收口应采用特制的专用收口压条（镀锌金属压条）及耐腐蚀螺钉固定（圆形构件卷材立面收口应采用金属箍紧固），沥青基密封膏密封，收口高度一般为不小于250mm。此做法在保证防水系统的安全性能的前提下，对延长防水系统的安全使用寿命起到极大的帮助。

如立面既无凹槽又无凸檐，则采用图3-18（a）、（b）收口方式。穿出屋面构造如有凸檐则立面卷材的收口方式采用图3-18（c）所示。其他立面如有条件则优先采用图3-18（d）的凹槽方式收口。

（8）检查验收防水层：铺贴时边铺边检查，检查时用螺丝刀检查接口，发现熔焊不实之处及时修补，不得留任何隐患，现场施工员、质检员必须跟班检查，检查合格后方可进入下一道工序施工。待自检合格后与甲方按照国标《屋面工程质量验收规范》（GB 50207）验收，验收合格后方可进入下一道工序的施工。

（9）整体验收：工程完工后，与甲方按照国家现行规范《屋面工程质量验收规范》（GB 50207）进行质量验收。

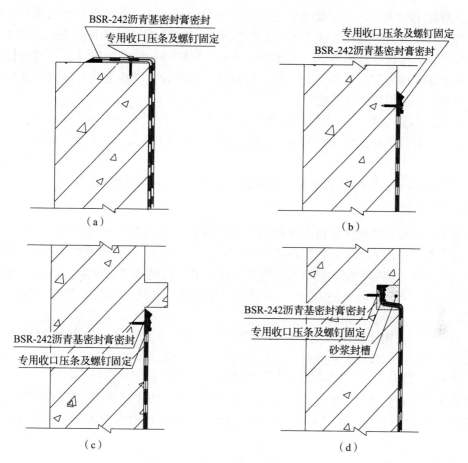

图 3-18　卷材收口方式

（a）卷材收口方式一（平立面）；（b）卷材收口方式二（平立面）；

（c）卷材收口方式三（凸檐）；（d）卷材收口方式四（凹槽）；

（七）TPO 耐根穿刺防水卷材施工操作要点

1. 施工工艺流程

前期准备→基层处理→铺贴防水层卷材→热风焊接卷材→细部节点处理→切边部位切边密封膏→防水层上压铺保护。

2. 操作要点及技术要求

（1）前期准备：施工前应将卷材及系统配套材料按要求的品种规格准备齐全，并经检验，质量符合相关标准。不得开盖贮存胶黏剂容器。不要破坏 TPO 卷材原始包装，并贮存在阴凉处，用帆布加以覆盖。

（2）基层处理：必须平整、干燥、干净，无空鼓、开裂等现象。积水、冰或雪必须除去。在铺放卷材以前，清除基层上的碎屑和异物。

（3）铺贴防水卷材：首先进行放线，卷材的铺设方向应按照屋面顺水要求铺贴，施工时首先要进行预铺，把自然疏松的卷材按轮廓布置在基层上，平整顺直，不得扭曲，搭接宽度为 80mm。

（4）热风焊接卷材：使用自动热空气焊接机或手持热空气焊接机以及聚四氟乙烯辊，

以热空气焊接 TPO 卷材。在焊接 TPO 卷材前，热风焊接的表面必须清洁无污物，需使用干净擦拭布，沿接缝方向擦拭卷材表面，或使用白色天然纤维抹布，以防织物对卷材褪染色。

使用自动焊接机时，加热设定为 3～4m/min（538℃）。同时，环境温度对焊接的温度及速度有着相应的影响，周围温度（和卷材温度）越低，自动热空气焊接机的速度就应调节控制得越慢，以保证焊接质量。

（5）细部节点处理：TPO 防水卷材收口处应用专业收口压条、收口螺钉固定，密封膏密封；阴阳角处以焊接法增铺附加卷材，附加卷材按各处形状折叠、裁剪后焊接。优先采用阴阳角预制件。

（6）切边部位处理：在 TPO 卷材的切边上涂直径 3mm 切边密封膏。

（八）小结

东方雨虹工业化装配式种植屋面作为一种"绿色"屋面系统解决方案，屋面系统所用材料、配件及部品均为环保材料，系统经济高效，每种材料、构件都能发挥其最长的使用寿命。另外，由于工业化装配式种植屋面系统无湿作业，构造体系荷载轻（仅为传统做法一半），既可最大程度地降低结构造价，又能减少现场浇筑混凝土等施工而出现的建筑垃圾，是真正意义上的"绿色屋面"。

工业化装配式种植屋面系统中材料和构配件均为工业化生产，达到 100% 现场装配施工，无任何湿作业，节约大量耗材，可大大缩短工期。整体装配式构造，可采用"打开式"维护、维修、更新，解决了维修成本高、难维修的业界难题。

东方雨虹工业化装配式种植屋面融入了创新性的系统防水技术，按照刚柔共济的原则，避免了传统屋面构造性缺陷导致的广泛渗漏现象，是建筑屋面在防水、防护领域的革命性突破。

第四章　地下防水工程预铺反粘防水技术

第一节　概　况

预铺反粘技术常用于地下防水工程中，是一种最新的施工技术，此项技术是采用《预铺防水卷材》（GB/T 23457—2017），按现行国标《地下工程防水技术规范》（GB 50108）标准进行施工。

一、预铺反粘防水卷材类别

预铺防水卷材是以塑料、沥青、橡胶为主体材料，一面有自粘胶，胶表面采用不粘或减粘材料处理，与后浇混凝土粘铺的防水卷材。预铺防水卷材至少由 3 个部分构成，分别是主体材料、自粘胶、胶层上的防（减）粘保护材料（不包括施工时揭除的隔离膜）。主体材料分为塑料防水卷材（P 类）、沥青基聚酯胎防水卷材（PY 类）、橡胶防水卷材（R）类。目前市面上常用的预铺材料有两大类，一类是非沥青基高分子（P 类居多）自粘胶膜防水卷材，另一类是沥青基聚酯胎预铺防水卷材。

二、工法概述

地下室地板传统的防水施工工法是将防水卷材粘贴或空铺在基层上，施工完毕后，在卷材上做保护层，然后绑扎钢筋、浇筑混凝土。防水层与结构主体没有完全结合在一起，一旦局部防水层破坏，即会造成窜水现象，不容易发现漏点，维修困难。预铺反粘施工是将预铺反粘防水卷材的不粘铺面空铺在基础垫层上，粘铺面向上与现浇混凝土直接结合在一起，形成一个整体，中间无窜水隐患，即便局部受到破损，漏水也会限定在很小范围之内，漏点容易发现，易于治理，对地下防水的可靠性有极大的提高。

三、预铺反粘的优点

（1）消除了窜水现象，提高了防水系统的可靠性，预铺反粘施工将防水卷材与结构混凝土紧密结合，消除窜水层，即便防水层存在破损点，同时结构存在缺陷，只要缺陷不同时出现在一个位置上便不会出现渗漏。

（2）防水层与主体完全结合在一起，形成了一个有机的整体，不会出现因建筑物沉降而拉裂防水层的现象，有效地阻止地下水渗入主体造成的渗漏。

（3）预铺反粘施工，防水层背面空铺于基层上，施工简便，对基层要求相对较低，基层无明水即可施工，在雨季可明显缩短工期。同时可冷施工，无明火，无毒无味，安全环保。

第二节　工程案例

一、预铺反粘防水施工技术——天津市华康食品厂商品房项目防水工程[*]

（一）工程概述

预铺反粘防水施工工法于2016年5月应用在天津市华康食品厂地块商品房项目工程，地下室防水总施工展开面积约12000m²，结合不同类别的预铺防水卷材的特点，选用了预铺类高分子自粘防水卷材。该材料中间为强力交叉层压膜高分子片材，片材两面覆以改性沥青胶料，下表面为隔离膜，上表面覆以细砂材料防粘材料。施工时卷材背面空铺于垫层上，隔离膜可不揭，砂面朝上与后浇结构混凝土黏结。该材料材质柔软，在阴角处不翘边、不起鼓。预留双面自粘搭接边，搭接牢靠。上表面为细砂防粘层，卷材铺贴后工人在上面行走不粘脚，同时细砂与后浇混凝土为同材质材料，使卷材与后浇结构混凝土黏结更紧密。由于预铺反粘施工对基层要求较低，基层潮湿也可施工，整个项目防水施工速度快，节约了成本，缩短了工期，同时不窜水，质量有保障，该工程已竣工两年有余，未发现有渗漏现象。具体工艺如下：

1. 施工流程

施工准备→基层清理→放基准线→铺贴细部防水附加层→大面卷材铺贴→组织验收。

2. 施工工艺

（1）基层清理：基层应坚实、平整、无明水，清除表面灰尘及杂物。

（2）放线定位：在基层上放出卷材铺贴的控制线，以免卷材铺贴时出现错位、歪斜等现象。

（3）细部节点防水层施工：在平立面交接处、变形缝、施工缝、管根等细部设置卷材附加增强层，现场按要求进行裁剪，附加层采用双面自粘防水卷材。一般部位附加层卷材应满粘于基层，应力集中部位应根据规范空铺。满粘的部位施工前应先涂刷油性基层处理剂，干燥后再铺贴附加层自粘卷材。

（4）大面防水层自粘卷材铺贴

采用预铺反粘法施工，将卷材直接空铺于垫层表面上。铺贴时隔离膜面朝下，粘贴面朝上，卷材应铺设在预先确定铺贴的位置。从第二幅卷材开始时，将表面隔离膜的边缘按搭接宽度提前用裁纸刀小心划开，将相邻两幅卷材搭接边的隔离膜撕掉，搭接边进行冷粘贴，气温偏低（一般为10℃以下），卷材黏性较差时，可用喷灯对搭接边加温辅助粘贴，用压辊等排气压实。铺贴后卷材应平整、顺直，搭接尺寸正确，不得扭曲。

3. 卷材长边、短边搭接

卷材长边搭接采用自粘搭接的方式，搭接的宽度为80mm，揭除搭接部位的隔离膜，粘贴在一起，然后进行碾压、排气。

卷材短边搭接：卷材短边的搭接采用对接的方式。两幅卷材的短边接头对齐，将双面自

---

　　[*]　撰稿：天津市京建建筑防水工程有限公司　王珍珠　王森

粘防水卷材粘贴在接缝上，每边搭接的宽度为80mm，碾压排气，使之粘贴牢固。施工时，相邻两幅卷材的搭接要错开，错开长度不小于1500mm。

4. 卷材收头细部节点处防水密封

防水卷材伸至砖胎膜顶部，上压一皮砖固定；后浇带位置防水卷材预留足够的搭接长度，并上盖木模板进行保护。

5. 检查验收

卷材铺贴完成并经检查合格后，绑扎钢筋，绑扎钢筋过程中应避免破坏防水卷材。在后续施工过程中，防水施工单位全程跟进，如发现卷材破损，可采用防水卷材片可直接在破损的地方加铺一块双面自粘卷材进行修补。

（二）材料与装备（表4-1）

表4-1 预铺反粘防水施工主要材料明细表

序号	材料名称	规格型号	单位	备注
1	预铺反粘高分子防水卷材	1.5mm	m²	铺贴大面
2	双面自粘高分子防水卷材	1.5mm	m²	接缝与附加层
3	弹线盒	—	个	放线定位
4	壁纸刀	—	个	裁剪卷材
5	压辊	—	个	
6	安全帽	—	—	
7	软底鞋	—	—	
8	劳保手套	—	—	

（三）质量控制

1. 验收依据

防水卷材进场、施工过程中，严格按照《地下工程防水技术规范》（GB 50108—2008）、《地下防水工程质量验收规范》（GB 50280—2011）、《预铺防水卷材》（GB/T 23457—2017）的相关要求进行验收和质量控制。

2. 组织管理措施

所有进入现场的施工人员必须严格按合同要求和施工规范、规程操作。施工管理人员要经常深入工地，强化施工质量的跟踪管理。

3. 材料管理措施

（1）工程使用的材料必须有出厂合格证及试验报告。

（2）对进场材料需经过复试后方可用于工程。

4. 技术措施

（1）严格执行书面技术交底制度，技术复核制度和各工序验收记录，层层把关。

（2）施工方法和材料代用不得随意更改。

（3）在防水层的施工过程中，施工人员需穿软底鞋，严禁穿带钉子或尖锐突出的鞋进入现场，以免破坏防水层。

（4）施工过程中质检员应随时、有序地进行质量检查，如发现有破损、扎坏的地方要及时组织人员进行正确、可靠的修补，避免隐患的产生。

（5）严禁在未进行保护的防水层上托运重型器物和运输设备。

（6）不得在已验收合格的防水层上打眼凿洞，所有预埋件均不得后凿、后做，如必须穿透防水层时，应提前通知防水单位，以便提供合理的建议并及时进行的修补。

5. 安全措施

（1）严格按《建筑施工安全检查标准》（JGJ 59—2011）规定进行施工。

（2）实行安全生产责任制，明确各级人员的安全责任；坚持开展安全例会，增强安全意识，使安全生产，常记心中。

（3）禁止施工现场乱拉电线、乱接水管。

（4）施工时必须穿软底鞋，戴安全帽进入现场，由专人检查。

（5）防水材料堆放场地及防水成品场地需设足够的灭火器，场地周围禁止明火作业。

6. 环保措施

（1）成立对应的施工环境卫生管理机构，在工程施工过程中严格遵守国家和地方政府下发的有关环境保护的法律、法规和规章。

（2）遵守有关防火及废弃物处理的规章制度，随时接受相关单位的监督检查。

（3）防水卷材上揭除的隔离膜全部回收后，集中处理。

二、表面涂覆高分子压敏胶防水卷材预铺反粘防水施工技术——北京新机场地下综合管廊预铺反粘防水工程[*]

（一）工程概况

北京新机场工作区地下综合管廊是北京市 2017 年重点建设项目，可为新机场运行提供安全可靠的市政基础设施服务。综合管廊项目总长度 7.6km，其中北京市界范围 4km，主要采用三舱断面，包括综合舱、水信舱、热力舱，入廊管线有给水、热力、电力、通信等，是连接机场内外市政管线的重要通道。项目建设单位——北京新机场建设指挥部精心组织，北京市城市管理委会会同发展改革、规划、建设等有关部门协调推进，管廊附属设施及监控中心加紧建设，以保证北京新机场建设的工期。

（二）防水材料

1. 主材

该项目所用预铺高分子自粘胶膜防水卷材全厚度 1.5mm，是一种在高分子防水卷材片材表面涂覆高分子压敏胶的新型防水卷材（图 4-1）。参见《预铺防水卷材》（GB/T 23457—2017）

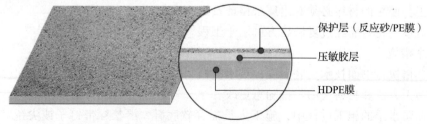

保护层（反应砂/PE膜）

压敏胶层

HDPE膜

图 4-1　高分子自粘胶膜结构示意图

＊ 撰稿：远大洪雨（唐山）防水材料有限公司　郝宁　贾志军

材料优势：

（1）高分子片材拉伸强度、断裂伸长率、抗冲击、耐穿刺等性能优异；胶层用大分子胶黏剂，耐高低温性能好；防粘层无机高分子颗粒为预处理石英材料，与混凝土黏结效果良好。

（2）防水卷材与基层空铺，不受基层沉降变形的影响。

（3）施工方便，工期短，无需铺耗时、耗财的水泥砂浆保护层，施工后可即刻在防水卷材上行走。

（4）可在长期浸水环境中保持较高的剥离强度。

（5）使用寿命长，耐候性好。

2. 固定垫片

注塑成型的塑料垫片，采用射钉或自攻螺钉固定于喷锚混凝土支护层上，高分子自粘胶膜防水卷材可以通过焊接、黏结等方式固定于垫片上，从而实现卷材的无穿透性机械固定铺贴安装。

（三）防水构造和设计

1. 底板防水构造设计

底板大面构造防水做法如图 4-2 所示，底板接槎构造防水做法如图 4-3 所示，底板阴角构造防水做法如图 4-4 所示，底板变形缝构造防水板做法如图 4-5 所示。

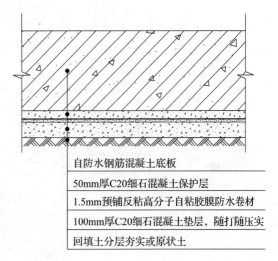

自防水钢筋混凝土底板

50mm厚C20细石混凝土保护层

1.5mm预铺反粘高分子自粘胶膜防水卷材

100mm厚C20细石混凝土垫层，随打随压实

回填土分层夯实或原状土

图 4-2　底板大面构造防水做法

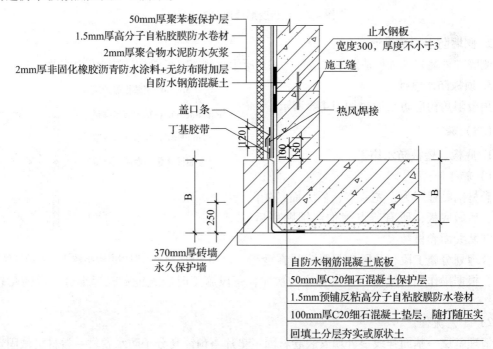

50mm厚聚苯板保护层

1.5mm厚高分子自粘胶膜防水卷材

2mm厚聚合物水泥防水灰浆

2mm厚非固化橡胶沥青防水涂料+无纺布附加层

自防水钢筋混凝土

盖口条

丁基胶带

止水钢板

宽度300，厚度不小于3

施工缝

热风焊接

370mm厚砖墙
永久保护墙

自防水钢筋混凝土底板

50mm厚C20细石混凝土保护层

1.5mm预铺反粘高分子自粘胶膜防水卷材

100mm厚C20细石混凝土垫层，随打随压实

回填土分层夯实或原状土

图 4-3　底板接槎处构造防水做法（mm）

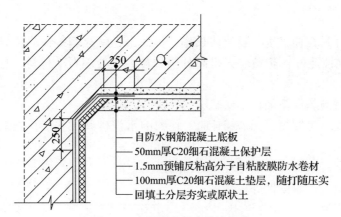

图 4-4　底板阴角构造防水做法

自防水钢筋混凝土底板
50mm厚C20细石混凝土保护层
1.5mm预铺反粘高分子自粘胶膜防水卷材
100mm厚C20细石混凝土垫层，随打随压实
回填土分层夯实或原状土

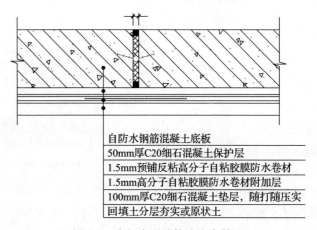

自防水钢筋混凝土底板
50mm厚C20细石混凝土保护层
1.5mm预铺反粘高分子自粘胶膜防水卷材
1.5mm高分子自粘胶膜防水卷材附加层
100mm厚C20细石混凝土垫层，随打随压实
回填土分层夯实或原状土

图 4-5　底板变形缝构造防水做法

2. 侧墙防水构造设计

侧墙（外墙）大面构造防水做法如图 4-6 所示，侧墙变形缝构造防水做法如图 4-7 所示。

3. 顶板防水设计

顶板阳角构造防水做法如图 4-8 所示。

（四）施工

1. 底板、壁板防水施工

1）施工顺序

卷材铺贴程序为：先节点，后大面；先做外墙，后做底板；所有节点附加层铺贴好后，方可铺贴大面卷材。

合理划分施工段，分段应尽量安排在变形

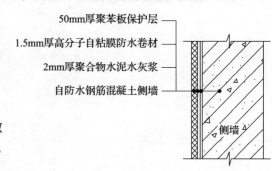

50mm厚聚苯板保护层
1.5mm厚高分子自粘膜防水卷材
2mm厚聚合物水泥水灰浆
自防水钢筋混凝土侧墙
侧墙

图 4-6　侧墙大面构造防水做法（外防外贴）

缝处，根据操作和运输便利性安排先后次序，每段施工时应先铺贴较远部分，后铺贴较近部分。

2）工艺流程

清理基层→基面弹线→外墙安装卷材固定垫片→预铺高分子防水卷材→卷材机械固定→卷材搭接处理→节点施工→自检→验收→绑扎钢筋→浇筑混凝土。

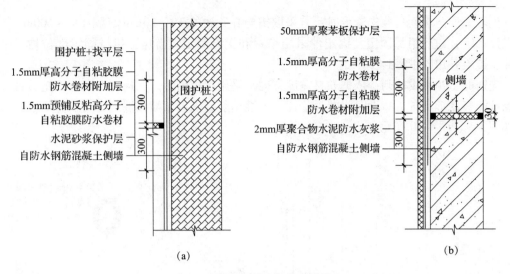

图 4-7　侧墙变形缝构造防水做法

（a）外防内贴；（b）外防外贴

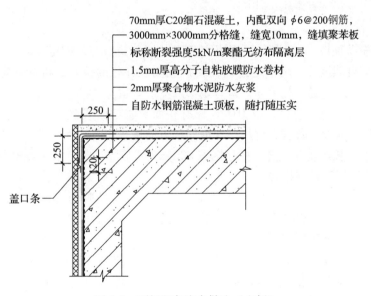

图 4-8　顶板阳角防水做法（左侧）

3）基层要求

支护桩表面采用高压水枪进行清理，挂钢筋网片，表面喷射细石混凝土。

（1）所有表面需坚固、密实，基层表面不得有凹凸不平处、裂缝或孔洞，无尖锐钢筋头、铁件等凸起物，喷锚混凝土表面存在的较大颗粒石子、凸出物应用锤击的方法进行平整。

（2）喷锚混凝土的壁墙上不得有明水渗出。

（3）阴阳角处应符合卷材的施工要求，应避免松散骨料做水平垫层，立面支护板、桩应对接紧密以提供强力支撑。

4）卷材固定

侧墙立面防水卷材预先铺设时，需采取措施在距边缘 10～20mm 每隔 400～600mm（或依设计规定）进行机械固定，固定件采用垫片和钢钉固定。需保证机械固定部位被一侧卷材完全覆盖并用胶带密封。

先期的垫片布设原则：依据卷材宽度方向，采用三排固定件、梅花形布置固定挂铺。固定点按照梅花形布置，布设时将塑料垫片一次性用射钉固定于喷锚混凝土支护壁墙上，示意图如图 4-9、图 4-10 所示。

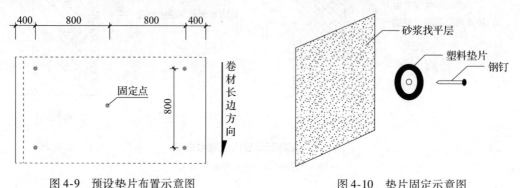

图 4-9　预设垫片布置示意图　　　　　图 4-10　垫片固定示意图

5）防水卷材施工

（1）应预先设置垫片和钢钉，采用焊接对防水卷材进行机械固定。

（2）卷材应自然展开、疏松地挂铺在支护侧墙设计好的位置，机械固定点应选择在低洼处，以便后期浇筑混凝土时为卷材留有足够的变形余量。

（3）卷材铺设：展开卷材，以 HDPE 片材一面对着地面或墙面，端部搭接区要相互错开，侧墙沿着竖向铺设，防水卷材从一端沿同一方向逐步向前推进。

（4）两块卷材长边相互重叠，搭接区宽 80mm，揭掉隔离膜，两块卷材黏合在一起，随后要用力滚压才能保证良好搭接。

（5）长边搭接：每幅防水卷材一边预留有一条涂布自粘胶的边带，用于两块卷材横向搭接。搭接前先用干净的棉纱蘸取清洁剂擦净待搭接区卷材表面的污迹，揭去自粘带上的隔离膜，采用压辊压实搭接区。

（6）短边搭接：搭接位置采用同材质自粘胶膜搭接胶带（覆膜，宽 200mm）预铺于短边搭接部位。将一幅卷材搭接 100mm，清理卷材下表面，揭开下面搭接胶带自带隔离膜，采用压辊压实搭接区，同样做法完成另一幅卷材搭接（图 4-11）。

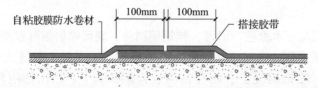

图 4-11　卷材短边搭接宽度 100mm，采用粘贴法施工（采用焊机辅助加热）

（7）卷材的修补：已经施工完毕的卷材防水层，若在后道工序中检查出防水层上有破损处，必须立即用红色记号笔做出明显标记，随后采取妥善的修补。

修补材料必须采用同样型号的 E 型高分子自粘胶膜防水卷材打补丁，补丁的尺寸应满足与破损周边有大于100mm的完整搭接；形状可裁剪成圆形、椭圆形或边角修圆的长方形、正方形等形状，无论采用何种形状的补丁均不得存在尖锐的边角，修补表面覆砂材料时可采用热风铲将表面砂砾去除后再进行修补。修补完成后应对修补进行仔细检查，确保卷材的修补质量。

2. 顶板防水施工

1）施工流程

清理基层→基层处理→细部节点处理（柔性密封防水、附加层等）→大面铺贴防水卷材（搭接处理、收边处理等）→施工质量自检→质量验收→合格交付→后续施工。

2）施工工艺顺序

同一作业面施工按先远后近、先低后高、先细部节点后大面的顺序进行。非同一作业面施工按先高后低的顺序进行。

3）施工准备

（1）施工前需认真清理基层，去除基层尖锐异物。应将尘土、杂物、表面残留的灰浆硬块及凸出物清除干净，不得有空鼓、开裂、脱皮等缺陷。

（2）基层阴阳角处应做成圆弧或钝角，圆弧半径应大于20mm。

（3）基层经过验收方可进行下一道工序。

（4）卷材运到工地后应组织监理等监督部门进行材料的抽检、封样、送样、复试等进场工作。

（5）根据相关规范要求进行材料堆放并做相应安全防护，材料堆放高度不得超过2m。

（6）防水层使用的胶黏剂属易燃物品，存放时远离火源并加设灭火装置，专人看管，防止发生意外。

（7）固定件及其他配件应放在防雨的仓库里保存。

（8）材料搬运过程应遵循不破坏防水层的原则，沿指定线路行走，材料放置到指定区域。

4）施工工艺

（1）基层处理

将基层表面尘土、杂物清除干净，模板接缝、漏浆、蜂窝麻面等部位剔凿处理后用1:2.5水泥砂浆找平补强。

（2）弹线定位

根据卷材幅宽、基层情况进行弹线定位，卷材幅宽2m，长短边间搭接宽度均为100mm。

（3）涂刷基层处理剂

将基层处理剂与水进行1:1配比，充分搅拌后均匀涂刷在基层表面，待处理剂不粘手后进行下道工序。

（4）铺设卷材

根据弹线位置铺设卷材，卷材位置固定后，将卷材沿着短边对折，从中间揭开隔离膜，片材朝下缓慢铺设于基层，同一工法粘贴另一面卷材。

（五）结语

高分子自粘胶膜防水卷材是一种依附于主体结构上，与主体结构结为一体，与基层或垫层空铺的新型防水理念产品，它与主体结构共同构成"结构自防水"系统。该材料独特的结构特性和质量优势，可以有效地解决地下工程的防水问题，在我国已进入全面推广应用阶段。相信在国家建设部门的大力推动下，在环境保卫战的政策的驱使下，优质高分子自粘胶膜防水卷材及其独特的施工技术将迎来广阔的市场前景。

三、RAM-CL 高分子强力交叉膜卷材 + 非固化橡胶沥青涂料防水施工——丰台区南苑乡石榴庄村旧村改造 S-31 地块"绿隔"产业用地项目地下防水工程 *

（一）工程概况

1. 工程简介

本工程位于北京市丰台区南苑石榴庄地区，南四环以北，东北方向为宋家庄交通枢纽，项目用地东临鑫兆雅园住宅小区，南临南顶路，西临榴乡路，北临鲁能钓鱼台。总建筑面积 173808.59m²，商业部分地上 4 层，建筑高度 22.25m（局部 29.45m）；办公部分地上 15 层，建筑高度 65.15m；酒店部分地上 11 层，建筑高度 47.45m；地下车库共三层，建筑高度 -14.65m。项目建设、施工单位等见表 4-2。

表 4-2　项目建设、施工单位

序号	项目	内容
1	工程名称	丰台区南苑乡石榴庄村旧村改造 S-31 地块"绿隔"产业用地项目
2	建设单位	北京市金石庄源投资管理公司
3	设计单位	华通设计顾问工程有限公司
4	监理单位	北京华达建业工程管理股份有限公司
5	质量监督单位	北京市丰台区建设工程安全质量监督站
6	施工总承包单位	北京城建亚泰建设集团有限公司
7	工程地址	北京市丰台区南苑乡石榴庄村

2. 工程设计概况

设计概况见表 4-3。

表 4-3　设计概况

序号	项目	内容
1	建筑功能	商业、办公、酒店
2	结构特点	钢筋混凝土框架-剪力墙结构
3	总建筑面积	总建筑面积 173808.59m² 地上建筑面积 110165m² 地下建筑面积 63643.59m²

---

* 撰稿：潍坊市宏源防水材料有限公司　李占江，田学芳，李征

本工程地下室防水等级为一级，底板和外墙采用C35、P8防水混凝土（刚性防水）。

地下室底板防水设计：符合《建筑防水系统构造（四）》（13CJ40—4 D1-3）做法。

本工程使用材料：

（1）1.5mm厚RAM-CL高分子强力交叉膜防水卷材。

（2）2.0mm非固化橡胶沥青防水涂料。

防水构造如图4-12所示。

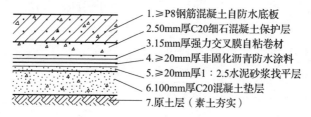

1.≥P8钢筋混凝土自防水底板
2.50mm厚C20细石混凝土保护层
3.15mm厚强力交叉膜自粘卷材
4.≥20mm厚非固化沥青防水涂料
5.≥20mm厚1：2.5水泥砂浆找平层
6.100mm厚C20混凝土垫层
7.原土层（素土夯实）

图4-12 防水构造

3. 工程质量目标

工程质量目标为合格，争创北京市结构长城金杯、北京市建筑长城杯、"国家优质工程"。

（二）施工准备

1. 技术准备

（1）施工前技术管理人员要熟悉图纸及相关图集，了解防水施工的施工工艺，掌握施工图的细部构造及有关技术质量要求，施工时应做到样板先行。发现图纸不清楚之处要及时与建设单位、监理单位及设计单位联系，办理工程洽商。

（2）正式施工前按施工方案和技术规程对管理人员和施工人员进行安全技术交底，并下达具有可操作性、可实施的技术交底，详细交代各部位的施工要求，以及要点、重点部位的施工做法和注意事项、质量要求等。

（3）认真做好防水材料进场验收检验（包括见证取样）工作，复查材料的材质证明及材料进场储存工作。

（4）做好防水施工的技术资料和施工过程中的检验记录，并及时收集和整理上述技术资料，以保证技术资料的及时、完整，便于以后的归档。

（5）根据施工图纸，计划防水材料种类及工程量，按照设计提供的材料技术参数提前一周购买材料进场，并做好材料复查工作，确保施工材料质量合格。

2. 材料准备

（1）根据图纸和施工进度安排，提前做好材料进场计划。

（2）所有材料应有材料出厂合格证，并确认防水卷材包装上的材料名称、生产厂家、出厂日期的有效性。

（3）材料进厂后，材料员、技术员、质检员按规定检查外观和厚度，并由试验员在监理工程师见证下取样复试，材料试验报告及时存档，复试合格后才能投入使用。

（4）对复试合格的产品应按有关规定进行保管和标识。对复试不合格的产品禁止投入使用，并做好退货记录。

（三）机具准备

防水层主要施工机具数量见表4-4。

表4-4　施工机具

序号	机械设备及工具名称	数量	用途	进场计划
1	小平铲、扫帚	20 把	基层清理	
2	滚刷	30 把	涂刷基层处理剂、涂料	
3	铁桶	30 个	分装基层处理剂	
4	剪刀	10 把	裁剪卷材	
5	卷尺	10 把	度量尺寸	
6	干粉灭火器	15 个	消防设施	
7	小白线、弹线盒	若干	弹线用	开工前全部进场
8	高压吹风机	若干	清理基层表面浮尘、灰尘	
9	橡胶手套	若干	涂刷基层处理剂、防水涂料	
10	$\phi 40\text{mm} \times 50\text{mm}$ 手持压辊	若干	滚压接缝、立面压实卷材	
11	热熔沥青设备	5 台	喷涂防水涂料	
12	刮板	20	刮涂防水涂料	
13	喷灯	2	辅助加热	

（四）基层要求

非固化橡胶沥青（NRC）防水涂料对基层有着良好的适应性，可以适应各种基层的施工，在非固化橡胶沥青（NRC）防水涂料施工前，基层应符合下列要求：

（1）防水基层表面应平整牢固、清洁，符合设计要求，充分养护、硬化。

（2）基层表面不得有浮浆、孔洞、裂缝、灰尘、油污等。基层表面的孔洞和裂缝等缺陷应采用聚合物砂浆进行修复。

（3）基层的转角处（阴阳角），均做成圆弧，阴角圆弧半径为 $R=50\text{mm}$。阳角圆弧半径为 $R=100\text{mm}$。

（4）伸出基面的管道、设备和预埋件等，在防水施工前安装完毕，避免防水层施工完毕后在其上凿孔打洞。

（五）防水卷材施工工艺流及施工要点

1. 工艺流程

涂刷基层处理剂→加热非固化涂料至熔融→细部节点加强处理→弹线、定位→试铺防水卷材→喷（或刮/滚）涂 NRC 非固化橡胶沥青防水涂料→与非固化涂料同时复合铺贴防水卷材→收口处理→质量检查、修补→验收→细石混凝土保护。

2. 施工要点

（1）涂刷配套基层处理剂，用长柄滚刷将配套基层处理剂涂刷在已处理好的基层表面，涂刷薄厚均匀，不堆积、不漏涂。干燥后进行防水层施工，施工期间，严禁烟火。

（2）加热非固化橡胶沥青涂料，待基面清理完后，打开加热料罐，将预热脱桶后的材料倒入料罐中加热，待涂料整体温度达到可刮涂状态时，用专用工具均匀地刮涂非固化橡胶沥青防水涂料。涂料加热温度不超过180℃。

涂料施工完一定面积后，在铺贴卷材前采用针测法检测涂层厚度。若厚度不达标或局部需要强化，可用手工涂刮的方式进行补涂。

（3）节点加强处理

采用1.5mm厚无胎自粘防水卷材附加层进行加强处理：阴阳角两侧卷材加强层宽度均不得小于250mm；节点做法符合规范现行国家标准《地下防水工程技术规范》（GB 50108）标准的规定。

（4）防水卷材铺贴施工要求

①弹线、定位：根据屋面情况确定铺贴方向，确定并弹出基准线，并依次向外弹出平行线，保证搭接宽度≥80mm。

②试铺防水卷材：打开防水卷材，释放卷材应力。相邻两幅防水卷材短边搭接错开长度≥1/3幅宽。卷材位置确定后将卷材从两端向中间卷起，保持原位准备铺贴状态。

③人工刮涂或机械喷涂非固化橡胶沥青防水涂料。

当采用人工刮涂时应符合下列规定：出料温度宜控制在120～160℃。

非固化涂料固含量高，因此成膜涂料且成膜后要立即铺贴卷材，施工时应熟练操作，保证刮涂一次达到设计厚度。刮涂应薄厚均匀当因留置端口需要接槎时应保证接槎宽度≥150mm。

（5）采用机械喷涂时应符合下列规定

沥青料稠度较高时，宜将温度控制在165～180℃，泵送压力控制在15～25MPa，沥青料稠度较低时，宜将温度控制在160～175℃。

现场视材料的稀稠、喷涂雾化的效果、喷涂宽度来调整加热温度及泵送压力，融料速度控制在4～6min/桶（20kg），扇形喷幅角度90°～110°，以95°～105°为宜，喷嘴孔径控制在1.5～2.0mm，流量控制在0.8～2.0m³/h。

1）非固化橡胶沥青防水涂料施工后应及时铺贴防水卷材，避免现场中过多的灰尘在涂料表层而降低涂料与防水卷材的黏结性，卷材搭接宽度为80mm，相邻卷材采用本体预留搭接边自粘搭接，搭接卷材后需要用压辊滚压。待铺贴完防水卷材后方可上人行走。

2）铺设防水层时，防水卷材应事先定位，卷材应铺设在预先涂抹过防水涂料的基层表面上，确定铺贴的具体位置，先把卷材展开，调整好位置，将卷材末端先粘贴固定在基层上，向前缓慢地滚压，排除空气。卷材要求铺贴紧密、平整，不要卷入空气及异物，无起鼓。搭接部位用胶辊压实，如遇气温过低，适当采取加热措施，保证搭接密封牢固。

3）卷材铺贴与涂料喷涂（刮涂）应同步或保持一定距离，保证在涂料冷却前使卷材和涂料有效地黏结。铺贴由两位操作人员协同推滚铺贴卷材，铺贴后卷材应平整、顺直，搭接尺寸正确，不得扭曲。

4）首先用壁纸刀划开卷材底部隔离膜，搭接边一侧操作人员边滚铺边向后撕去卷材隔离底膜，另一侧操作人员根据相邻卷材预留搭接边控制卷材搭接宽度和滚动路径，同时撕去前幅卷材搭接隔离膜，最后进行搭接处理。

5）卷材搭接

①相邻卷材采用本体预留搭接边自粘搭接。操作人员手持小压辊，由内向外以垂直于卷

材长边方向边压实边移动。

②如预留搭接边受污染，应先擦拭干净，使用热风焊枪加热烘干搭接边使其恢复黏性后，再进行搭接。

③如现场环境温度过低（5℃以下），应使用热风焊枪对搭接边进行适当加热，提高搭接边黏性后，再进行搭接。

④压实排气：与非固化防水涂料初步粘贴的卷材应进行压实、排气，以保证卷材、涂料、基层紧密粘贴，以防空鼓。

⑤整体施工完毕后，应对防水整体表观质量、搭接质量、局部节点处理等项目进行检查，如发现有质量缺陷，应立即修补。确认合格并通过验收后，及时隐蔽，做好成品保护。

3. 重点难点防水做法（具体做法以设计、规范为准）

1）底板导墙处防水节点

底板导墙处甩槎见图4-13。

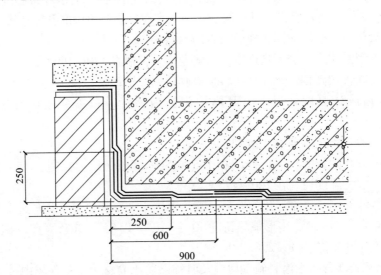

图4-13　底板导墙处甩槎做法（mm）

底板导墙处接槎见图4-14。

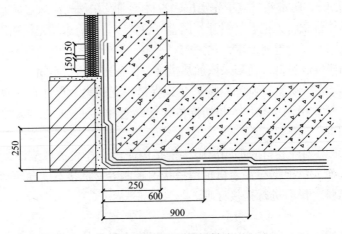

图4-14　底板导墙处接槎做法（mm）

2）底板导墙防水做法（图4-14）

①做卷材防水（双面粘），附加层500mm宽，平、立面各250mm宽。

②做导墙内层卷材防水层（双面粘），平面部位铺至距转角900mm宽；导墙上部甩槎200mm宽。

③做导墙外侧层卷材防水层（双面粘），平面部位铺至距转角600mm宽；导墙上部甩槎400mm宽。

④铺贴底板非固化卷材复合防水层，边刮涂料边铺防水卷材（单面粘），非固化涂料与导墙内侧防水卷材搭接；防水卷材与导墙外侧防水卷材搭接150mm。

⑤打保护层，浇筑底板混凝土及立墙混凝土（土建施工）。

⑥清理防水层，并检查破损部位，及时修补，涂刷基层处理剂。

⑦分层揭开导墙顶部甩槎防水层，先把导墙外侧防水层铺贴到侧墙上，然后铺贴侧墙内侧防水卷材（双面粘）。搭接宽度150mm。后铺卷材盖住先铺卷材。

⑧再把导墙内侧防水层铺贴到侧墙上，然后铺贴侧墙外侧防水卷材（单面粘）。搭接宽度150mm。后铺卷材盖住先铺卷材。

⑨做防水保护层（按设计）

3）侧墙与顶板转角处防水做法见图4-15。

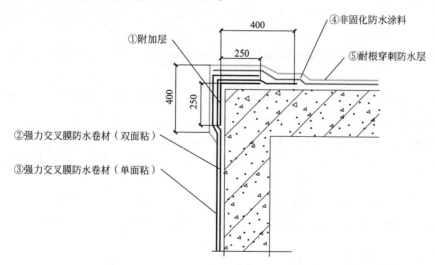

图4-15 侧墙与顶板转角处防水做法

①防水附加层500mm宽，平、立面各250mm

②侧墙内侧防水层（双面粘）由侧墙向上铺贴到顶板并平面铺贴400mm。

③侧墙外侧防水层（单面粘）由侧墙向上铺贴到顶板并平面铺贴250mm。

④顶板非固化防水涂料涂刷至转角处，同时铺贴耐根穿刺防水卷材。

⑤铺贴耐根穿刺防水卷材由顶板转向侧墙向下铺贴400mm，向下的400mm耐根防水卷材采用热熔法施工（热熔时注意保护侧墙防水层）。

4）桩头防水做法（图4-16）

①切桩与凿毛。由土建施工单位负责将桩头切除至设计标高，凿除并清理桩头表面松散的混凝土。

②纵向受力钢筋和箍筋调整到位，防水施工完毕后，不得调整。

③冲洗桩头：保证桩头防水质量的关键准备工序。采用高压水枪冲洗桩头表面灰尘、浮渣，保证桩头顶面混凝土干净，有利于水泥基渗透结晶型防水涂料向混凝土结构内部有效渗透，以便桩头和后浇结构底板形成整体。

④桩头顶面、侧面及垫层150mm范围内涂刷水泥基渗透结晶型防水涂料。

⑤桩头四周300mm范围内抹压聚合物水泥防水砂浆过渡层。

⑥结构底板复合防水层铺贴至桩根部并延伸至侧壁，复合防水层与桩头侧壁的接缝应用非固化涂料嵌填。

⑦桩头钢筋根部安装遇水膨胀止水条，并采取相应保护措施。

图4-16 桩头防水做法

5）后浇带防水做法

①增设贯通防水加强层：受集中应力影响时，降低防水主材出现质量损伤的风险。实际施工时，要求转角两侧附加处理宽度：基础底板不小于300mm，地下室外墙不小于250mm；施工缝两侧附加处理宽度不小于250mm。

②预埋遇水膨胀止水条：辅助截水，与钢板止水带相比，有利于提高后浇混凝土的振捣密实度。

③采用快易收口网做混凝土断面模板：后浇断面免凿毛，缩短了施工周期，提高了接缝质量，增加了后浇结构与先浇结构的整体强度。

④后浇带浇筑前应清理干净，排除积水，涂刷界面剂或水泥基渗透结晶型防水涂料。

⑤后浇带应在其两侧混凝土龄期达到42d后浇筑。后浇带应采用补偿收缩混凝土，其抗渗、抗压强度不应低于其两侧混凝土。

⑥后浇带应一次浇筑，不得留施工缝；浇筑后应及时养护，养护时间不得少于28d。

⑦止水带安装位置应准确、牢固，并采取保护措施，见图4-17、图4-18。

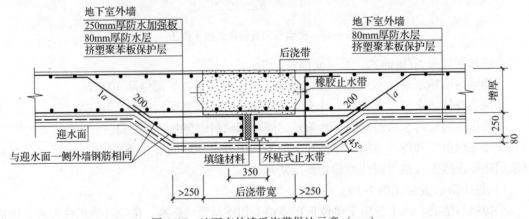

图4-17 地下室外墙后浇带做法示意（mm）

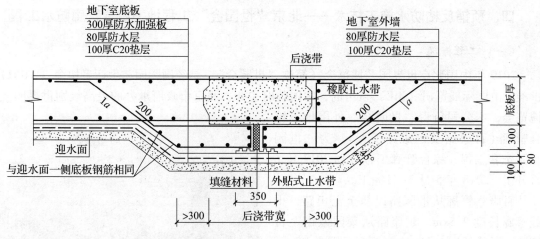

图 4-18　基础底板后浇带做法示意（mm）

6）抗浮锚杆防水做法

①锚杆注浆，注浆 24h 内不得晃动锚杆。

②用扁口凿子将锚杆上侧剔凿成坡面，最低处不小于 20mm，将锚杆钢筋浮灰、泥浆清理干净。

③锚杆处若存在涌水点，用止水堵漏材料进行封堵。

④涂刷水泥基渗透结晶型防水涂料，厚度 ≥1.5mm，半径 250mm；重点涂刷部位为锚杆与垫层交界处。

⑤粘贴 500mm 宽的卷材附加层，并在锚杆钢筋处形成 ϕ100mm 圆筒，高度 50mm 且不小于保护层。

⑥做底板复合防水层施工。

⑦在圆筒内灌注非固化橡胶沥青防水涂料密封，密封材料要灌满压实。在锚杆钢筋 15cm 处焊 3mm 厚直径 150mm 的止水钢板。

7）施工缝

①施工缝中杂物必须清除干净，保证上、下层混凝土粘贴牢固。

②施工缝是防水混凝土工程中的薄弱部位，必须符合规范要求。

③水平施工缝浇筑混凝土前，应将其表面浮浆和杂物清除，然后铺设净浆或涂刷混凝土界面处理剂、水泥基渗透结晶型防水涂料等材料，再铺 30～50mm 厚的 1:1 水泥砂浆，并及时浇筑混凝土。

④外防水层施工符合规范要求。

（六）结语

该工法为卷材与涂料复合做法，取长补短，细部节点和复杂部位处理无隐患。本施工方法使防水层既具有卷材厚薄均匀、质量稳定的优点，又具有涂膜防水层的整体性；实现真正意义上的皮肤式防水，防窜水；非固化防水涂料具有极强的蠕变性，解决了因基层开裂将应力传递给防水层而造成的防水层断裂、挠曲疲劳破坏；非固化防水涂料具有神奇的自愈性；防水涂料与防水卷材同步的复合防水做法得到业主、甲方及监理认可，取得很好的应用效果。

四、预铺反粘防水施工技术——北京"世园会"工程地下综合管廊防水工程[*]

（一）工程概况

2019 年中国北京世界园艺博览会（简称"世园会"）是经国际园艺生产者协会（AIPH）批准，由国际展览司（BIE）认可的，中国政府主办、北京市政府承办的最高级别世界园艺博览会，本公司负责"世园会"外围地下综合管廊（百康路及延康路工程），为"世园会"配套工程，综合管廊工程计划 2017 年 6 月开工，2018 年 5 月 31 日完工。

百康路管廊从世园路以西至汇川路，干线管廊长度 2.5km。延康路从菜园南街至百康路，干线长度 1.2km。示意参见图 4-19。

（二）防水设计做法

1. 本工程底板、侧墙无肥槽段采用外防内贴做法。

图 4-19　管廊示意

采用 1.2mm 高密度聚乙烯（HDPE）自粘胶膜防水卷材（预铺反粘，细砂面），用预铺反粘（底板）及机械固定（侧墙）的做法施工。

2. 顶板、侧墙有肥槽段采用外防外贴做法。

采用 1.2mm 高密度聚乙烯（HDPE）自粘胶膜防水卷材（自粘型），用防水自粘胶层（局部采用聚合物砂浆）与顶板结构固定。

（三）HDPE 自粘胶膜防水卷材特点

1.2mm 高密度聚乙烯（HDPE）自粘胶膜防水卷材是由 HDPE 高分子片材、自粘胶、表面隔离材料构成的预铺防水卷材，是一款能在潮湿基面上施工的防水产品。预铺防水卷材与后浇筑混凝土结构紧密结合成一体，水长期浸泡下依然密不可分，达到与结构主体实现满粘，防止窜水。

（1）基本构造

卷材图样颜色为白色，底层为高分子片材，中间为高分子自粘胶膜，上层为防粘层及搭接边。

（2）HDPE 自粘胶膜防水卷材铺设质量需符合标准《预铺防水卷材》（GB/T 23457—2017）中 P 类材料的相关要求。表 4-5 为预铺 HDPE 自粘防水卷材性能。本工程采用厚度为 1.2mm 规格的自粘防水卷材。

表 4-5　预铺防水卷材性能

序号	项目	指标	
		P	PY
1	可溶物含量（g/m²）≥	—	2900

---

　　*　撰稿：潍坊市宏源防水材料有限公司　李清林　李占江　耿伟历

序号	项目		指标	
			P	PY
2	拉伸性能	拉力（N/50mm）≥	500	800
		膜断裂伸长率（%）≥	400	—
		最大拉力时伸长率（%）≥	—	40
3	钉杆撕裂强度（N）≥		400	200
4	冲击性能		直径（10±0.1）mm，无渗漏	
5	静态荷载		20kg，无渗漏	
6	耐热性		70℃，2h，无位移、流淌、滴落	
7	低温弯折性		−25℃，无裂纹	—
8	低温柔性		—	−25℃，无裂纹
9	渗油性，张数≤		—	2
10	防窜水性		0.6MPa，不窜水	

（四）施工准备

1. 材料准备

防水材料进场前进行抽样质检，组织材料进场及进场检验，检验合格后的材料方可使用。

（1）凡进入施工现场的防水卷材应附有出厂质保书，并注明生产日期、批号、规格、名称。

（2）按照规范要求进行取样及试验，合格后方准使用。

2. 作业条件

（1）施工管理人员组织架构完整，防水工经过防水专业培训，持有防水专业施工岗位证书。

（2）基层满足设计和规范要求。防水工程施工前，应对前项工程进行质量验收，合格后方可防水施工。

（3）各种预埋管件按设计及规范要求事先预埋，并做好密封处理。

（4）基层表面已清理干净，并基本平整，无尖锐凸出部位，施工基面无明水，如有积水部位，应清除后方可施工。

（5）防水层不宜在雨天、雪天及五级以上大风天施工。

（五）施工工艺

1. 底板预铺反粘防水施工工艺

1）施工工法

本工程中底板、侧墙无肥槽段部位采用预铺反粘法施工。

2）施工工艺流程

基层清理→定位弹线→附加层→空铺HDPE自粘防水卷材→卷材局部固定→卷材长边搭接→卷材短边搭接→节点密封处理→检查验收→绑扎钢筋→浇筑混凝土。

3）施工步骤

（1）基层清理：基层若有尖锐凸出物需处理平整，基层基本平整即可、杂物清理干净，若有明水扫除后即可施工。

（2）定位弹线：可在基层上弹出首幅卷材铺贴控制线。

（3）空铺卷材：将卷材颗粒面朝上对准控制线空铺于垫层上，第一幅卷材铺贴好后再进行第二幅卷材铺贴，铺设相邻卷材时，应注意与搭接边对齐，以免出现偏差难以纠正，影响搭接。

（4）卷材局部固定：在承台坑或砖胎模等立面施工时，可通过高分子双面自粘卷材将自粘胶膜防水卷材粘贴在基面上。

（5）长边搭接：揭除卷材搭接边的隔离膜后直接搭接碾压密实，搭接宽度为≥70mm。

（6）短边搭接：搭接宽度为≥80mm。

卷材搭接：搭接卷材黏结材料采用高分子自粘胶膜防水卷材（无颗粒防粘层），将卷材裁剪成的带状，宽160mm，并将胶面朝上放置，揭除表面隔离膜后，粘贴上部对接的卷材，并碾压使之牢固。该做法适用于防水层可能存在雨水浸泡的情况，能避免脱开。

（7）节点密封处理：大面防水卷材铺贴完毕后应对节点等细部构造的完整性及密封性进行检查处理，针对底板上的细部节点，采用双面高分子胶带粘贴固定，然后刷涂防水涂料进行密封处理。

（8）检查验收：在一个防水卷材施工段施工完毕后，及时报请监理进行验收，验收合格后进行下道工序施工；验收不合格，立即对不合格部位进行修补，达到要求且验收合格后方可进行下道工序施工。

2. 侧墙无肥槽段防水施工工艺

1）施工工法

本工程中侧墙（单面支模）部位采用机械固定法施工。

单侧支模外防内贴做法：卷材先铺贴立面，后铺平面；铺贴立面时，应先铺转角，后铺大面。

2）施工工艺流程

基层清理→附加层→机械固定防水卷材→卷材长边搭接→卷材短边搭接→节点密封处理→检查验收→绑扎钢筋→浇筑混凝土。

3）施工步骤

（1）基层清理：基层应基本平整、坚实、无明水，将基层凸出物清除干净。

（2）立面施工时，机械固定防水卷材，卷材就位后，配合垫片将防水层牢固地固定在基层表面，垫片直径不小于20mm，每隔400～600mm进行机械固定；施工相邻卷材时，下幅卷材应将钉眼部位完全覆盖。

（3）长边搭接：揭除卷材搭接边的隔离膜后直接搭接碾压密实，搭接宽度≥70mm。

（4）短边搭接：将HDPE自粘胶膜下表面隔离膜揭除后粘贴于短边搭接部位，搭接宽度≥80mm，碾压后再揭除胶膜上表面隔离膜，并将搭接上部卷材粘贴在胶膜上，碾压使之黏结牢固，必要时可对胶带适当加热，粘贴效果更为理想。

（5）节点密封处理：机械固定施工也是预铺卷材施工的一种，但在穿墙管等异形部位需要采用高分子双面自粘膜带粘贴牢固，然后涂刷防水涂料进行密封处理。

（6）检查验收：防水卷材施工段施工完毕后，及时报请监理进行验收，验收合格后进行下道工序施工；验收不合格，立即对不合格部位进行修补，达到要求且验收合格后再进行下道工序施工。

3. 顶板、侧墙有肥槽段自粘防水施工工艺

1）防水层构造

采用 1.2mm HDPE 自粘胶膜防水卷材（预铺反粘，胶面），基层要求平整、坚固、干燥。

2）施工工艺

涂刷基层处理剂→细部节点加强处理→弹线、定位→试铺防水卷材→铺贴 HDPE 自粘胶膜防水卷材→收口处理→验收。

3）施工要点

（1）喷（滚）涂配套基层处理剂：（配套材料）采用高压清洗机或长柄滚刷将配套基层处理剂喷（滚）涂在已处理好的基层表面。喷（滚）涂应均匀不露底。喷（滚）涂完毕，达到干燥程度应及时进行防水施工，以防污染。已喷（滚）涂基层处理剂的基面未隐蔽前，现场严禁烟火。

（2）加强层

采用双面自粘胶膜防水卷材，阴阳角两侧加强层宽度均不得小于250mm。

（3）试铺防水卷材

①使卷材隔离膜朝下，预留搭接边朝外；在基层表面展铺防水卷材，释放卷材内部应力。

②根据短边错缝搭接原则，按弹线位置对卷材进行精确定位和裁切。相邻两幅卷材短边错开长度不小于1/3幅宽，一般为1/2幅长。

③裁切完毕后，将卷材从两端向中间均匀收拢成卷状，保持原位以待铺贴。

（4）铺贴防水卷材

①铺贴工作由两位操作人员协作完成，操作内容包括：推滚卷材；撕膜；搭接处理。

②首先用壁纸刀划开卷材底部隔离膜，搭接边一侧操作人员边滚铺边向后撕去卷材隔离底膜，另一侧操作人员根据相邻卷材预留搭接边控制卷材搭接宽度和滚动路径，同时撕去前幅卷材搭接隔离膜，最后进行搭接处理。

（5）HDPE 自粘胶膜防水卷材搭接

①相邻卷材采用本体预留搭接边自粘搭接。

②操作人员手持小压辊，由内向外以垂直于卷材长边方向边压实边移动。

③如预留搭接边受污染，应先擦拭干净，使用热风焊枪加热烘干搭接边使其恢复黏性后，再进行搭接。

（6）压实排气：对非固化涂料初步粘贴的卷材应进行压实、排气，以保证卷材、涂料、基层三者紧密粘贴，防止空鼓。

（7）收口处理：大面防水层施工完毕后，应对卷材端头进行收口。收口处理应符合重难点处理的相应要求。

（六）施工注意事项

（1）在绑扎钢筋、支模板和浇筑混凝土第一道时要注意防水层的保护工作，施工前必须进行技术交底。在绑扎钢筋时、支模板时和浇筑混凝土前应仔细检查防水层有无破损情况，发现破损的防水层应及时进行修补，修补尺寸 100mm×100mm，用密封膏封严。

（2）混凝土浇筑应在防水层铺装后 40d 内进行，以免造成卷材黏结层过早失去黏结效果，不能与后浇筑混凝土紧密结合。

（3）防水卷材进行搭接时，需将搭接部位清理干净，不得有任何污物，搭接时要用压辊用力压实，温度过低时，应采取辅助加热进行搭接处理。

（4）卷材搭接时，如搭接边失去黏结力，要用专用双面自粘胶带进行密封处理，形成整体防水层。

（5）在潮湿环境中，HDPE 自粘胶膜防水卷材不能长时间暴露，要及时浇筑混凝土，否则会出现建筑胶脱落、失效、开胶等现象，因此要合理组织施工，尽量提前浇筑混凝土，以保证防水效果。

（6）绑扎钢筋过程中若钢筋移动需要使用撬棍时，应在其下设木垫板临时保护，以避免破坏防水卷材。焊接底板钢筋时，在焊接操作面以木板或铁皮作为临时保护挡板。

（七）结语

HDPE 自粘胶膜防水卷材预铺防水方案，防水性能优异，卷材能与混凝土实现融合，实现皮肤式黏结，极大地节约工期及成本，潮湿基层可施工，绿色环保、性价比高，是地下工程外防内贴可靠的防水做法。在施工过程中应加强防水层的保护，增加配套材料及预制件，使预铺反粘工法更加完善。

五、预铺反粘防水技术——威海建设集团游艇湾项目地下防水工程[*]

（一）工程概况中

本工法于 2015 年 10 月应用在天津市滨海新区游艇湾项目，由威海建设集团股份有限公司承建的。该项目建筑面积 18897.2m²，地下建筑面积为 9444.3m²，地下二层建筑面积 3300m²，层高 5.1m；地上建筑面积 9454.9m²，地上共 3 层，层高 6m；建筑基础 4707.6m²，基础底板板厚 250mm，顶标高为 -5.2m，局部板厚 500mm、350mm、300mm；混凝土墙等级：垫层 C20，承台基础梁 C40，上部墙柱 C40，梁板 C30，基础抗渗等级 P6。该项目结合不同类别的预铺防水卷材的特点，选用了 1.5mm 厚的 JJAH 预铺类高分子自粘防水卷材。该材料中间用强力交叉层压膜（采用层压叠合工艺制成的高强度 HDPE 膜）与优质的高聚物自粘橡胶沥青经特殊工艺复合而成，上、下表面为隔离膜的预铺反粘防水卷材。

（二）施工方案

1. 工法概述

预铺反粘法（冷施工）铺贴适用于地下室底板及其他适合空铺的部位，地下室底板传统的防水施工工法是将防水卷材粘贴或空铺在基层上，施工完毕后，在卷材上做保护层，然后绑扎钢筋、浇筑混凝土。该方法由于防水层与结构主体没有完全结合在一起，一旦局部防水层破坏，会造成窜水现象，不容易发现漏点，维修困难。预铺反粘施工是将预铺反粘防水卷材的不黏结面空铺在基础垫层上，黏结面与现浇混凝土直接结合在一起，形成一个整体，

---

* 撰稿：天津市京建建筑防水工程有限公司　郭磊、王珍珠、李慧

中间无窜水隐患，即便局部受到破损，漏水也会控制在很小范围之内，漏点容易发现，易于治理，对地下防水的可靠性有极大的提高。

2. 施工流程

基层清理→放基准线→节点部位加强处理→铺设 JJAH 防水卷材→卷材搭接→节点密封→揭除 JJAH 预铺反粘防水卷材上表面隔离膜并撒水泥粉→质量验收。

3. 材料与设备（表4-6）

表4-6　预铺反粘防水施工所需主要材料与设备明细表

序号	材料名称	规格型号	单位	备注
1	预铺反粘防水卷材	1.5mm	m²	足量
2	弹线盒		个	放线定位，足量
3	壁纸刀	—	个	裁剪卷材，足量
4	压辊	—	个	压实
5	安全帽	—	顶	足量
6	软底鞋	—	双	足量
7	劳保手套	—	副	足量
8	灭火器	—	个	足量

4. 防水构造与设计

该工程的防水构造由下而上为：垫层→1.5mmJJAH 预铺反粘防水卷材→250mm 抗渗混凝土基础筏板。防水构造做法如图4-20所示。

后浇带与施工缝处设置有止水钢板和橡胶止水带，如图4-21、图4-22所示。

（三）施工

1. 基层要求

基层已符合以下条件，可办理验收、工作面移交手续。

（1）垫层混凝土达到可以上人的强度即可上人进行施工。

（2）基层表面已清理干净，并基本平整，无明显凸出部位。

（3）阴阳转角抹成圆弧形。

2. 基层清理

清除基层面上的施工垃圾，若有明水，则需清除。

3. 放线定位

在基层上放出卷材铺贴的控制线，以免卷材铺贴时出现错位、歪斜等现象。

4. 节点部位加强处理

针对地下室底板阴阳角、后浇带、变形缝、桩头部位进行加强处理。梁槽、承台坑等凹陷部位可以采用湿铺法先行铺贴。现场按要求进行裁剪，一般部位附加层卷材应满粘于基层，应力集中部位应根据规范空铺。阴阳角做法如图4-23所示。

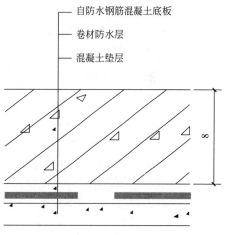

自防水钢筋混凝土底板
卷材防水层
混凝土垫层

图4-20　底板防水构造做法

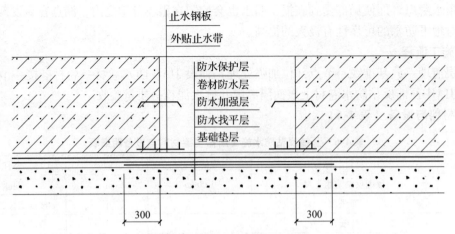

图 4-21　底板后浇带做法（mm）

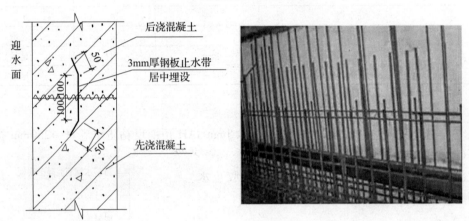

图 4-22　外墙施工缝做法

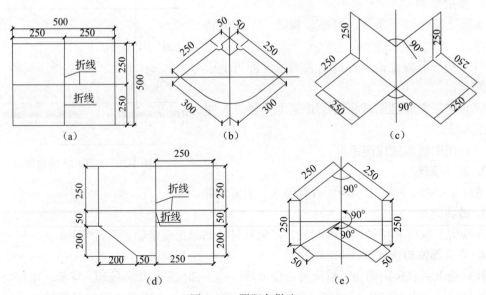

图 4-23　阴阳角做法

（a）阳角折线图；（b）阳角附加图；（c）阳角折线图；（d）阴角折线图；（e）阴角组体图

5. 大面卷材铺贴采用预铺反粘法施工，将卷材直接空铺在垫层表面上，先按基准线铺好第一幅卷材，再铺设第二幅，然后揭开两幅卷材搭接部位的隔离膜，搭接边进行冷粘贴，气温偏低（一般为10℃以下）卷材黏性较差时，可用喷灯对搭接边加温辅助粘贴，用压辊等排气压实。铺贴后卷材应平整、顺直，搭接尺寸正确。铺贴时应随时注意与基准线对齐，以免出现偏差难以纠正（图4-24）。

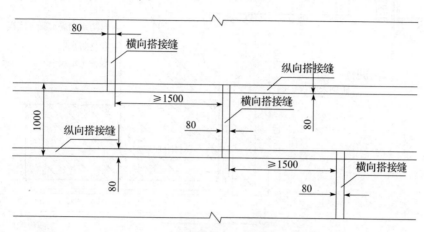

图4-24　卷材铺贴平面图（mm）

6. 卷材搭接：采用搭接的方式，粘贴后，随即用胶辊用力滚压排出空气，使卷材搭接牢固。采用自粘搭接的方式，卷材长、短边搭接宽度不应小于80mm。施工时，相邻两幅卷材的搭接要错开，错开长度不小于1500mm（图4-25）。

图4-25　防水卷材搭接边粘贴示意图

7. 卷材收头细部节点处防水密封

卷材收头细部节点做法如下：

防水卷材伸至砖胎膜顶部，上压一皮砖固定；后浇带位置防水卷材预留足够的搭接长度，并上盖木模板进行保护。底板与外墙交接处防水做法如图4-26所示。

8. 在绑扎钢筋前，将JJAH预铺反粘防水卷材上表面隔离膜揭除干净，为防止卷材粘脚，可在卷材上撒水泥粉作为隔离措施。

（四）注意事项

（1）JJAH预铺反粘防水卷材防水层采用冷作业施工，材料进入工作面后不得以任何形式动用明火，如必须进行钢筋焊接等，则在钢筋焊接处设临时保护措施，避免焊接火星溅到卷材上。

（2）卷材铺设完成后，要注意后续的保护，钢筋笼要本着轻放的原则，不能在防水层上拖动，以避免破坏防水层。

（3）相邻两排卷材的短边接头应相互错开300mm以上，以免多层接头重叠而使得卷材粘贴不平。

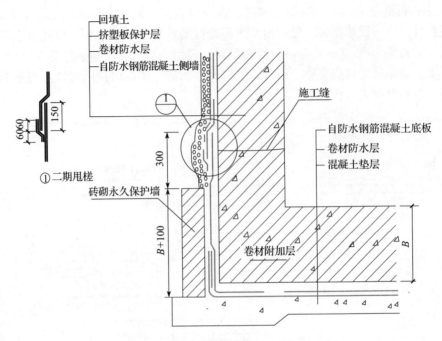

图 4-26　底板与外墙交接处防水做法示意图

（4）绑扎钢筋过程中，如钢筋移动需要使用撬棍时应在其下设木垫板做临时保护，避免破坏防水卷材。

（5）在防水层后续施工过程中，防水施工单位全程跟进，如不慎破坏了防水层，一经发现应及时报请防水施工单位进行修补。

（五）质量控制

1. 验收依据

防水卷材进场及施工过程中，严格按照《地下工程防水技术规范》（GB 50108—2008）、《地下防水工程质量验收规范》（GB 50280—2011）、《预铺防水卷材》（GB/T 23457—2017）的相关要求进行验收和质量控制。

2. 组织管理措施

所有进入现场的施工人员必须严格按合同要求和施工规范、规程操作。施工管理人员要经常深入工地，强化施工质量的跟踪管理。

3. 材料管理措施

（1）工程使用的材料必须有出厂合格证及试验报告。

（2）对进场材料需经过复试后方可用于工程。

4. 技术措施

（1）严格执行书面技术交底制度、技术复核制度和各工序验收记录，层层把关。

（2）施工方法和材料不得随意更改。

（3）在防水层的施工过程中，施工人员需穿软底鞋，严禁穿带钉子或尖锐凸出的鞋进入现场，以免破坏防水层。

（4）施工过程中质检员应随时、有序地进行质量检查，如发现有破损、扎坏的地方要

120

及时组织人员进行正确、可靠的修补，避免隐患的产生。

（5）严禁在未进行保护的防水层上托运重型器物和运输设备。

（6）不得在已验收合格的防水层上打眼凿洞，所有预埋件均不得后凿、后做，如必须穿透防水层时，要提前通知防水单位，以便提供合理的建议并进行及时的修补。

（六）结语

预铺反粘法即卷材施工时将黏结面铺在上面，然后将主体结构混凝土直接浇筑在卷材黏结面上。其作用是：待混凝土凝固后，卷材与结构混凝土产生较强的黏附力，可以杜绝工程窜水渗漏，使卷材与后浇结构混凝土黏结更紧密。由于预铺反粘施工对基层要求较低，基层潮湿也可施工，整个项目防水施工速度快，节约了成本，缩短了工期，同时不窜水，质量有保障。该工程已竣工三年有余，至今未发现有渗漏现象。

六、预铺反粘防水施工技术——白山（公主岭）市地下综合管廊工程[*]

（一）项目简介

白山市综合管廊建设总长度共计55.80km，其中浑江区33.3km，江源区22.5km。浑江区主要是结合旧城改造，对地下管线进行系统梳理，实现老城区管网结构的优化；江源区主要是结合新城建设，将新建管线统一纳入综合管廊，实现新城区的"统一规划、统一建设、统一管理"。

地下综合管廊的开挖方式为明挖法，现浇混凝土施工。防水材料选用了"东方雨虹"牌3mm厚SAM-980自粘聚合物改性沥青防水卷材（Ⅱ型）。为保证防水效果，使得防水卷材能与后浇筑底板混凝土黏结更好，底板防水采用预铺反粘的做法施工。

（二）施工做法

1. 施工工具

平铲、工业吹风机、扫帚、钢卷尺、裁刀、压辊、油刷等。

2. 施工流程

基层处理→细部结构加强处理→弹基准线→铺设自粘防水卷材（胶面朝上）→搭接卷材→节点密封处理→自检→质量验收→揭除自粘卷材上表面隔离膜→浇筑混凝土。

3. 施工说明

（1）基层处理：用铁铲、扫帚等工具清除基层面上的施工垃圾，使得基层基本平整，无明显凸出部位，若有明水，则需要扫除。

（2）细部构造加强处理：对底板阴阳角、后浇带、变形缝等部位按照设计要求进行加强处理。

（3）弹基准线：按照施工部位的形状，适宜地沿长度方向弹基准线，尽量减少卷材的搭接缝。

（4）铺设自粘防水卷材：先按照基准线铺好第一幅卷材，再铺设第二幅卷材，上、下两层和相邻两幅卷材的接缝应该错开1/3～1/2的幅宽，且两层卷材不得相互垂直铺贴

　＊　撰稿：北京东方雨虹防水技术股份有限公司

（图4-27）。铺贴卷材时，卷材不得用力拉伸，应该随时注意与基准线对齐，以免出现偏差难以纠正。

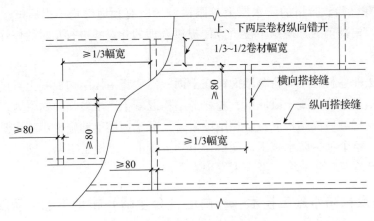

图4-27 底板双层卷材铺贴示意图（mm）

（5）卷材搭接：第一幅卷材铺设完成后，首先揭开卷材搭接部位的隔离膜，卷材采用搭接的方式黏结后，随即用压辊滚压以排除空气，使卷材搭接边黏结牢固。采用自粘搭接的方式，卷材长边和短边搭接宽度不小于80mm（图4-28）。

（6）节点密封胶处理：采用专用配套密封胶涂刷封口和端头。

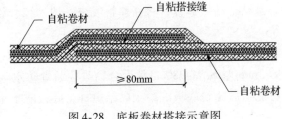

图4-28 底板卷材搭接示意图

（7）施工质量自检：自粘卷材有黏性一面应该朝向主体结构；铺贴卷材应该平整、顺直，搭接尺寸准确，不得扭曲、褶皱、翘边和鼓包；卷材接缝及端头应该用配套的密封材料封严；检查所有自粘卷材面有无撕裂、刺穿，发现后应该及时修补。

（8）缺陷修复：自粘卷材的自粘面受到灰尘污染后会部分失去自粘性能，表现为搭接缝、收口部位局部翘边、开口等现象。工程中一旦出现上述情况必须及时进行修复，修复方法主要为采用辅助加热设备进行辅助粘贴，利用辅助加热设备的热能将自粘卷材的翘边、开口等部位加热后黏合。

（9）检查验收：铺贴时边铺边检查，检查时用螺丝刀检查接口，发现黏结不实之处及时修补，不得留任何隐患，现场施工员、质检员必须跟班检查，特别要注意平、立面交接处、转角处、阴阳角部位的做法是否正确。自检合格后报请监理方、建设方进行防水层的验收。验收合格后及时进行下一道工序的施工。

检查验收合格后，不浇筑防水保护层，在已完成防水卷材层上绑扎结构钢筋，绑扎钢筋过程中应注意保护卷材防水层，如有破损及时进行修复。

待钢筋绑扎完成，浇筑结构混凝土前，揭除自粘卷材表面隔离膜，立即浇筑混凝土，使得防水卷材与混凝土直接结合为一体。

4. 施工节点处理

（1）阴阳角、管根细部节点处理

平、立面交接处、转折处、阴角、管根等均应该做成均匀一致、平整光滑的圆角，圆弧半径不小于50mm。

阴阳角、管根等采用SAM自粘卷材做加强处理，附加层宽度为500mm，卷材在两面转角、三面阴角等部位进行增强处理，平、立面平均展开（图4-29）。

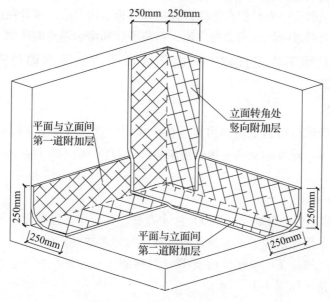

图4-29　阴角附加层构造三维图

附加层处理方法是先按照细部形状将卷材剪好，在细部视尺寸、形状而定，附加层要求无空鼓，并且压实铺牢。

（2）后浇带节点处理

在后浇带位置铺贴与大面同材质的SAM-980自粘卷材做附加层处理，附加层宽度大于等于后浇带两侧各250mm（图4-30）。

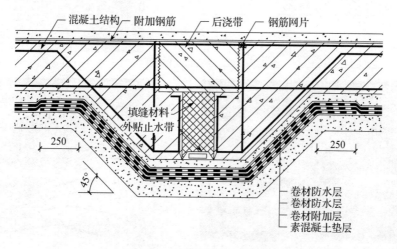

图4-30　后浇带防水示意图

后浇带附加层与基面应该满粘。

（三）总结

本项目采用自粘聚合物改性沥青防水卷材，卷材自身具有黏性。施工过程中，先在底板预铺（空铺）防水卷材，有可剥离隔离膜的一面朝向底板结构层，卷材防水层施作完成后，在其上直接绑扎底板结构钢筋，钢筋绑扎完成后，撕除卷材隔离膜露出卷材自粘沥青，开始浇筑底板混凝土。该做法中卷材的自粘沥青直接与底板结构黏结，在自粘胶和混凝土重力作用下紧密黏结，结合形成一体，不出现空隙，避免了层间窜水通道的产生。

七、预铺反粘地下施工技术——朝阳区百子湾保障房项目安置房第一标段防水工程[*]

（一）项目简介

朝阳区百子湾保障房项目为保障房高层住宅项目，本项目地下室底板防水材料选用了"东方雨虹"牌1.5mm厚预铺反粘型热塑性聚烯烃（TPO）防水卷材。防水施工采用预铺反粘施工工法。

（二）应用材料性能

"东方雨虹"牌热塑性聚烯烃（TPO）防水卷材，是应用先进聚合技术将乙丙（PE）橡胶与聚丙烯结合，采用先进加工工艺制成的可卷曲的防水材料。

用于预铺反粘工法施工的预铺反粘型TPO卷材属于一种带自粘胶膜的新型高分子防水卷材。材料及施工情况如图4-31所示。

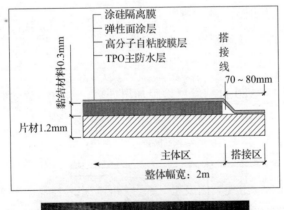
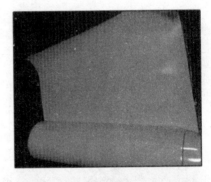

图4-31　TPO防水卷材及施工情况

 ＊ 撰稿：北京东方雨虹防水技术股份有限公司

1. 性能指标

产品性能符合现行《预铺防水卷材》（GB/T 23457—2017）、《热塑性聚烯烃（TPO）防水卷材》（GB 27789—2011）、《带自粘层的防水卷材》（GB/T 23260—2009）。

2. 规格型号

TPO 防水卷材按性能分为均质型、背衬型、增强型、自粘型以及预铺反粘型。本项目地下室顶板及侧墙选用的是自粘型材料，而地下室底板选用的是预铺反粘型材料。

（三）施工做法

1. 施工工具

自动热空气焊接机、手持热空气焊接机、手持硅酮橡胶辊、硅酮辊、电动螺丝刀、其他小型工具、剪刀、嵌缝枪等。

2. 施工流程

基层处理→细部处理→铺设热塑性聚烯烃（TPO）防水卷材（点粘）→热风焊接 TPO 卷材搭接缝→焊缝检查→检查验收。

3. 施工说明

（1）基层处理：基层应坚实、平整、无灰尘、无油污，凹凸不平和裂缝处应用聚合物砂浆补平，施工前清理、清扫干净，必要时用吸尘器或高压吹尘机吹净。地下工程平面与立面交接处的阴阳角均应做成半径为 20mm 的圆弧。

（2）细部附加层处理

细部如后浇带部位、两面转角、阴阳角等部位用裁剪好的阴阳角防水卷材进行附加增强处理，平、立面平均展开。方法是先按细部形状将卷材剪好，在细部贴一下，视尺寸、形状合适后，铺设附加层卷材。附加层卷材与底板基层采用专用胶黏剂进行处理。

（3）弹线铺设大面 TPO 防水卷材

铺设防水卷材时，卷材长短边均采用焊接；铺贴卷材时不得出现十字接缝（即不得出现四层材料搭接部位）。

铺贴防水卷材时，应先铺贴底板卷材，卷材翻起至永久保护墙并进行临时固定处理，立面部分黏结固定。

铺贴防水卷材时，应注意不得拉得过紧或出现大的鼓包，铺设好的防水卷材应与基面凹凸起伏一致，保持自然、平整、伏贴。

防水卷材之间接缝采用卷材预留搭接边，搭接宽度 80mm，搭接边应平整、密贴，不得出现翘边、露胶、虚接、Ω形接缝等现象。

防水卷材铺设完毕后应对其表面进行全面的检查，发现破损部位及时进行修补，补丁边缘距破损边缘的距离不得小于 60mm。防水层铺设完成后，应采取必要的成品保护措施。

（4）TPO 防水卷材长边搭接处理

准备热空气焊接机，让其预热约 5 ~ 10min 达到工作温度。机械固定现场搭接，最小搭接宽度为 80mm。

在接缝前将自动热空焊接机就位，手指方向与机器沿接缝运动方向相同。

抬起搭接的卷材时，在搭接区插入自动热空气焊接机的吹气喷嘴，立即开始沿接缝移动机器，以防烧坏卷材。

沿缝作业确保机器前部的小导向轮与上片卷材的边对准，并且要保证电缆有足够的长度，以防机器偏离运行轨道。

所有接缝相交处，用压辊滚压，以保证热空气焊缝的连续。TPO卷材多层厚度引起的表面不规则，可能造成假焊。完成接缝焊接后，立即从接缝处移开自动热空气焊接机喷嘴，避免烧伤卷材。

保证热焊接区卷材铺贴无褶皱，搭接区里的褶皱必须切掉。在自动热空气焊接机停止和重新启动间的区域进行焊接时，需用手持焊接机施工。

（5）检查验收

分工序自检，检查时用螺丝刀检查接口，发现粘贴不实之处及时修补，不得留任何隐患，现场施工员、质检员必须跟班检查。自检合格后报请总包、监理及建设方按照国标《地下防水工程质量验收规范》（GB 50208—2011）验收，验收合格后及时进行下道工序的施工。

4. 施工节点处理

（1）搭接缝处理：底板长边用自动焊机单缝焊接，搭接宽度80mm，焊接宽度40mm，有效焊接宽度≥30mm（图4-32）；TPO防水卷材短边对接，搭接卷材宽度120mm，焊接宽度40mm，有效焊接宽度≥30mm（图4-33）。

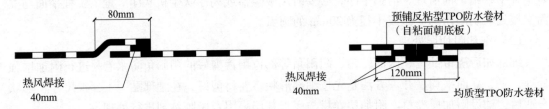

图4-32 底板长边卷材搭接示意图　　　　图4-33 底板短边卷材搭接示意图

在平、立面交接处、转折处、阴阳角、管根等部应设置防水层附加增强层，宽度500mm。特殊部位附加卷材则需现场按要求进行裁剪。

（2）阴阳角（此处的阴阳角专指三维交叉部位）在防水层施工中，数量诸多，也是防水层薄弱的部位之一，该处的通常做法是由施工作业人员按照图4-34方式现场裁剪和安装。

按照上图尺寸放样、裁剪、热合，并通过严格的质量检测。优点：保证防水系统质量。

底板与侧墙卷材甩槎及接槎做法如图4-35、图4-36所示。

（四）质量通病及处理措施

（1）卷材焊缝处被污染导致焊接强度不高：用清水擦洗干净，污染严重的焊缝用卷材清洗剂擦洗干净后焊接。

（2）卷材被扎破、损伤、烫伤：加强成品保护，经常行走的TPO表面应覆盖保护材料，施工现场严禁吸烟。

（3）防水施工中，细部节点及搭接缝位置为防水施工质量通病，需要进行精心的施工及严谨的质量检查以确保质量。

（4）已经施工完毕的卷材防水层，若在后道工序中检查出防水层上有破损之处，必须立即用黑色记号笔做出明显标记，以便随后修补。

（5）防水卷材上的任何穿透性破损点处，在下道工序开始前必须得到妥善的修补。

（6）修补防水卷材上的单一破损点可用专用TPO卷材焊接修补。

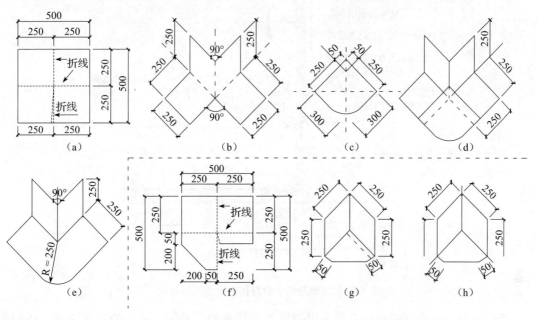

图4-34　阴阳角做法

（a）阳角画线图；（b）阳角折线图；（c）阳角附加图；（d）平面阳角组体图；
（e）阳角成形图；（f）阴角折线图；（g）阴角组体图；（h）阴角成形图

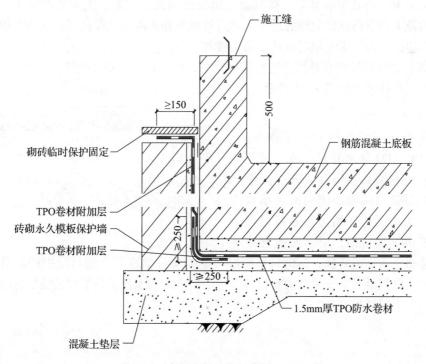

图4-35　底板卷材甩槎示意图（mm）

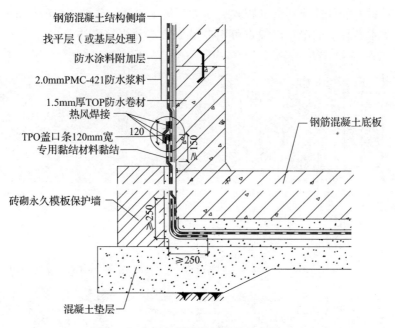

图 4-36　底板与侧墙卷材接槎示意图（mm）

（7）修补防水卷材破损面必须采用同样型号的卷材打补丁。补丁的尺寸应满足破损周边外有大于 60mm 的完整搭接。当某一范围内有多个破损点时视同破损面，应进行大面修补。

（8）修补补丁可裁剪成圆形、椭圆形或边角修圆的长方形、正方形等形状。无论采用何种形状的补丁均不得存在尖锐的边角，然后将修补补丁用热风焊枪焊接或用专用搭接胶带与卷材完全焊接，最后用专用卷材补丁周边接缝。

（9）修补完成后应对修补质量进行仔细检查，确保卷材的修补质量。

卷材破损修补示意如图 4-37 所示。

（五）总结

本项目在地下室底板防水工程中，采用预铺反粘 TPO 防水卷材。施工过程中，将 TPO 卷材直接预铺（空铺）在垫层上，将卷材带自粘胶面朝向底板结构层。卷材施工完成后开始绑扎底板结构钢筋，钢筋绑扎完成后，浇筑底板混凝

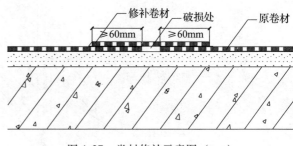

图 4-37　卷材修补示意图（mm）

土前撕掉卷材上表面隔离膜，露出自粘胶层，预铺反粘型的 TPO 卷材层中的高分子自粘胶膜层能够与后浇混凝土形成永久的有机结合，混凝土内的水泥浆与卷材黏结层特殊的高分子自粘胶膜层发生湿固化反应型黏结，永久紧密地结合成一体。

第五章　注浆堵漏施工技术

第一节　概　况

注浆堵漏施工技术应用的十分广泛，在施工防水工程，装配式建筑，地铁、隧道等工程中应用广泛。化学注浆是将一定的化学材料（无机或有机材料）配制成浆液，用化学注浆泵等压送设备将其灌入地层或缝隙内，使其渗透、扩散、胶凝或固化，以增加地层强度、降低地层渗透性、防止地层变形，是进行混凝土建筑物裂缝修补、防水堵漏和混凝土缺陷补强技术。

目前，化学注浆方法很多，其分类没有统一的标准。根据《地下工程防水技术规范》GB 50108 标准的规定和注浆目的分为加固注浆和堵水防渗注浆。注浆方法是按注浆工程的地质条件、浆液扩散能力和渗透能力分为下列几类：（1）充填注浆法；（2）渗透注浆法；（3）压密注浆法；（4）劈裂注浆法；（5）化学注浆法。随着注浆技术在工程应用中的深入，注浆技术的应用范围很广，且其应用范围还在不断扩大，只要涉及到岩土工程和土木工程，都可使用注浆技术。主要的应用范围如下：

（1）矿井、油井开凿中用于井巷、硐室的止水和加固。

（2）大坝、堤防的防渗和基础加固。

（3）地下建筑（构）物、基坑的防水和加固。

（4）隧道开挖中进行止水和加固软弱带。

（5）地面建筑（构）物地基加固和阻止沉降、纠偏。

（6）装配式建筑工程。

（7）核电站、水电站基础加固与防渗。

（8）混凝土和钢筋混凝土补强。

一、水泥注浆施工

水泥注浆施工可用于隧道混凝土衬砌段的注浆，施工时应按先回填注浆后固结注浆的顺序进行。

回填注浆应在衬砌混凝土达到 70% 设计强度后进行。固结注浆宜在该部位的回填注浆结束 7d 后进行。注浆结束时，有往外流浆或往上返浆。

注浆施工时，可安置变形监测装置，进行观测和记录。

二、水玻璃注浆施工

水玻璃注浆应用范围很广泛，有水利水电注浆（大坝廊道帷幕注浆、围堰砂石固结注浆、护坡加固注浆等）、公路隧道注浆（山体隧道基础加固防渗注浆、开挖土壤固结注浆等)、地铁隧道注浆（暗挖隧道土壤固结注浆、隧道帷幕防渗注浆等）。在以上工程中，水玻璃的施工工艺大致相同，只是采用的注浆设备不同、注浆的位置不同、注浆的深度不同、注浆的用途不同、地质情况不同、注浆标准不同。

三、环氧树脂注浆施工

环氧树脂注浆料主要用于环氧树脂裂缝修补施工。混凝土裂缝无处不在，建筑物的破坏也往往从裂缝开始，裂缝的产生不但影响结构安全，有时还严重影响使用功能。鉴于工程中裂缝宽度多为 0.2~1.0mm 之间，因此采用环氧树脂注浆。施工时根据现场裂缝宽度的大小采用不同型号的树脂及配方，使用注浆泵将浆液压入缝隙并使之饱满。

四、聚氨酯灌浆施工

聚氨酯灌浆常用于地下工程防水堵漏维修。

五、化学灌浆的基本施工做法

（1）打孔。埋置注浆针头，打孔深度宜为 100~150mm，打孔间距为 200~300mm。

（2）注浆范围。在渗漏区域向外扩张 500mm 左右。

（3）注浆针头埋置后，缝隙用速凝堵漏材料封堵并流出排气孔。

（4）注浆压力。宽缝宜为 0.2~0.3MPa，窄缝宜为 0.3~0.5MPa。

（5）注浆饱满，由下向上进行。

（6）注浆液完全固化后，对注浆部位进行表面处理，溢出的注浆液应及时清理干净，切除注浆针头并抹平。

第二节 案 例

北京甘露园小区地下防水高层注浆工程[*]

（一）项目概况

干露园地下防水堵漏项目，竣工日期：1993 年 3 月。甘露园位于朝阳区朝阳路南，小区总建筑面积 15000m²，小区绿化用地 4500m²，属于有年份小区。2014 年夏季，因持续降雨，地下建筑出现局部严重渗水。

（二）确定防水堵漏方案

堵漏前进行现场调查，摸清现场施工情况，分析渗漏水的原因，查清漏水部位、裂缝、裂纹或穿孔的宽度、长度、深度和贯穿情况，并了解雨天和晴天的漏水情况，测量漏水的流量与流速等。通过充分调查，正确起草堵漏方案，做好各项准备工作。

1. 确定堵漏材料：油性聚氨酯快速堵漏胶可与水反应，浆液不会被水稀释冲走，这是其他注浆材料所不具备的优点，浆液在压力作用下，灌入混凝土缝隙或孔洞，同时向缝隙周

＊ 撰稿：北京建海中建国际防水材料有限公司　卫向阳

围渗透，继续渗入混凝土缝隙，最终形成网状结构，成为密度小，含水型的弹性体，有良好的适应变型能力，止水性好。

地下防水工程注浆防水应按照国家现行标准《地下工程防水技术规范》（GB 50108）的规定，根据工程地质环境、工程要求、施工机具等编制施工方案，按要求逐步进行注浆防水施工。

2. 注浆孔的设计和布孔：注浆孔的布孔有骑缝和斜孔两种形式，根据实际情况和需要加以选择，必要时两者并用。

（1）注浆孔的设计：注浆孔的位置，应使孔和漏水裂缝空隙相交，并选在漏水量最大处。

（2）布孔原则：注浆孔的位置、间距和数量、钻孔深度，需根据不同漏水情况进行合理安排，并应符合设计要求。

3. 打孔可视施工条件采用手工和机械方法，一般是手工打孔和机械打孔并用。开孔位置最大允许偏差应为 50mm，钻孔深度最大允许偏差为 1%。

4. 检查注浆设备和管路运转情况，检查固结浆嘴的强度，疏通裂缝，进一步设定好注浆参数（如凝胶时间、注浆压力和配浆量等）。

5. 注浆：注浆是整个化学注浆的中心环节，须待一切准备工作完成后进行。注浆前有组织地进行分工，固定岗位，尤其需要由熟练的人员进行操作。

（1）注浆前对整个系统进行全面的检查，在注浆机具运转正常，管路畅通的情况下方可浆。

（2）对于垂直缝一般自下而上注浆，水平缝由一端向另一端或从两头向中间注浆；对集中漏水应先对漏水量最大的孔洞进行注浆。

6. 结束注浆：在压力比较稳定的情况下再继续灌 1～2min 即可结束注浆，拆卸管子准备清洗。

7. 封孔：经检查无漏水现象时，卸下注浆头，用水泥砂浆等材料将孔补平抹光。

（三）施工注意事项

（1）输浆管必须有足够的强度，装拆方便。

（2）所有操作人员必须穿戴必要的劳动保护用品。

（3）注浆时，操作泵的人员应时刻注意浆液的灌入量，同时观察压力变化情况。一般压力突然升高可能是由于浆液凝固、管子堵塞或由于浆液逐渐充填沉降缝，此时立即停止注浆。压力稳定上升，但仍在一定压力之内，此时是正常的。有时出现压力下降情况，这可能是由于孔隙被冲开，浆液大量进入沉降缝深部所致，此时可持续注浆。随着大量浆液进入缝隙，压力会逐渐上升并稳定。压力降低的另一个原因是由于封缝或管道接头漏浆造成的，需及时停止注浆，进行处理。有时由于泵压力增大，将浆液压入沉降缝深处，使大量浆液流失，这时可调节浆液固结时间，使之缩短凝结时间或采用间歇注浆的方法来减少浆液损失。

（4）注浆所用的设备、管子和料桶必须分别标明。

（5）注浆前应准备水泥、水玻璃等快速堵漏材料，以便及时处理漏浆跑浆情况。

（6）每次注浆结束后，必须及时清洗所有设备和管道，注浆结束后应用 1:2 水泥砂浆封闭注浆孔。

（四）注浆施工工艺流程

裂缝处理→埋设注浆嘴→埋设出浆嘴→封缝→密封检查→配置浆液→注浆→封口结束→检查。

（五）施工主要步骤及要求

（1）注浆前裂缝表面处理。清除裂缝表面的灰尘、浮渣及松散层等污物，然后再用毛刷蘸酒精、丙酮等有机溶剂，把裂缝两侧 30～50mm 处擦洗干净并保持干燥。

（2）埋设注浆嘴。在裂缝交叉处、较宽处、端部裂缝贯穿处埋设注浆嘴。埋设间距：短缝为 300～500mm；长缝为 500～800mm。

（3）埋设时，先在注浆嘴的底部抹一层厚约 2mm 的结构胶将注浆嘴的进浆孔骑缝粘贴在预定位置上。

（4）结构胶封缝。沿裂缝（在裂缝两侧 30～50mm）抹一层厚约 1～2mm 的结构胶。抹胶时应防止小孔和气泡，要刮平整，保证封闭可靠。

（5）裂缝封闭后进行压气试漏，检查密封效果。试漏需待结构胶有一定强度后进行。

（6）现场按照不同浆材的配方及配置方法配置注浆料。浆液一次配置数量，需以浆液的凝固时间及进浆速度来确定。

（7）注浆是施工关键工序之一，应确保注浆质量：

①注浆机具、器具及管子在注浆前应进行检查，运行正常方可使用。接通管路，打开所有注浆嘴上的阀门，用压缩空气将孔道及裂缝吹干净。

②根据裂缝区域大小，可采用单孔注浆或分区群孔注浆。在一条裂缝上注浆可由一端到另一端。

③注浆时应待下一个排气嘴出浆时关闭转芯阀，如此顺序进行。化学浆液的注浆压力常用 0.2～0.4MPa。

（8）待缝内浆液达到初凝而不外流时，可拆下注浆嘴，再用"建海中建"牌水不漏封闭。

（9）注浆结束后，应检查注浆质量，发现缺陷及时补救。

第六章　丙烯酸盐注浆液施工技术

第一节　概　况

一、技术简介

丙烯酸盐是一种优良的防渗注浆材料，20世纪40年代产生于美国，最早应用于军事方面的地基加固。以后各国先后研发一系列丙烯酸盐注浆材料。亚洲最早的丙烯酸盐研发和应用始于日本，1954年日本京都大学和九州大学开始研究丙烯酸钙注浆材料，由于材料来源困难，不能大量生产，因此没有得到很好的发展。到20世纪70年代，随着日本丙烯酸酯的大量生产，丙烯酸价格随之下降，丙烯酸盐注浆材料得到了推广使用。1974年日本福冈事件后，各国研究人员开始重视注浆材料的毒性问题，淘汰了有毒的丙烯酰胺类注浆材料，丙烯酸盐注浆材料得到了发展。美国在1980年推出的AC-400浆液替代丙烯酰胺注浆材料，其主剂为丙烯酸盐加入适量交联剂、促进剂、引发剂等构成多组分注浆材料。我国目前通常采用《聚合物乳液建筑防水涂料》（JC/T 864）标准。其产品分类为纯丙烯酸乳液涂料、硅丙乳液涂料和苯丙乳液涂料等产品，是一种耐候性好的防水涂料。

丙烯酸盐注浆材料已经成为一种无毒的环保型材料，应用于国内的水电工程地下防水工程。

二、材料特性

早期丙烯酸盐使用丙烯酸钠、丙烯酸钙单体溶于水的材料作为主剂。现在常用的丙烯酸盐主剂为丙烯酸钙与丙烯酸镁单体的混合物，该混合物溶于水后通过自由基聚合反应形成凝胶体。

在一定浓度下，丙烯酸镁和丙烯酸钙混合物为主剂的溶液是一种无色或浅黄色透明液体，密度为 $1.11g/cm^3$，pH值6.0左右。虽然丙烯酸镁和丙烯酸钙可以直接形成不溶于水的胶凝体聚合物，但是也会加入各种交联剂以提高聚合物的强度。丙烯酸盐属于典型的（自由基聚合反应生成）大分子，因此需配以引发剂和促进剂，固化后可形成不溶于水的弹性凝胶体。丙烯酸盐浆液通过改变外加剂及其加量可以准确地调节其凝胶时间，从而可以控制扩散半径。

丙烯酸盐浆液各组分基本组成见表6-1。丙烯酸盐的分类见表6-2。

表6-1　浆液组成

作用	原材料名称
主剂	丙烯酸镁、丙烯酸钙
交联剂	乙二醇二丙烯酸酯、聚二烯丙基醚等
促进剂	三乙醇胺
溶剂	水
引发剂	过硫酸钠、硫代硫酸钠

表 6-2　丙烯酸盐的分类

以丙烯酸盐种类进行分类	丙烯酸钠注浆材料
	丙烯酸钙注浆材料
	丙烯酸镁注浆材料
	混合浆液注浆材料
固结体的性能指标	Ⅰ型
	Ⅱ型

各种丙烯酸盐的性能差异很大，可以作为细微裂缝、土壤以及各种基础结构的防渗材料。丙烯酸盐主要特点包括：

（1）浆液黏度低，与水接近，渗透性好。

（2）浆液的凝胶时间可以准确地调节，时间在几秒到几个小时之间，在引发剂发生作用后迅速发生反应，具有很强的突变性。

（3）凝胶体不透水、防渗性能优异，渗透系数通常在 10^{-6} cm/s。

（4）凝胶体抗挤出能力强，可承受高水压。

（5）凝胶体有一定的膨胀能力，吸水膨胀率在 30% 以上，特别适用于潮湿裂缝防渗止水。

（6）凝胶体对有机溶剂、弱酸弱碱及微生物腐蚀有一定的抵抗能力。

三、应用原理

丙烯酸盐注浆技术的应用较为广泛，可以单独使用也可以与水泥基注浆材料结合使用。可以应用于以下领域：

（1）矿井、巷道、隧道、涵管止水。

（2）混凝土渗水裂隙的防渗堵漏。

（3）混凝土结构缝止水系统漏水的维修。

（4）坝基岩石裂隙防渗帷幕注浆。

（5）坝基砂砾石孔隙防渗帷幕注浆。

（6）土壤加固。

（7）喷射混凝土施工。

除此以外还可以在建筑领域用于片材防水层的渗漏水修复注浆和地下结构的再造防水层注浆。但是由于其凝胶体强度较低，不宜用于有加固补强需要的工程。采用丙烯酸盐注浆材料把裂缝界面黏合起来。

丙烯酸盐凝胶体在混凝土表面主要存在物理吸附和化学吸附作用。物理吸附的主要形式有毛细管作用、氢键、分子间作用力等。毛细管作用主要发生在浆液未固化前，浆液在毛细管作用下进入混凝土的毛细管道，固化后犹如一条条锚索牢固地嵌入混凝土的内部。丙烯酸盐中含有 $-COOCa$、$-COOMg$、$-OH$、$-H$ 和 H_2O 等较大极性的基团，能与混凝土中的 Ca^{2+}、Si^{4+} 等形成大量氢键以及分子间作用力，这也是丙烯酸盐凝胶体能与混凝土表面牢固黏结的一个重要原因。化学吸附主要是因为丙烯酸钙、丙烯酸镁等与混凝土裂缝表面的 Ca^{2+} 发生络合，牢固地黏附在混凝土表面。图 6-1 为丙烯酸盐凝胶体与混凝土黏结情况。

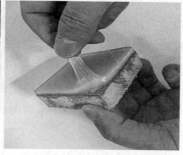

图6-1　丙烯酸盐凝胶体与混凝土黏结情况

　　丙烯酸盐注浆材料的堵水防渗机理符合胀塞机理，因为其凝胶体能够在浸水的环境下膨胀。另外，丙烯酸盐浆液在干湿循环的环境中仍然能够牢固黏附在混凝土表面，不会因失水收缩而脱离混凝土裂缝面。当地下水位上升时，丙烯酸盐凝胶体在地下室浸泡下会重新膨胀，使裂缝在干缩循环后仍然不会渗漏，起到长期堵水的效果。图6-2为丙烯酸盐注浆效果与干缩示意图。

图6-2　丙烯酸盐注浆效果与干缩示意图

　　在建筑工程中应用部位及做法如表6-3所示。

表6-3　丙烯酸盐注浆材料在建筑工程中的应用

技术措施	裂缝及施工缝	变形缝	大面积渗漏	管道根部
钻孔注浆	宜用	宜用	可用	宜用
埋管注浆	不宜	可用	不宜	可用

第二节　工程案例

一、丙烯酸盐注浆材料防水施工技术——三峡二期工程[*]

（一）工程概述

　　长江三峡工程最大坝高181m，坝轴线总长2309.47m，总库容393亿m³。大坝上、下游

---

　　[*]　撰稿：东方雨虹防水技术股份有限公司

水深随部位不同分别达 130～171m 和 20～70m。基础为前震旦纪闪云斜长花岗岩，建筑物坐落在弱风化带下部或微风化带顶板上。为了降低坝底的扬压力，减少渗流量，增加基岩构造结构面内软弱充填物的稳定性，必须做好防渗帷幕注浆。早在 20 世纪 50 年代末期到 60 年代初期，针对弱微风化带、断层破碎带，先后在坝址的中堡岛、方坪，进行过三组注浆试验，结果表明，破碎带中的角砾岩角和微风化带，因岩性致密，裂隙细微，普通水泥注浆难以灌入。因此，本工程采用丙烯酸盐注浆堵漏技术。

（二）应用范围

1. 帷幕检查孔达不到防渗标准的部位

根据国务院三峡枢纽工程质量检查专家组对大坝帷幕注浆提出的处理意见，本工程设计布置了 384 个丙烯酸盐注浆孔。类似的还有永久船闸右侧中间山体段，上部是混凝土防渗墙，深入弱风化岩 1m，墙下接湿磨细水泥注浆帷幕。施工完成后，又经加密孔距。经检查发现孔压水的渗透率仍大于设计允许值。于是又布置了 69 个孔，420m 的丙烯酸盐注浆。永久船闸右侧 4 坝段为建基面至高程 170m 的风化带，岩体透水性强，可灌性差，湿磨细水泥注浆时，有 42.3% 的孔段吸水不吸浆，虽经多次水泥固结注浆处理，灌后检查效果仍不理想。于是布置了 10 个孔进行丙烯酸盐注浆法施工。

2. 透水率较大吸浆量较小的孔口段

对透水率较大吸浆量较小的孔口段，共布了 230 个孔，每孔的注浆工程量为"建基面"以下 5m，合计长为 1150m 浅层丙烯酸盐注浆帷幕。

3. 幕后扬压力偏高的部位

上游基坑进水后，幕后扬压力的观测资料显示，大坝泄洪 17、18 坝段基础主防渗帷幕后扬压力偏高，扬压力观测孔孔内录相显示，基础浅层岩体内尚有部分微细裂隙未封闭。针对上述情况，设计在泄洪 16～19 坝段布设了 62 个丙烯酸盐注浆孔，孔距 1～2m 不等，孔深深入基岩 5m。

4. 排水孔排水量大的部位

三期碾压混凝土围堰 11 堰块基础处于深槽部位，为多条断层及顺河向岩脉交汇带，在蓄水前的湿磨细水泥防渗帷幕注浆施工时，孔口段存在透水率大、吸浆量小的情况。在蓄水过程中，随上游水位上升，排水孔排水量增大，该堰块 6 个排水孔在 135m 水位时，总排水量达 346.4L/min。为了运行安全，在该堰块布了 15 个丙烯酸盐注浆孔，单排孔距 2m，孔深深入基岩，透水率≤1Lu 处。

（三）主要施工参数的控制

1. 浆液浓度

丙烯酸盐浆液的浓度以质量百分数表示。丙烯酸盐在浆液中的浓度，一般用 10%；当灌注细微裂隙时，丙烯酸盐的浓度用 12%；当灌注有涌水的孔段时，丙烯酸盐的浓度用 15%；当灌注的孔段有涌水、压水时，压入流量 $Q > 10L/min$，丙烯酸盐的浓度用 20%。

2. 浆液凝胶时间的控制

丙烯酸盐浆液通过改变外加剂及其加量可以准确地控制其凝胶时间，从而可以控制扩散半径。根据过去的经验和三峡工程的实践情况，按注浆孔段压水时的压入流量 Q 值来控制浆液的凝胶时间。

（1）单液注浆

当 $Q \leq 5L/min$ 时，凝胶时间采用 $50 \sim 60min$；

当 $5L/min \leq Q \leq 10L/min$ 时，凝胶时间采用 $40 \sim 50min$；

当 $Q > 10L/min$ 时，凝胶时间采用 $30 \sim 40min$。

第一批混合的浆量以满足管路和孔段占浆量再加开始 $10min$ 的吸浆量为限，以后每批混合浆量以满足 $10min$ 的吸浆量为限。

（2）双液注浆

当 $Q \leq 5L/min$ 时，凝胶时间采用 $35 \sim 45min$；

当 $5L/min \leq Q \leq 10L/min$ 时，凝胶时间采用 $25 \sim 35min$；

当 $Q > 10L/min$ 时，凝胶时间采用 $15 \sim 25min$。

（四）结论

应用引力场理论和拮抗作用研制的丙烯酸盐注浆材料是无毒或微毒的注浆材料，不含颗粒成分的低分子溶液。它具有黏度低、可以灌入细微裂隙、胶凝时间可以准确控制、凝胶的渗透系数低、抗挤出能力强等优点。应用于三峡工程基础全强风化带、弱风化带、基岩中的断层破碎带和微细裂隙的防渗注浆，均取了满意的效果。

二、丙烯酸盐注浆材料防水施工技术——江西万安水电站工程*

（一）工程概况

万安水电站位于江西赣江中游，万安县城上游 2km。工程开发任务为发电、防洪、航运、灌溉、水库养殖等。工程主要建筑物由电站厂房、泄洪建筑物、非溢流坝、船闸、土坝和灌溉渠组成。控制流域面积 $36900km^2$，总库容 $22.16 \times 10^8 m^3$，坝顶高程 104m，正常高水位 100m，坝顶全长 1140m，最大坝高 68.1m，电站装机 500MW，年发电量 $15.16 \times 10^8 kW \cdot h$。各混凝土建筑物建基岩石属侏罗系中上统罗坳群，以细、中粒砂岩为主，夹粉砂岩和砂质页岩，岩相变化较大。岩层走向北东 $40° \sim 70°$，倾向 NW，倾角 $10° \sim 35°$。受华夏式构造体系控制，断裂和夹层发育。岩石风化往往沿较大断层和断层交汇带、裂隙密集带风化加深，形成囊状或槽状。顶板埋深，一般在建基面以下 $20 \sim 40m$，局部 $50 \sim 60m$。

基础防渗处理设计采用垂直式防渗注浆帷幕。处理的主要对象是断裂构造、夹层、裂隙密集带、左岸和左河床深风化槽。

水泥是水工建筑物岩基防渗注浆的主要材料，但当基岩存在细微裂隙和断层的构造岩及断层影响的裂隙密集带等地质缺陷时，水泥注浆的防渗效果一般很差。工程实践证明，丙烯酸盐注浆材料具有与丙烯酰胺化学注浆材料相似的物理力学性能和高穿透性，而其毒性却比丙烯酰胺低得多，为此确定进行丙烯酸盐注浆材料的研制和现场注浆试验。

（二）浆液的基本组成

浆液由丙烯酸盐和少许交联剂乙二醇二丙烯酸酯、聚二烯丙基醚、促进剂三乙醇胺、引发剂过硫酸胺及溶剂水组成。其中丙烯酸盐的浓度可根据需要选择。一般可用 10%，对细微裂缝或有涌水现象的部位，可选用 12% 或 15%。

---

* 撰稿：东方雨虹防水技术股份有限公司

（三）浆液的主要性质

外观：淡兰色溶液。

重度：$1.05 \sim 1.08 \mathrm{N/m^3}$。

黏度：$0.0015 \sim 0.0028 \mathrm{Pa \cdot s}$。

pH 值：$7 \sim 8$。

凝胶时间：可以控制。

常温下凝胶时间约 $3 \sim 5\mathrm{min}$。可选用硫代硫酸钠或硫酸亚铁作促进剂，缩短凝胶时间。添加铁氰化钾，延长凝胶时间。

（四）丙烯酸盐注浆材料施工

现场注浆试验选定在泄水建筑物底孔坝段沿设计防渗帷幕轴线进行生产性试验。试区坝基基岩属微风化，基岩中、上部出露有规模较大、性状较差的正平移断层 F_{33}，及派生的 F_3 断层，下部出露 F_2 正平移断层。断层影响带裂隙密集细微，F_{33} 和 F_3 交汇区形成裂隙密集带。建基面表层岩层受开挖爆破影响，产生有爆破裂隙。基岩透水性较弱，而沿断层裂隙密集带透水性较强。

注浆试验布置一组 5 孔，作为主排帷幕注浆孔，孔距 2m，孔向垂直。注浆施工采用自上而下分序加密孔内循环方式。注浆段长，接触段为 2m，以下各段一般为 5m，注浆压力，接触段采用 0.8MPa，以下各段每增加 1.0m 压力增加 0.04MPa，孔深以达到基岩单位吸水量 $\omega \leqslant 0.01\mathrm{L/(min \cdot m \cdot m)}$ 和不小于 22m（1/3 坝高）控制。检查以钻孔取芯压水检查为主，结合注浆情况综合分析。

注浆中为减少丙烯酸盐浆材用量，降低成本，当孔段压水漏量较大时，先灌纯水泥浆，再灌丙烯酸盐浆材。丙烯酸盐注浆采用填压式单液法灌注，凝胶时间视压水漏量选定，当 $Q \leqslant 2.5\mathrm{L/min}$ 为 $50 \sim 60\mathrm{min}$，$2.5\mathrm{L/min} < Q \leqslant 5\mathrm{L/min}$ 为 $50 \sim 40\mathrm{min}$，$5\mathrm{L/min} < Q \leqslant 10\mathrm{L/min}$ 为 $30 \sim 40\mathrm{min}$。

注浆试验结果见表 6-4。

表 6-4 注浆试验结果表

序号	孔数（个）	段数（段）	注浆进尺（m）	单位吸水量 L/(min·m·m)	丙烯酸盐		水泥	
					灌入量（L）	单耗（L/m）	灌入量（kg）	单耗（kg/m）
1	2	10	44.2	0.0198	679.5	15.4	262.71	12
2	1	5	23.5	0.0144	999.0	42.5	—	—
3	2	10	47.1	0.008	1363.0	28.9	—	—
合计	5	25	114.8	—	3041.5	86.8	262.71	12
检查	2	10	39.3	0.007	222.0	5.6	40.0	8.0
补检	2	4	40.0	0.005	21.3	1.5	—	—
合计	4	14	73.3	—	243.3	7.1	—	—

现场注浆试验结果表明：

（1）试验区基岩透水性和注浆单耗基本上与地质条件相吻合，断层构造影响带和建基面表层单位吸水量较大，注浆单耗亦较大。

（2）单位吸水量和注浆单耗基本符合分序递减规律。1序孔单耗与单位吸水量不相适应，且比2、3序孔单耗小，主要是有5段先灌水泥浆，其中尚有1段未灌丙烯酸盐浆，因而单耗偏小。

（3）3序孔基岩单位吸水量比相邻1序孔小，究其原因，可能是因1序孔的两段是先灌水泥浆再灌丙烯酸盐浆液，由于先灌入水泥浆，妨碍了丙烯酸盐浆液的行浆范围，因而使该3序孔灌注丙烯酸盐浆液时单耗比1序孔大。

（4）注浆结束后，质量检查，除检段单位吸水量 $\omega = 0.033\mathrm{L}/(\min \cdot \mathrm{m} \cdot \mathrm{m})$ 不合格外，其余孔段均达到设计防渗标准。该段补灌后，重补检查均达到防渗标准。

（5）注浆试验完成后，在试验区段进行了前排帷幕注浆孔的施工，结果前排孔注浆前所有孔段基岩单位吸水量均小于 $0.01\mathrm{L}/(\min \cdot \mathrm{m} \cdot \mathrm{m})$，且90%以上小于 $0.005\mathrm{L}/(\min \cdot \mathrm{m} \cdot \mathrm{m})$，达到设计防渗标准。

综上所述，证明丙烯酸盐注浆的效果是良好的，能达到较高的抗渗标准，现场试验是成功的。

（五）结论

丙烯酸盐注浆材料经室内性能试验和现场注浆试验及应用，近三年来又经过几个工程的防渗堵漏应用，证明该材料具有不含颗粒成分，黏度低，凝胶时间可以控制，穿透性高，凝胶抗挤出能力强等性能，与丙烯酰胺性能基本类似，但其毒性却低得多（凝胶实际无毒），能达到较高的抗渗标准和堵漏作用。效果良好，是一种较好的防渗、堵水注浆材料。

三、高分子益胶泥施工技术——长春中铁国际花园二期地下车库漏水维修工程[*]

金鼎万丙烯酸盐注浆材料单体为固体材料，在应用过程中向单体中加入促进剂、引发剂、水或改进剂以及交联剂形成双组分液体，并通过这种材料实现对渗水部位的有效封堵。在产品的研发和生产过程中，凝胶时间、抗挤出破坏比等参数满足 JC/T 2037—2010 标准，在当前的土建工程中，这种材料已经获得了极其广泛的应用。

（1）性能优越、防水、抗渗效果好。产品无毒、无污染、不燃；施工方便快捷，不受潮湿或干燥的基质影响，操作时不掉灰，和易性好；能与水泥、混凝土基面形成渗透性完全融合的防水层，达到永久性防水效果。

（2）黏结力强，能够形成坚固饱满、遇水微膨胀、密实均匀、抗裂、抗冻融、抗老化的防水层，整体封闭渗水通道，避免空鼓产生，解决了普通水泥砂浆抹面不防水等问题，克服抹灰砂浆黏结不牢、开裂、剥落等弊病。

（3）高分子益胶泥黏结力大、抗渗性好、耐水、抗裂；施工适应性好，施工操作无需界面处理，防水、找平、加固三合一；能在立面和潮湿基面上进行操作。

（一）工程概况

在长春中铁国际花园二期地下车库运行过程中，出现漏水，漏水问题表现为两个方面，其一为一层楼根部漏水，这种漏水现象的形成原因为地下室外墙高度不够，卷材与墙体分

* 撰稿：北京建琳杰工贸发展有限公司　王春华　李文勇　孙宇

离，最终让水灌入地下室；其二为地下室混凝土产生裂缝，地下室墙体通过裂缝产生渗水现象。针对这两种渗水现象需要采用不同的处理方式，最终确定：对于一层楼根部漏水，应用高分子益胶泥进行封堵，地下室墙体裂缝采用丙烯酸盐封堵。由于该公司产品已经通过了国家规定的相关检测标准，并且经过检测后确定该产品各项性质能够满足规定中涉及的要求，所以最终确定应用该公司产品进行问题处理，并且在施工过程完成后，对施工地点进行了后续跟踪检测，最终发现该产品实现了对渗水点的有效封堵，解决了地下车库中的漏水问题。

（二）施工方案

在施工时，需要按照该材料的特性确定施工方案，施工方案中涉及的因素包括以下方面：（1）施工方法。施工方法是指在施工过程中需要进行的辅助设施建设，由于丙烯酸盐在使用过程中是通过向钻探的孔中灌入浆液进行渗水封堵，所以在施工方案的设计中主要设计内容为钻孔部分的各项参数和注浆方式，另外在一些渗水区域，由于区域中存在缝隙，只封堵一个出水点显然不能满足封堵要求，所以在施工方案确定过程中，需要考虑将水压入钻孔中，确定渗水点中是否含有能够让水通过的裂缝，而对于一层楼根部的漏水处理方式，需要应用高分子益胶泥进行封堵。在施工过程中需要保证施工界面的洁净性，提升施工质量。（2）注浆过程。在施工方案中，其一为确定灌注泵，应用手压泵或电动泵进行注浆。其二为确定灌注压力，基础压力为 0.2~0.6MPa，需要根据渗水点周边的裂缝情况适当增加灌注压力。（3）漏浆问题处理。在地下室墙面涉水的封堵施工中，会由于一些原因产生漏浆现象，当发生这种现象时，需要立即停止后续施工过程，并封存漏点，在处理完漏点问题后进行后续灌注。

（三）材料和施工设备

1. 材料

益胶泥产品分为 PA-A 型、PA-B 型、PA-L 型。

PA-C 型益胶泥技术指标见表 6-5。

表 6-5 PA-C 型益胶泥技术指标

项目			指标
抗压强度（3d）MPa			≥10.0
抗渗性（涂层厚 3mm，7d，MPa）			≥1.2
凝结时间初凝（min）	初凝	≥	240
	终凝	≥	600
黏结强度（7d，MPa）			≥1.6
抗折强度（7d，MPa）			≥3.0
耐水性（%）			≥80
耐碱性（10%，NaOH 溶液浸泡 48h）			无变化

工程使用的是高分子益胶泥，在使用前，需要对该材料进行充分搅拌，所以在施工现场需要有相应的搅拌设备，从而保证浆体的黏结性与均匀性。这种丙烯酸盐材料，分为 A、B 两种材料，通过两种材料的化学反应实现对渗水点的有效封堵，施工现场需要具备以下施工设备。

2. 钻孔设备

对于车库墙体渗水维修来说，需要在渗水点上进行钻孔，在钻孔后进行注浆操作，从而让丙烯酸盐能够发挥应有的封堵作用，所以在施工现场中，需要有相应的钻孔设备。钻孔设备中重要配件为钻头，钻头型号的选择需要根据渗水量等参数进行合理选择，保证孔洞的直径能够满足渗水点的封堵要求。需要注意的是，在渗水点上进行钻孔操作后，需要向该孔洞进行注水操作，探究渗水部分的内部裂缝情况，当渗水区域的裂缝较多时，只进行一个部位的封堵显然无法达到应有的封堵效果，需要按照实际情况确定是否需要进行多次钻孔。

3. 测量设备

在渗水点的封堵过程中，为了保证钻孔质量，需要严格保证孔洞的各参数与设计要求相符，所以在该过程中，应通过相应的测量设备验证孔洞质量，测量设备有两种，一种为孔洞直径测量设备，当发现孔洞直径低于设计值时，需要扩大孔洞直径，提升封堵效果。另一种测量设备为孔洞的深度探测设备，在当前的施工过程中，可以通过标准长度铁柱等测量设施进行孔洞深度的测量。通常情况下，在钻孔过程中会留有一定的孔洞深度余量，当通过测量发现孔洞深度不能满足设计要求时，需要对该孔洞进行进一步的钻探，以增加孔洞深度。

4. 注浆设备

注浆是丙烯酸盐施工的最主要过程，在该过程中主要涉及注浆设备的应用。由于丙烯酸盐应用过程中需要同时注入两种材料，所以注浆设备为双管注浆机。在注浆过程中，需要将注浆压强设置为 $0.2 \sim 0.6MPa$，根据丙烯酸盐的材料特性和实际封堵效果合理确定灌注压力。另外对于渗水点来说，当该区域中含有丰富的裂隙时，需要在初始压力的基础上提高注浆压力，注浆压力确定和设计过程的核心思想是保证丙烯酸盐能够被压入渗水点附近的全部裂隙中，实现对渗水点周边区域的全面封堵。

5. 清洁设备

在该渗水封堵过程中，需要应用两种封堵材料，为了保证封堵效果，在施工过程中需要保证施工表面的清洁性。对于高分子益胶泥的施工过程来说，清洁设备需要能够对施工面的油渍、泥渍等污染物进行清洁，所以可采用砂纸等材料进行污渍清除。对于丙烯酸盐施工过程，清洁设备能够对孔洞的内部进行清洁，可以采用灌注的方式冲出孔洞中的粉尘。另外对于孔洞清洁来说，为了提高丙烯酸盐的封堵质量，在施工过程中需要保证孔洞内部的干燥，这就要求施工人员采取合理措施清除孔洞中含有的水分，最大程度提升施工质量。

（四）施工过程

在地下车库墙体渗水封堵施工中，施工流程为钻孔→渗水区域检测→孔洞清洁→注浆→养护。对于钻孔过程来说，需要严格按照相应的设计要求进行施工，在保证钻孔质量的同时，也让孔洞的各类参数都能达到相应的封堵要求。孔洞清洁过程涉及两个方面，其一为孔洞内部的杂质清洁，防止过多的杂质降低丙烯酸盐的应用质量，其二为保持孔洞内环境的干燥，要采取相应措施导出孔洞中的水分，并使施工面保持干燥，在此基础上进行注浆作业。注浆过程主要涉及内容为灌注泵操作，要保证泵体操作人员具有相应的从业资质，从而提升注浆质量。另外，需要根据施工现场的实际情况确定灌注压力，提升封堵的有效性。由于在施工中丙烯酸盐无法立即干燥，所以需要对施工区域进行养护，养护内容为保证施工区域的干燥，并由专业人员对浆体的凝固情况进行观察和测量，保证丙烯酸盐能够发挥应有的封堵作用，当发现浆体表面出现凹陷时，要对该区域进行喷涂，保证封堵平面的平整性。

在一层楼根部的漏水封堵作业中，高分子益胶泥喷涂前需要采取合理措施清除施工表面的污渍，主要清除内容为油渍、泥土等。在清洁完成后，向施工面喷涂高分子益胶泥，喷涂过程需要控制材料厚度，喷涂厚度为 2.5mm 左右，喷涂量为 18kg/min。在喷涂完成后，需要对施工面进行养护，初次喷涂 2~3h 后，对施工面的平整情况进行观察，当发现出现凹陷时，向凹陷部位进一步喷涂高分子益胶泥，从而提升封堵效果。

（五）施工过程注意事项

在进行渗水点封堵时，施工人员需要对各类注意事项有深入了解，避免施工质量不能满足相关要求。对于丙烯酸盐来说，注意事项包括以下方面：（1）灌注要求。在灌注过程中，需要保证 A、B 两种材料能够同时灌注，让丙烯酸盐能够充分发生化学反应，发挥应有封堵功能。（2）存储要求。由于丙烯酸盐有很强的吸水性，所以在存储过程中需要保持环境干燥，并且保证存储环境通风良好。在正确的存储环境中，材料的保质期为 12 个月，所以对于施工企业来说，需要在施工过程中进行材料购买。（3）防护要求。虽然丙烯酸盐无毒，但是在施工过程中也需要做好相应的防护措施，并且不可接触身体的裸露部位，当接触裸露部位时应立即用清水清洗，同时在施工过程中要保证通风良好。

高分子益胶泥施工过程中的注意事项：施工面的清洁，终凝找平和养护，施工过程人员防护，需要按照相关标准进行施工。

（六）结论

综上所述，在长春中铁国际花园二期地下车库运行过程中，为了降低渗水对整体结构的负面影响，最终委托北京建琳杰工贸发展有限公司进行渗水点封堵，该公司最终确定使用本企业生产的高分子益胶泥和丙烯酸盐进行渗水点封堵。在施工过程中，涵盖钻孔过程、清洁过程、注浆过程和封堵过程。在按照专业标准施工后，实现了对渗水点的有效封堵。

第七章 装配式建筑工程防水密封应用技术

第一节 概 况

装配式建筑有三类，混凝土结构、钢结构和木结构。其标准为《装配式混凝土建筑技术标准》（GB/T 51231—2016），《装配式钢结构建筑技术标准》（GB/T 51232—2016），《装配式木结构建筑技术标准》（GB/T 51233—2016），装配式建筑是以混凝土装配式剪力墙结构为主，该结构分为：

（1）高层装配式剪力墙结构。该结构是部分或全部剪力墙采用预制构件。预制剪力墙之间的竖向接缝，预制剪力墙水平接缝采用套筒注浆，其他构件、叠合楼板、预制的阳台板、内墙板等的密封防水处理是保证建筑质量的关键。

（2）多层装配式剪力墙结构。该结构与高层装配式剪力墙结构相比，结构设计计算稍有不同，但各预制构件连接与边缝处理都是一样的。

总之，装配式建筑各个预制件之间的防水密封直接关系到建筑安全、耐久和使用。

（一）装配式建筑防水的特点

对于装配式建筑的防水来说，除包括常规的地下室、屋面、室内防水部位外，还涉及到外墙防水。外墙预制板之间的接缝需要进行特殊的防水处理，以保证建筑物外墙的热工性能、密闭性能、防水性能。

装配式建筑围护体系在满足使用功能上起到重要作用，外部构件间拼接缝的密封防水处理措施尤为重要。容易出现的问题有：接缝开裂、渗漏严重密封、建筑物抗震、冷热桥、隔声效果差等。解决渗漏性能常常采用传统硅酮密封胶或聚氨酯密封胶等。它们虽然满足建筑的密封性、耐候性等特点，但聚氨酯密封胶的应力缓和性较差，硅酮密封胶中的硅油不断地渗出，污染接触面的构件，从而影响建筑物的美观。密封胶的特点如表7-1所示。

表 7-1 密封胶的特点

防水材料	防水做法	特点
密封胶	硅酮和改性硅酮建筑密封胶（GB/T 14683）	耐候性好，黏结力强，弹性好
	聚氨酯建筑密封胶（JC/T 482）	防水，黏结力强，耐腐蚀
	建筑用硅酮结构密封胶（GB/T 16776）	耐候性好，黏结力强，寿命长，耐热
	聚硫建筑密封胶（JC/T 483）	无毒，耐腐蚀，防水

（二）装配式建筑防水密封选材

（1）装配式建筑地下室防水，应按国家现行标准《地下工程防水技术规范》（GB 50108）

进行选材、方案设计、施工。目前，常见的防水材料有 SBS 改性沥青防水卷材、自粘聚合物改性沥青防水卷材、高分子防水卷材、聚氨酯防水涂料和非固化橡胶沥青防水涂料等。根据建筑的基础情况、地域情况、工程部位等可以选择不同的材料和施工工法。施工工法有空铺法施工、满粘法施工、预铺反粘法施工及湿铺法施工。合理的防水材料配以正确的施工工法，可将渗漏的隐患降到最低。

（2）屋面防水中令所有人头疼的事情便是窜水问题，因为屋面的结构板比较薄，一旦防水层失效，结构就会出现渗漏水，而屋面的保温层或防水材料与基层不满粘均会为窜水留下隐患，渗漏水无法找到根源，从而无法解决渗漏。保温层是屋面无法取消的构造层次，所以要想解决渗漏水问题就要在防水材料及防水施工上进行优化选择。

（3）室内的防水主要涉及到的部位有卫生间、阳台、厨房、洗衣房等，这些部位因为空间狭小，细部节点处理较多，施工较为困难，所以选材较为单一。在室内防水材料选材时主要以防水涂料为主，如聚氨酯防水涂料、JS 聚合物水泥防水涂料等。

（4）装配式建筑除地下室、屋面、室内等部位需要做防水外，在外墙的拼缝部位也需要防水处理，以保证建筑物外墙的热工性能、密闭性能、防水性能等。在装配式建筑外墙接缝中常用的防水密封材料有聚氨酯类、硅酮类以及改性硅酮类。

（三）装配式建筑外墙防水设计要点

目前，普遍采用的预制外墙板接缝防水形式主要有以下几种：

（1）内浇外挂的预制外墙板（即 PCF 板）主要采用外侧排水空腔及打胶，内侧依赖现浇混凝土自防水的接缝防水形式。这种外墙板接缝防水形式是目前运用最多的一种形式，它的好处是比较简易、施工速度快，缺点是防水质量难以控制，空腔堵塞情况时有发生，一旦内侧混凝土发生开裂直接导致墙板防水失效。

（2）外挂式预制外墙板采用的封闭式防水形式。这种墙板防水形式主要有三道防水措施，最外侧采用高弹力的耐候防水胶，中间部分为物理空腔形成的减压空间，内侧使用预嵌在混凝土中的防水橡胶条上下互相压紧来起到防水作用，墙面之间的十字接头处，在橡胶止水带之外再增加一道聚氨酯涂料或无胎自粘防水卷材，其主要作用是利用材料的良好的弹性封堵橡胶止水带相互错动可能产生的细微缝隙。对于防水要求特别高的房间或建筑，可以在橡胶止水带内侧再施以聚氨酯防水或无胎自粘防水卷材防水，以增强防水的可靠性。每隔三层左右的距离在外墙防水胶上设一处排水管，可有效地将渗入减压空间的雨水引导到室外。采用此内外三道防水，疏堵相结合，其防水构造是非常完善的，因此防水效果也非常好。

（四）装配式建筑对外墙建筑密封胶性能要求

装配式建筑对外墙建筑密封胶的性能要求有黏结性，气密性、水密性，力学性能，耐久性、耐候性，抗疲劳性、蠕变性。

其他性能包括防霉、耐水、阻燃、防污染性、易涂装、可维修、与建筑材料相容等。

（五）装配式建筑改性硅酮密封胶

1. 适用部位

主要用于装配式建筑中混凝土预制板的板间接缝、装配式板与窗框接缝等。

2. 特点

（1）水密性、气密性好：满足工程需要，对接缝处位移具有追随性。

（2）稳定性好：具有优异的耐候性、耐热性、耐寒性、动态耐久性。

（3）黏度低：可操作时间长，具有良好的高低温施工性能，早期强度高，易于施工与修饰。

（4）黏结性好：配合专用底涂，可与多种基材实现可靠黏结。

（5）涂装性好：对基材无污染，可在表面涂刷多种涂料。

3. 施工应用

（1）基层处理：施工表面应干净、坚硬、干燥，无油脂及表面脏污。

（2）填塞背衬材料：在施胶部位的两侧贴上美纹纸，同时填塞聚乙烯泡沫棒。

（3）涂刷底涂：在基层上涂刷专用底涂，以能盖住基层为准，待底涂表干后即可施胶。

（4）配胶：按照包装桶上的配制比例，将主剂、固化剂采用专用混合设备搅拌15min至混合均匀。若有颜色需求，可在混合过程中加入色浆组分。

（5）施胶填嵌：将配制好的密封胶吸入胶枪内，在施工缝中进行施胶工作。胶体要高于基材表面，以便后期修饰。

（6）修饰收尾：用铲刀沿着一个方向按压胶体排除气泡，多余的胶回收使用，胶面修成平面或微凹的弧面。修饰后撕下美纹纸。

改性硅酮密封胶质量检验要求见表7-2。

表 7-2　硅酮和改性硅酮建筑密封胶（GB/T 14683）质量检验要求

序号	检验项目		标准要求
1	外观		细腻、均匀膏状物或黏稠体，不应有气泡、结块、结皮或凝胶，无不易分散的析出物
2	下垂度（N型）	垂直	≤3mm
		水平	无变形
3	表干时间（h）		≤3
4	挤出性（mL/min）		≥80
5	弹性恢复率（%）		≥80
6	拉伸膜量	+23℃（MPa）	>0.4 或 >0.6
		−20℃（MPa）	
7	定伸黏结性		无破坏
8	冷拉-热压后黏结性		无破坏
9	浸水后定伸黏结性		无破坏
10	质量损失率		≤10%

（六）施工中应注意事项

（1）基层清理应干净，无浮浆、浮灰，去除油渍需使用溶剂的抹布进行清扫；含水率9%左右，基材的表面发白；应进行简易黏结试验。

（2）PE泡沫棒填充应松紧适度（宽度较缝宽20%）、胶缝深度满足设计要求。

（3）美纹纸粘贴尽量减少搭接，一次到位，减少污染机会。

（4）必须采用配套专用底涂，涂刷应均匀、到位，无漏涂，用量根据基面材质确定；确认有效性（无白色浑浊、沉淀及固化），由于挥发较快，应采用小杯分装；开封后不使用时必须进行密封；底涂的干燥必须进行30min以上，当天不能打胶部位，需再次清扫、刷底涂；底涂属于易燃易爆危险品，应设专人负责，注意运输、保存和使用的安全风险。

（5）密封胶应混合、搅拌均匀，采用专用搅拌器搅拌15min，颜色均匀一致，无条纹状色差，固化剂应挤出完全；混合时应避免水分混入及阳光直射（缩短有效使用时间），现场应回收干净的、未经污染的余料；注意搅拌均匀的胶料放置的时间为4h，应尽快用完。

（6）打胶施工应根据缝宽裁取合适的胶嘴宽度和角度，吸胶时，枪嘴应低于胶面，不宜吸入空气；对T字接缝、十字接缝、转角接缝应按照打胶先后搭接顺序施工，并应在平直段进行搭接；胶量应适当富余，做到饱满无气泡，不宜后补；打胶速度应适中，不宜过快或过慢，且不得跳打。

（7）压胶、修饰采用现场裁制的泡沫刮板，分正反两次压胶，尽量一次成活，减少二次污染。

（8）撕除美纹纸应缓慢加小心，防止污染；胶桶、美纹纸应集中回收处理；工具、器具应在每日收工后清洗干净。

（9）施工作业环境条件：结构变形基本稳定，无大振动、撞击；雨雪天不得施工，已施工部分应加强防护；不宜在气温低于5℃或者预计施工后降温到5℃以下的情况下施工。

（10）项目管理人员需每日检查、测量并确认接缝厚度、宽度、完工量以及养护后固化状态、黏结性，做好施工记录，核算人机料用量、作业面、施工进度，做好合理施工安排。

（11）严格按操作工艺施工，以免造成黏结失效。

（12）使用前应保证密封胶在保质期内，胶嘴割开后在30min内使用完；若胶嘴出口胶体变硬，清理掉固化的胶后可继续使用剩余密封胶。

（13）固化前的密封胶应避免与眼睛、皮肤接触。如与皮肤接触，先用肥皂水或酒精擦洗，然后用清水冲洗；如与眼睛接触，先用大量清水冲洗，必要时应就医处理。

（14）通风不够、低温、低湿的环境会减慢固化速度。

（15）不要将未固化的密封胶、基层处理剂弃入下水道、水或土壤中。

（16）在已施工过的硅酮胶基材表面不宜施胶。

（17）特殊石材使用前应咨询当地经销商或技术服务部门。

（18）墙板接缝防水施工时严格按工艺流程操作，做好每道工序的质量检查。墙板接缝外侧打胶要严格按照设计流程来进行，基底层和预留空腔内必须使用高压空气清理干净。打胶前背衬深度要认真检查，打胶厚度必须符合设计要求，打胶部位的墙板要用底涂处理来增强胶与混凝土墙板之间的黏结力，打胶中断时要留好施工缝，施工缝内高外低，互相搭接不能少于50mm。

（19）施工完毕后进行防水效果试验，妥善有效处理渗漏问题。墙板防水施工完毕后应及时进行淋水试验以检验防水的有效性，淋水的重点是墙板十字接缝处、预制墙板与现浇结构连接处以及窗框部位，淋水时宜使用消防水龙带对试验部位进行喷淋，外部检查打胶部位是否有脱胶现象，排水管是否排水顺畅，内侧仔细观察是否有水印、水迹。发现有局部渗漏部位必须认真做好记录，查找原因及时处理。

第二节　施工案例

一、YS-202改性硅酮密封胶的施工——津辰双青地块（荣悦园）限价商品房项目[*]

（一）工程概况

津辰双青地块（荣悦园）限价商品房项目工程概况：津辰双青（挂）2011-139号地块（荣悦园）限价商品房项目，立项总投资90600万元。立项总建筑面积159185.7m²，地上建筑面积129185.7m²，地下建筑面积30000m²。

工程部位：8号楼外檐施工缝。

本工程针对外檐施工缝的节点采取密封处理，做法如下：

采用"东方雨虹"YS-202改性硅酮密封胶，对外檐施工缝进行施工。水平缝、垂直缝节点做法如图7-1、图7-2所示。

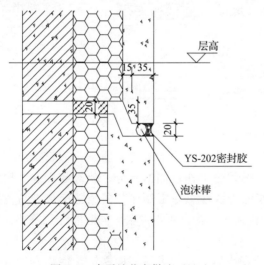

图7-1　水平缝节点做法（mm）　　　　图7-2　垂直缝节点做法（mm）

（二）施工工艺及施工要点

1. 施工准备

（1）材料准备

主材：东方雨虹YS-202改性硅酮密封胶。

---

* 撰稿：东方雨虹防水技术股份有限公司

辅材：东方雨虹 YS-207 PC 建筑用专用底涂、泡沫棒、美纹纸等。

（2）机具准备

基层清理：锤子、凿子、铲子、小毛刷、吹灰器等。

专用底涂涂刷：小毛刷。

密封胶施工：专用搅拌器，专用胶枪，专用施工工具等。

其他机具足量配备。

（3）基层准备

基层坚实、平整、干净、无缺棱掉角等现象，表面的灰尘、油污、颗粒等杂物应清理干净。

2. YS-202 改性硅酮密封胶施工做法

1）施工工艺流程（图 7-3）

2）操作要点及技术要求

（1）基层清理：基层应坚实、平整、无灰尘、无油污，凹凸不平和裂缝处应补平，施工使用铲刀和毛刷清理、清扫干净。

（2）填充背衬材料：填充泡沫棒应连续并充分压实，预留出打胶深度。

（3）涂刷专用底涂：涂刷底涂时应使用毛刷均匀涂布，不得漏刷。底涂涂刷完毕，达到要求方可施行密封胶施工。涂刷底涂后的部位，当日必须完成密封胶的施工。

（4）密封胶配比混合：按照产品说明书，对密封胶进行配比，双组分密封胶的构成有三种成分，主剂、硬化剂、着色剂。使用时将主剂、硬化剂、着色剂搅拌混合。搅拌过程中要注意将罐体上的胶体也充分参与搅拌，搅拌过程中不得卷入气泡，必须使用专用搅拌机，通过正转、反转进行搅拌。

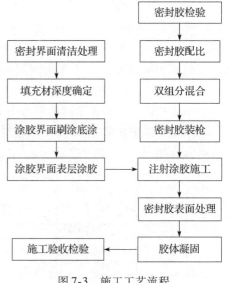

图 7-3　施工工艺流程

（5）大面打胶：在已涂刷好底涂的部位，按照施工作业面的划分，装好与接缝宽度相适宜的胶枪嘴，开始大面积打胶作业。打胶作业中要注意施工顺序，横竖缝交接处应先竖缝，再横缝。打胶时应注意注入角度，注胶应饱满无气泡，不得遗漏，同时要注意不要污染板面，避免后期出现质量缺陷。

（6）表面修饰处理：施工作业面大面打胶完成后，及时进行表面修饰。使用刮刀等将密封胶充分填充、调和，并通过按压达到饱满。之后再使用各种刮刀将表面刮平滑。

（7）成品保护：密封胶施工完毕并经验收合格后，应注意保护避免对成品造成损坏。

二、装配式建筑防水密封工程——马来西亚某项目

（一）工程概况

建设地点：在马来西亚。

工程部位：外墙预制构件接缝。

（二）施工工艺

本项目对外墙预制构件接缝节点进行密封处理，做法如下：

1. 外墙接缝部位采用"东方雨虹"YS-202 改性硅酮密封胶进行密封施工。

2. 外墙细部节点密封做法

（1）预制墙竖直连接节点密封做法如图 7-4 所示。

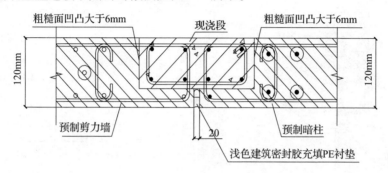

图 7-4　预制墙竖直连接节点做法

（2）预制墙水平连接节点密封做法如图 7-5 所示。

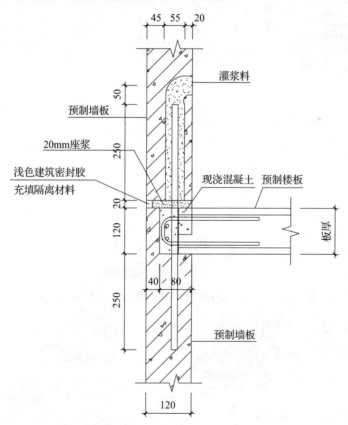

图 7-5　预制墙水平连接节点做法一（mm）

①乐而居波纹管技术参数符合《预应力混凝土用波纹管》（JG 225）；

②座浆材料流动性要求：130～170mm，1d 抗压强度值不应低于 35MPa；

③注浆料的流动性、抗压强度、竖向膨胀性等技术参数需满足《钢筋连接用套筒注浆料》（JG/T 408—2013）的要求。

（3）窗框周围密封做法如图 7-6 所示。

（4）预制墙转角连接节点密封做法如图 7-7 所示。

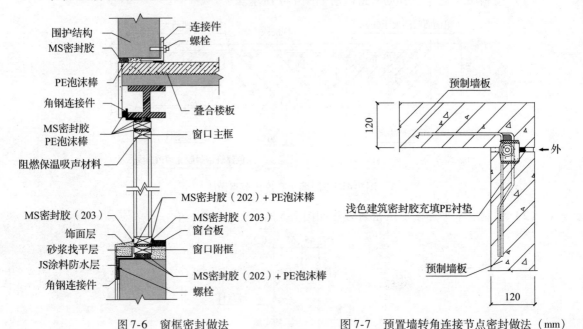

图 7-6　窗框密封做法　　　　图 7-7　预置墙转角连接节点密封做法（mm）

（5）窗口下预制构件接缝密封做法如图 7-8 所示。

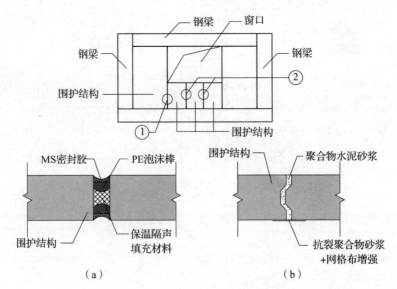

图 7-8　窗口下预制构件接缝密封做法

（a）①节点；（b）②节点

150

（6）内保温接缝节点防水做法如图7-9所示。

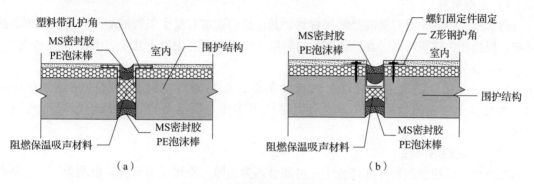

图7-9　内保温接缝节点防水做法

（a）内保温接缝处①；（b）内保温接缝处②

（7）外挂板部位密封做法如图7-10所示。

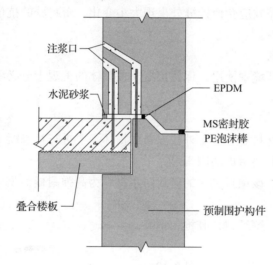

图7-10　外挂板部位防水做法

三、防水密封施工技术——上海闸北区华润大宁装配式住宅工程[*]

（一）施工案例

1. 工程概况

上海市闸北区华润大宁住宅项目因预制率要求，采用"三明治"外墙体系。此项目为高层剪力墙结构，建设时间始于2016年2月，建筑面积为20万平方米，建筑高度近100m，预制率为33.2%，预制部位多为承重墙体。此次采用的"三明治"外墙体系是未来装配式建筑的发展方向。

---

[*] 撰稿：北京远大洪雨防水材料有限责任公司

　　远大洪雨（唐山）防水材料有限公司　郝宁　李娜

2. 材料和设备

1）密封材料

防水施工中的关键和基础是密封材料，其性能的优劣对整个工程的防水质量有着重要的影响。根据相关建筑特点，在选择密封材料时，一般需要考虑以下几个方面：

（1）良好的黏结性

良好的黏结性是选用密封材料的首要条件，如果密封材料与基材的黏结性存在缺陷，即使其他方面的性能再好，也会因黏结不牢固、脱落等问题而严重影响密封防水效果。

（2）一定的耐候性

密封材料长期暴露在外部环境中，可能会因为光照、冷热季节交替、极端天气、细菌真菌等造成腐蚀、老化或综合破坏状况。因此，良好的耐候性是密封材料必须具备的特性之一。

（3）较强的抗位移性

建筑材料的热胀冷缩效应会使接缝处出现大小变化，密封胶的抗位移性可避免因接缝大小的变化而引发裂缝产生。

（4）良好的抗污染性

如果密封胶在外露环境中使用，保持接缝部位整体的美观十分必要，这就需要密封胶具有防污染的能力。

（5）方便维修

装配式建筑的密封材料对一些意外状况造成损坏需要进行补修时方便维修且维修工序简单，这是选用密封材料需要考虑的因素。

基于以上几点考虑，该项目选用的密封防水材料为高弹耐候性型聚氨酯密封胶。

2）施工器具

胶带，毛刷，铲刀，壁纸刀，胶枪，钢尺。

3. 防水构造和设计

1）防水构造设计图（图7-11、图7-12）

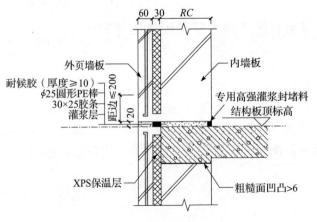

图7-11 预制"三明治"外墙板
水平缝构造（mm）

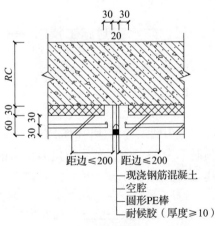

图7-12 预制"三明治"外墙板
竖向缝构造（mm）

152

2）防水构造分析

"三明治"外墙板采用的防水形式为封闭型，这种防水密封主要有三道防水措施，解决了传统工艺装配式外墙易渗漏的问题。"三明治"外墙板最外侧采用的是高弹聚氨酯耐候密封胶及圆形 PE 棒，而中间部位则是由物理空腔法形成的减压空间，内侧封堵使用的是注浆层砂浆，可形成完善有效的密封防水构造。

预制外墙板接缝处进行防水密封时，必须采用防水性能可靠的嵌缝材料。板缝宽度不宜大于 20mm，材料防水的嵌缝深度不得小于 20mm。对于普通嵌缝材料，在嵌缝材料外侧应做水泥砂浆保护层，其厚度不得小于 15mm。对于高性能嵌缝材料，其外侧可不做保护层，高层建筑、多雨地区的预制外墙板接缝防水密封宜采用此形式。封闭式防水构造采用内外三道防水密封，疏堵相结合，其防水构造完善，防水效果较好，缺点是施工时精度要求非常高，墙板错位不能大于 5mm，否则无法压紧 PE 棒。采用的耐候密封胶性能要求较高，不仅要求其高弹性、耐老化，同时使用寿命不低于 20 年，故成本较高。

该形式的辅助材料要求如下：

（1）密封止水带宜采用三元乙丙橡胶或氯丁橡胶等高分子材料。

（2）接缝处密封胶的背衬材料宜选用聚乙烯塑料棒或发泡氯丁橡胶，直径不小于缝宽的 1.5 倍。

4. 施工

1）施工前要求及准备工作

（1）接缝密封作业应在预制构件吊装结束且连接部位固定后进行。

（2）密封胶作业人员应经培训并考核合格后方可上岗操作，并掌握相应的施工安全技术和质量标准要求。

（3）竖向及横向的预留凹槽应清理干净并保持畅通。

（4）吊装过程中造成的缺棱掉角等破损部位应及时修补。

（5）接缝的堵塞处应及时清理，错台部位应打磨平整，不得采用剔槽的方式增加接缝宽度。

（6）用铲刀清除不利于密封胶与外墙板黏结的异物，然后用毛刷清洁残留的灰尘、杂质；接缝两侧的混凝土应坚实、干燥、清洁、平整，不得有蜂窝、麻面、油污、灰尘等。

2）嵌缝密封

（1）嵌填密封胶前，在接缝中设置连续的直径为 25mm 的 PE 棒，背衬材料与接缝两侧基层之间不得留有空隙，预留深度 10mm。

（2）张贴防护胶带，涂刷基层处理剂，待基层处理剂表干后嵌填密封胶。

（3）根据接缝宽度选用口径合适的挤出嘴，均匀挤出。

（4）将胶嘴探到接缝底部，保持合适的速度，从一个方向进行打胶，由背衬材料表面逐渐充满整条接缝，连续打足够的密封胶，有少许外溢为宜，避免胶体和 PE 棒之间产生空腔。

（5）施胶完成后，对胶体表面进行压实、刮平，胶体边缘与缝隙边缘抹涂充实，加强密封效果，溢出的密封胶在固化前清理。

（6）"十"字形接口或"T"字形接口打胶时，先在接口处挤进足够的密封胶，再分别向其他两个方向牵引施胶，确保密封胶接头处连接质量。

（7）密封胶固化前采取措施避免损坏及污染，不得泡水。

（8）密封胶嵌填应密实、连续、饱满，应与基层黏结牢固；胶体表面应平滑，封边应顺直，不得有气泡、孔洞、开裂、剥离等现象。

5. 施工注意事项

1）质量检查的重要性

质量是否优质将直接影响墙板的安装精度和防水质量，混凝土养护质量和墙板的加工精度在墙板安装之前必须认真检查。墙板表面和事先在窗框周围预埋好的混凝土是否密实有空隙，是否存在裂缝也需要着重检查。同时，严禁使用混凝土质量有问题的墙板。另外墙板周围预先埋好的橡胶条的安装质量也需要检查，橡胶条必须确保无瑕疵、无漏洞、无褶皱、无凸起，一旦出现质量问题，必须更换橡胶条，然后保证无误才可进行吊装。

2）施工时严格控制安装精度

放基准线控制安装精度的同时，也要把墙板的位置线一并放出来，以便于吊装时定位的准确性。墙板精度的调整一般情况下分粗调和精调两步。粗调是使墙板就位显示大致精度，而精调要求将墙板垂直度偏差和轴线位置控制到一定的规范偏差范围内。

3）每道工序质量检查的必要性

进行墙板接缝外侧打胶时必须将基底和预留空腔内清理干净，防止有水流入墙内，这时应严格按照设计流程来细心制作。例如打胶前认真检查背衬的深度是否符合设计时的要求厚度，打胶部位的墙板要用底涂处理技术进行严密的涂抹，以便于增强胶与混凝土墙板之间的黏结力。应特别注意在为墙板内侧的连接铁件和十字接缝打胶时，要事先做好铁件的除锈和防锈工作，施打聚氨酯密封胶时不可以留下任何缝隙。施工完毕后，及时地进行试验，经过多次淋水确保无渗漏之后才能密封盖板。

4）环境要求

应在 5~45℃ 条件下用胶；混凝土基面未干燥不宜施工；阴雨天不宜施工。

（二）结语

作为建筑行业正在推行的新型施工技术，装配式建筑是未来的发展趋势，而建筑防水密封是装配式建筑发展中必须要严格把关的一项技术。在设计装配式建筑防水密封方案时，不能片面追求防水技术的高与新，不能一味追求某种材料、某一性能的优异性。每种密封防水材料和防水系统都有其适用性，不能千篇一律地套用，应根据装配式建筑体系以及建筑功能需要、应用地区的环境条件等做出合理的防水密封设计及选择。同时，后期维护也必须严格关注，只有在设计和施工两方面同时把好关，才能做好装配式建筑的密封防水，才能使装配式建筑产品获得市场的认可。

第八章　强力交叉膜防水卷材施工技术

第一节　概　况

快速反应粘强力交叉膜自粘防水卷材是一种由特制的交叉层压高密度聚乙烯（HDPE）强力薄膜与优质的高聚物自粘橡胶沥青（丁苯橡胶 SBR 改性）经特殊工艺复合而成的高性能、冷施工的自粘复合膜防水卷材，具有优异的尺寸稳定性、热稳定性和双向耐撕裂性能等。产品标准为《湿铺防水卷材》（GB/T 35467—2017），属于高分子膜基防水卷材，高分子强力交叉膜可以位于卷材的表层或中间，相应制成单面黏合（S）卷材和双面黏合（D）卷材。

该产品具备优良的物理特性和应用性能，广泛应用于各类防水工程。

（1）强力双层叠加薄膜具有更高的撕裂强度和尺寸稳定性，防水性能优于普通薄膜。

（2）纵横网状结构设计有效解决了无胎基 HDPE 高分子片材施工后容易起皱、起鼓的现象。

（3）面膜经技术处理，不仅保留了无胎卷材良好的延伸性，更大幅度提升了材料的拉伸性能。

（4）耐高低温性能优异，能适应炎热和寒冷地区的气候变化，优异的延伸性和抗拉性能，适应结构基层的变形。

（5）压敏反应自粘胶层以优异的自愈性能和局部自锁水性能大大减少渗漏水的概率。

（6）具有独特的抗刺穿性、自愈性和持续的抗撕裂性能，钉杆水密性优异。

该产品可根据不同工程环境及防水设计，采用多种方式施工，主要包括：交叉膜防水卷材自粘法施工、与水泥胶浆配套湿铺法施工、与非固化橡胶沥青防水涂料复合热粘法施工。

强力交叉膜防水卷材的地下结构防水施工应注意：任何一种材料及施工工艺都有其优势，也存在其不适用的情况。湿铺法因其相对受气候环境、基面含水率影响较小，尤其适用于雨季较长，无法提供较好施工基面、工期紧张的防水工程。但是该施工方式不适用于冬期施工，在低温环境下水泥胶浆与自粘防水卷材黏结会因气温过低影响黏结强度，且养护难度大、成本高，卷材湿铺法作业对于施工人员的操作技术和细致程度也有较高的要求。

第二节　工程案例

一、强力交叉膜防水卷材施工技术——天津市第一中心医院新址扩建项目地下室防水工程[*]

（一）工程概况

项目位于天津市西青区侯台风景区东南侧；占地面积 82531.4m²，建筑面积 379593m²；框架剪力墙结构，防核武器 5 级，抗震烈度 8 度；工程为地下室底板、侧墙、顶板。

本项目地下室防水达到《地下工程防水技术规范》（GB 50108—2008）中一级设防要求，采用 NRF-S613 快速反应粘强力交叉膜自粘防水卷材 1.5mm + 1.5mm 双道施工。

（二）防水构造设计

NRF-S613 快速反应粘强力交叉膜自粘防水卷材应用于地下室，防水构造设计如图 8-1 所示。

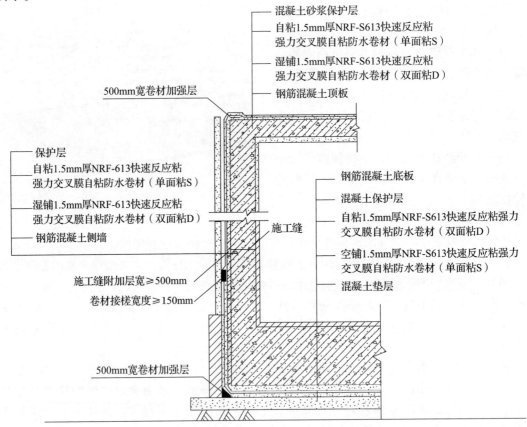

图 8-1　NRF-S613 快速反应粘强力交叉膜自粘防水卷材地下室防水构造层次

---

[*] 撰稿：北京远大洪雨防水工程有限公司　李娜

1. 地下室底板防水构造设计分析

本工程施工期处于雨季，基层含水率高，在进行地下室底板施工过程中，基层条件相对较为潮湿，同时，防水层的铺设原理主要是在主体结构的迎水面进行整体防护，因此本项目设计两道 NRF-S613 快速反应粘强力交叉膜自粘防水卷材，第一道为单面自粘（S），与基层空铺，黏结面向上；第二道为双面自粘（D），向下与第一道卷材之间进行满粘，向上与保护层细石混凝土通过物理黏法和化学胶联两种作用形成皮肤式满粘效果，如图 8-1 所示。

第一道卷材与基层空铺的作用：（1）对于基层条件要求不高，无明水即可铺设，提高施工效率；（2）在浇筑保护层和底板混凝土时，能够有效地适应混凝土对防水层的冲击和微量位移。

2. 地下室侧墙、顶板防水构造设计分析

地下室侧墙、顶板采用两道 NRF-S613 快速反应粘强力交叉膜自粘防水卷材，第一道为双面自粘（D）湿铺法，首先在基层上刮涂一道经过专门配制的水泥胶浆，然后流水作业铺贴卷材；第二道为单面自粘（S）自粘法施工，第二道卷材黏结面与第一道卷材黏结面形成满粘，如图 8-1 所示。

（三）施工工艺

（1）自粘法。

（2）湿铺法。

（四）材料和设备

1. 防水材料

1）产品优势

（1）NRF-S613 快速反应粘强力交叉膜自粘防水卷材能与混凝土反应黏结，形成一层牢固不可破的界面密封反应层，属于复合防水体系，杜绝窜水现象发生。

（2）兼具 SBS、APP、自粘卷材耐高低温、蠕变抗裂、抗老化等优异性能。

（3）可采用湿铺法在潮湿环境下施工，满足赶工期的需要。

2）产品黏结特点

NRF-S613 快速反应粘强力交叉膜自粘防水卷材最独特的功能是与现浇混凝土或水泥胶浆发生化学胶联反应，通过物理和化学的协同作用牢固地黏结到混凝土上。因此和常规卷材相比，在与混凝土基面黏结方面具有更独特的优势。

（1）黏结力原理：该材料不仅有物理吸附和卯榫作用，而且在深入基层的卯榫部位产生化学键合，使卯榫和胶联两种作用协同进行，让黏结更为牢靠。即使卷材表层发生破坏，黏结基面的界面也不会受损而产生窜水漏水现象。不受冷热循环、水汽溶胀、基层运动影响，而持久地产生黏附效果，使防水层寿命与主体结构相同。

（2）搭接相容性：施工时搭接边为卷材与卷材自粘搭接，施工便捷，卷材与卷材之间相容性好，搭接牢固。

（3）永久性黏结：由于防水卷材与基层之间存在化学键合作用，这种黏结是不可逆的，只有铲除破坏基层才能使黏结失效（图 8-2）。

3）产品性能指标

本产品执行标准为：《湿铺防水卷材》（GB/T 35467—2017）E 类材料标准，材料主要物理力学性能指标见表 8-1。

图 8-2 NRF-S613 快速反应粘强力交叉膜自粘防水卷材湿铺法与基层黏结效果

NRF-S613快速反应粘强力交叉膜自粘防水卷材

界面反应层

混凝土基面

表 8-1 湿铺防水卷材 (E 型) 物理性能

序号	项目		指标 (E)
1	拉伸性能	拉力 (N/50mm) ≥	200
		最大拉力时伸长率 (%) ≥	180
		拉伸时现象	胶层与高分子膜或胎基无分离
2	撕裂力 (N) ≥		25
3	耐热性 (70℃, 2h)		无流淌, 滴落, 滑移≤2mm
4	低温柔性 (-20℃)		无裂纹
5	不透水性 (0.3MPa, 120min)		不透水
6	卷材与卷材剥离强度 (搭接边) (N/mm)	无处理≥	1.0
		浸水处理≥	0.8
		热处理≥	0.8
7	渗油性 (张数) ≤		2
8	持黏性 (min) ≥		30
9	与水泥砂浆剥离强度 (N/mm)	无处理≥	1.5
		热处理≥	1.0
10	与水泥砂浆浸水后剥离强度 (N/mm) ≥		1.5
11	尺寸变化率 (%) ≤		±1.5
12	热稳定性		无起鼓、流淌, 高分子膜或胎基边缘卷曲最大不超过1/4

2. 施工配套工具

扫帚、塑料桶、电动搅拌器、专用搅拌头、壁纸刀、剪刀、刮板、刷子、弹线盒、尺子、压辊等配套工具。

(五) 施工方案

1. 编制说明

本项目防水施工时间为 2018 年 7 月至 8 月, 施工地点位于天津市西青区, 正值雨季,因此综合考虑现场施工环境、分析防水系统性能、借鉴已有项目施工经验，为保证本项目防水施工质量，配合项目整体施工周期，特编制本防水施工方案。该方案施工部位为地下结构防水。

2. 编制依据

1)《地下防水工程技术规范》（GB 50108—2008）；

2)《地下防水工程质量验收规范》（GB 50208—2011）；

3)《建筑工程施工质量验收统一标准》（GB 50300—2013）；

4)《地下建筑防水构造》（10J301）；

5)《湿铺防水卷材》（GB/T 35467—2017）；

6）相关国家法律、法规及本工程图纸。

3. 防水设计

本项目防水等级为一级设防，具体部位防水材料应用如下：

地下室底板：1.5mm NRF 反应粘强力交叉膜自粘防水卷材（单面粘 S）空铺 + 1.5mm NRF-S613 快速反应粘强力交叉膜防水卷材（双面粘 D）自粘；

地下室侧墙：1.5mm NRF 反应粘强力交叉膜自粘防水卷材（双面粘 D）湿铺 + 1.5mm NRF-S613 快速反应粘强力交叉膜防水卷材（单面粘 S）自粘；

地下室顶板：1.5mm NRF 反应粘强力交叉膜自粘防水卷材（双面粘 D）湿铺 + 1.5mm NRF-S613 快速反应粘强力交叉膜防水卷材（单面粘 S）自粘。

4. 施工准备

1）基层准备

基层表面应坚实、平整、干净、充分湿润且无明水，并符合以下条件，方可办理基层验收、工作面移交手续。

（1）管道、排水口等穿墙管件已经安装并固定完毕，无松动。

（2）基层表面油污、砂子、杂物已清理完毕，凸出表面的石子、砂浆疙瘩已经清理干净，排水口、管壁上的水泥砂浆等附着物已经铲除干净。

（3）阴阳角采用水泥砂浆处理成圆弧形状，阴角圆弧半径 50mm 或处理成 45°倒角，阳角圆弧半径 20mm。

（4）基面清理干净，无明水。

2）材料准备

（1）主材

"远大洪雨"牌 NRF-S613 快速反应粘强力交叉膜自粘防水卷材 1.5mm（单面粘 S）；

"远大洪雨"牌 NRF-S613 快速反应粘强力交叉膜自粘防水卷材 1.5mm（双面粘 D）。

（2）辅材

普通硅酸盐水泥（P·O 42.5）、聚合物建筑胶、密封膏、水不漏等。

3）人员准备

组织 10 人以上防水施工班组，所有人员持防水工证上岗，管理团队设置项目经理、施工员、质检员、安全员。

4）机具准备（表 8-2）

表 8-2　施工机具

机具名称	用途
吹风机	清除基层灰尘
电热风焊枪	卷材搭接处受灰尘污染后处理用或特殊部位加强黏合用
手持压辊	卷材施压黏结
手持压轮	特殊部位密闭黏合
小平铲	清理基层用
扫帚	清扫卷层用
卷尺	30m 长，度量尺寸
盒尺	3m 长，度量尺寸
剪刀	裁剪卷材用
壁纸刀	裁剪卷材用
弹线盒	弹基准线用
滚动刷或毛刷	涂刷基层处理剂
刮板	涂刮水泥胶浆用
腻子刀	嵌填密封材料
消防器材	施工现场消防安全

5. 工艺流程

（1）地下室底板防水施工流程

地下室底板防水施工流程如图 8-3 所示。

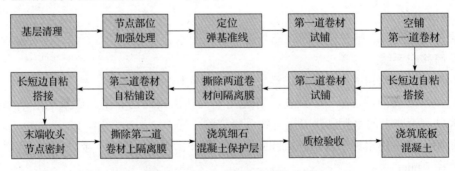

图 8-3　地下室底板防水施工流程

（2）地下室侧墙、顶板防水施工流程

地下室侧墙、顶板防水施工流程如图 8-4 所示。

6. 施工方案

1）基层清理及验收

对基层表面进行清洁、修补处理，干燥基面需充分湿润，但表面不得有明水。

2）节点密封及附加层施工

按规范要求对节点部位进行加强处理，如管根、阴阳角、变形缝、施工缝、后浇带等做附加层。

对管根、穿墙管件根部剔槽，采用密封膏填补缝隙。基层不平处，采用水不漏进行基层恢复。

160

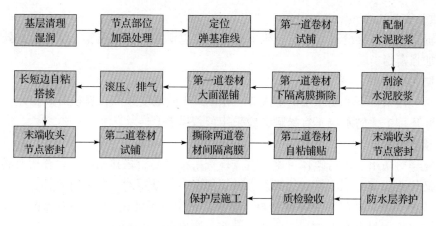

图 8-4　地下室侧墙、顶板防水施工流程

附加层采用与大面施工相同的 NRF-S613 快速反应粘强力交叉膜自粘防水卷材 1.5mm（双面粘 D），底面与细部节点基层粘贴，表面能够与上方大面积防水卷材铺贴良好黏合。

3）配制水泥胶浆

采用普通硅酸盐水泥 P. O 42.5 水泥，按水泥：水 =1:0.5（质量比）的比例，先将水倒入已经准备好的洁净空桶中，再将水泥倒入水中，充分浸透，加入水泥用量约 5% 的聚合物建筑胶，即水泥：水：聚合物建筑胶 =1:0.5:0.05，用电动搅拌设备搅拌，时间不少于 5min。搅拌完成静置 30s，再进行二次搅拌，时间 30s～1min，确定水泥胶浆充分搅拌均匀，方可使用。

4）弹设基准线及试铺

根据施工现场情况进行卷材合理定位，确定卷材铺贴方向，在基层上弹设好卷材铺设控制线。

5）刮涂水泥胶浆

刮涂水泥胶浆厚度视基层平整程度而定，一般控制在 1.5～2.5mm 左右，刮涂应均匀、平整，因搭接部位为卷材与卷材之间自粘搭接，因此着重注意不要使水泥胶浆污染到搭接缝部位。

6）卷材铺贴

（1）拉铺法：先从一侧揭除已经裁好的卷材的隔离膜，将水泥胶浆刮涂在黏结基面，然后将卷材铺贴于水泥胶浆之上，完成一侧铺贴后，同样方法再铺贴另一侧。

（2）滚铺法：完成卷材试铺后，从卷材短边一侧将隔离膜揭开，流水作业，一边刮涂水泥胶浆，一边向前滚铺卷材（一边铺一遍撕除隔离膜），直至整幅卷材铺贴完毕。

7）滚压排气

铺贴卷材时，用刮板或压辊从卷材中间向两侧刮压排气，使卷材充分满粘于刮涂完水泥胶浆的基面上。

8）卷材搭接

搭接应为卷材与卷材之间自粘搭接，搭接缝宽度应 ≥80mm，建议搭接缝宽度设置为 100mm。

9）收头密封

用压辊将卷材搭接缝进行滚压，确保所有搭接缝满粘，搭接密实。细部节点处可采用密封膏着重加强密封。

10）防水层养护

在正常气候条件下，防水层需晾放 24～48h，环境温度越高，养护时间越短。温度超过30℃的气候环境下，防水层不宜暴晒，应采用苫盖措施。

11）检查修补

施工完毕对防水层进行整体自检，重点检查搭接缝是否搭接密闭，检查所有卷材表面是否有因交叉作业或其他原因导致的撕裂、破损情况。如需要对局部进行修补，应先将破损或缺陷部位清理干净，再在其上铺设卷材，修补用的卷材面积应大于缺陷部位尺寸 80mm 以上，修补应采用卷材自粘方式，必要时配套密封膏密闭。

12）质检验收

根据《地下防水工程质量验收规范》（GB 50208），对已完工的防水层进行检查验收。

（1）防水卷材产品合格证、产品性能检测报告和材料进场报告应齐全，各项检测指标合格。

（2）防水卷材在细部节点，如阴阳角、变形缝、施工缝、穿墙管件部位、后浇带部位的做法应符合设计要求。

（3）防水卷材搭接缝粘贴牢固，密封严密，不得有扭曲、褶皱、起鼓等缺陷。

（4）地下室底板与侧墙接槎部位宽度应≥150mm，且侧墙接槎卷材应盖过底板甩槎卷材。

（5）卷材与卷材搭接缝宽度应≥80mm，允许偏差为±10mm。

7. 节点做法

1）地下室底板导墙做法

地下室底板导墙做法如图 8-5 所示。

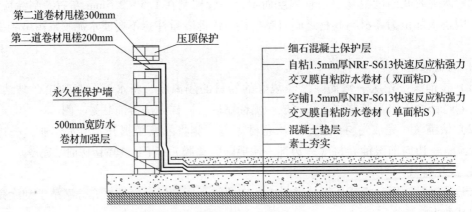

图 8-5　地下室底板导墙做法

2）后浇带做法

底板后浇带、侧墙后浇带、顶板后浇带做法如图 8-6～图 8-8 所示。

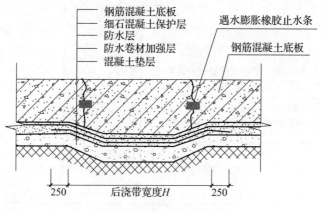

图 8-6 底板后浇带做法

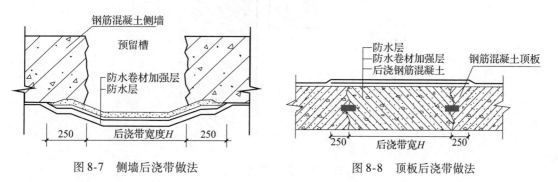

图 8-7 侧墙后浇带做法

图 8-8 顶板后浇带做法

3）变形缝做法

变形缝做法如图 8-9 所示。

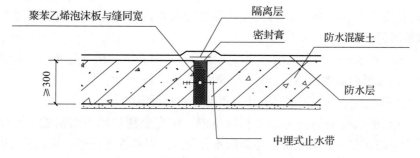

图 8-9 变形缝做法

4）穿墙管做法

穿墙管部位防水细部做法如图 8-10 所示。

8. 成品保护措施

1）在防水层的施工过程中，施工人员需穿软底鞋，严禁穿带钉子或尖锐凸出的鞋进入现场，以免破坏防水层。

2）施工过程中质检员应随时、有序地进行质量检查，如发现有破损、扎坏的地方要及时组织人员进行正确、可靠的修补，避免隐患的产生。

3）卷材防水层施工完毕自检合格后，应及时报请总包方、监理方进行验收。

163

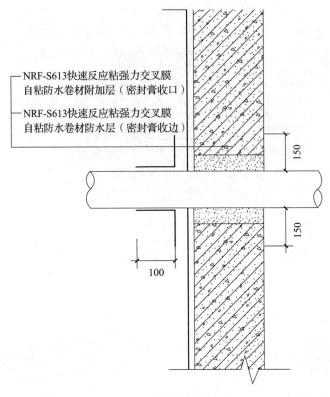

图 8-10　穿墙管部位做法

4）底板卷材防水层验收合格后，应由总包方及时进行保护层的施工，保护层厚度大于 50mm。

5）防水层完成并经检验合格后，应立即进行保护层的施工，不能及时做保护层施工时，应采取临时保护措施。

6）采用水泥砂浆、块材料或细石混凝土做保护层时，保护层与防水层之间应设置隔离层，隔离层可铺设纸胎沥青油毡、≥0.3mm 厚聚乙烯（PE）膜。

7）严禁在未进行保护的防水层上托运重型器物和设备。

8）不得在已验收合格的防水层上打眼凿洞，所有预埋件均不得后凿、预埋件不得后做，如必须穿透防水层时，必须提前通知防水分包方，以便提供合理的建议并及时修补。

（六）施工注意事项

1. 施工注意事项

1）防水卷材铺贴时，如地下室侧墙高度超过 5m，应采取必要的机械固定措施，在卷材翻到顶板处，距卷材幅宽两侧 10～20mm，每隔 400mm 压条打钉固定，并采用密封膏密闭机械固定处。

2）相邻两幅卷材的短边应相互错开 500mm 以上。

3）防水层施工完毕后应尽快组织验收，及时隐蔽，不宜长时间暴晒。

4）严禁在雪天施工，五级风及其以上时不得施工，环境温度低于 5℃ 时不宜施工，施工中途下雨、下雪，应做好已铺卷材周边的防护工作。

5）防水层在未做保护层前，不得在防水层上进行其他施工作业或直接堆放物品。

6）如有钢筋焊接交叉作业产生的火星等，则焊接处卷材面需设临时保护措施。

7）卷材铺设完成后，要注意后续的保护，避免钢筋等对防水层的破坏。

2. 常见问题处理（表8-3）

表8-3 质量要求和常见问题

步骤	质量要求	出现问题	解决方法
清理基层	平整误差不超过5mm，无起砂，保持湿润，无灰尘及尖锐凸出物	1. 有砂眼孔洞，平整度太差。 2. 基面干燥	1. 用聚合物砂浆修补平整 2. 施工前基层表面淋水湿润
刮涂水泥胶浆	最薄处不小于1.5mm，最厚处不大于10mm，均匀、平整，调成腻子状	1. 涂刮不均匀，不平整，出现小凹凸坑状。 2. 水泥胶浆涂刮上去立即干燥	1. 施工前基层表面淋水湿润。 2. 水泥胶浆涂刮后，用橡胶板来回刮压平整。 3. 适当增加聚合物建筑胶的用量
铺贴卷材	平整不起皱，搭接宽度≥80mm，不起泡，不空鼓	1. 大面积出现空鼓、起泡。 2. 阴阳角空鼓。 3. 黏结不牢固	1. 采用刮板二次赶压，完全排出卷材底部空气。 2. 施工好的防水层在2d内应防止暴晒，采用有效的遮盖措施。 3. 卷材底部黏结面涂刮水泥胶浆应均匀。 4. 铺贴好的防水层在48h内禁止踩踏

（七）结语

建筑防水行业的产品种类已经达到近百种，不同防水材料及其所组成的防水体系，以及配套施工方式都有其优势，同时也会存在其不适用的情况。因此需要有针对性地对建设项目进行具体分析，结合气候环境、地质结构、施工条件等因素，科学合理地设计防水构造，并配套专业的施工方式，不能一概而论。秉持"刚柔相济、防排结合"的原则，达到因地制宜、经济合理、综合有效的防水目标。

NRF-S613快速反应粘强力交叉膜自粘防水卷材具有良好的物理力学性能，湿铺法施工时因其受气候环境、基面条件影响较小，尤其适用于雨季较长、无法提供较好施工基面、工期紧张的防水工程。在施工过程中，可视不同施工部位选择适合的施工方式。

另外，随着各类防水材料的国家标准、行业标准不断推出及完善，交叉膜防水卷材与非固化橡胶沥青防水涂料复合使用，采用热粘法施工的方式，也在众多大型重点项目上得到了成功应用。

二、高分子自粘胶膜防水施工——北京新机场高速公路地下综合管廊[*]

（一）工程概况

北京新机场高速公路地下综合管廊（南四环～新机场）一期土建工程GLS04标段，起

---

* 撰稿：北京万宝力防水防腐技术开发有限公司 王力 徐阜新 王兵

止里程为 A 线 K0＋000～K7＋829，其中 K0＋089～K7＋628 为两舱段，共 7539m，K0＋000～K0＋089 和 K7＋628-K7＋829 段为三舱段，共 290m。

（二）施工方案

本项目采用明挖法施工，防水设计等级为二级，根据《地下工程防水技术规范》（GB 50108—2008）的规定：地下工程防水的设计和施工应遵循"防、排、堵、截相结合，刚柔相济，因地制宜，综合治理"的原则，确立钢筋混凝土结构自防水体系，即以结构自防水为根本，采取措施控制结构混凝土裂缝的开展，增加混凝土的抗渗性能。以变形缝、施工缝等接缝防水为重点，在主防水基础辅以全包柔性防水层加强防水材料，具体的技术方案见表 8-4。

表 8-4　施工部位及防水技术方案

施工部位	防水技术方案
底板	1.5mm 高分子自粘胶膜防水卷材（预铺反粘）
侧墙	1.5mm 高分子自粘胶膜防水卷材＋2mm 聚合物水泥防水灰浆
顶板	1.5mm 高分子自粘胶膜防水卷材＋2mm 聚合物水泥防水灰浆

（三）材料和设备

该工程所用材料和设备主要包括：1.5mm 高分子自粘胶膜防水卷材、聚合物水泥防水灰浆；热风焊枪、小压辊、壁纸刀、电动搅拌机、弹线盒、滚动刷、吹灰器等。

该防水工程采用 1.5mm 厚高分子自粘胶膜防水卷材，该材料是以高分子片材为主防水层，主防水层上表面覆以压敏性高分子自粘胶、抗环境变化保护层或隔离膜（纸），卷材长边一侧预留自粘搭接边（覆抗环境变化保护层时），其压敏性高分子自粘胶、抗环境变化保护层与液态混凝土反应固结后，形成防水层与混凝土结构的无间隙结合，杜绝窜水隐患，能有效提高系统防水效果的防水卷材。其具备以下特点：

1）由优质高分子卷材、高分子自粘胶膜复合而成的高分子自粘胶膜防水卷材，综合性能优异；

2）全新的黏结技术，浇筑混凝土时的水泥浆与卷材黏结层特殊的高分子自粘胶湿固化，卷材与结构层混凝土形成永久的有机结合，中间无窜水隐患；即使卷材局部遭遇破坏，也会将水限定在很小范围内，提高了防水层的可靠性；

3）预铺法施工，防水卷材与基层空铺，不受基层沉降变形的影响；

4）抗冲击和耐穿刺性能优异，能承受直接作用其上的施工荷载而不需要格外的保护；

5）自愈性强，对于轻微施工损伤，有着独特的自我愈合能力；

6）卷材抗环境变化保护层可避免高分子自粘胶膜层受灰尘、风沙污染，保证黏结效果。

7）该材料有较强的耐化学腐蚀性，对来自混凝土的碱性水有很好的抵抗性，不受生活垃圾及生物侵害，防霉、耐腐蚀；

8）施工简便。预铺法属冷施工，安全节能环保。

本工程使用的高分子自粘胶膜防水卷材性能指标执行国家标准《预铺防水卷材》（GB/T 23457）。

（四）防水构造和设计

底板防水层采用预铺反粘法施工。在施工时将卷材高分子层朝下、抗环境变化保护层朝上铺贴，然后将混凝土整体浇筑在铺贴好的卷材上面，待混凝土凝固后即可与卷材形成无窜水的整体。

管廊底板防水结构层次自下而上依次为：回填土分层夯实或原状土、100mm厚C20细石混凝土垫层、1.5mm厚预铺反粘型高分子自粘胶膜防水卷材、50mm厚C20细石混凝土垫层、自防水钢筋混凝土底板，详见图8-11。

管廊外墙防水采用1.5mm厚高分子自粘胶膜防水卷材+2mm厚聚合物水泥防水灰浆，管廊外墙防水结构层次由内向外依次为自防水钢筋混凝土侧墙、2mm厚聚合物水泥防水灰浆、1.5mm厚高分子自粘胶膜防水卷材、50mm厚聚苯板保护层，详见图8-12。

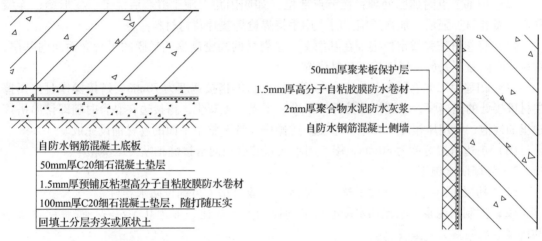

图8-11　管廊底板防水结构图　　　图8-12　管廊外墙防水结构图

管廊顶板防水采用1.5mm厚高分子自粘胶膜防水卷材+2mm厚聚合物水泥防水灰浆，防水层表面铺设一道200g/m²聚酯无纺布隔离层，管廊顶板防水结构层次由下到上依次为：自防水钢筋混凝土底板、2mm厚聚合物水泥防水灰浆、1.5mm厚高分子自粘胶膜防水卷材、200g/m²聚酯无纺布隔离层、70mm厚C20细石混凝土，详见图8-13。

（五）施工

1. 施工基层要求

（1）基层表面应坚实、平整、干净，无空鼓、松动、起砂、麻面、钢筋头等缺陷。

（2）基层表面应干燥、无积水或明水。

（3）阴阳转角、管根等节点处用水泥砂浆抹成 $R \geqslant 50mm$ 的圆弧角。

2. 施工工艺流程

（1）底板防水施工流程

基层清理→弹线、定位→细部节点附加层施工→铺设预铺反粘型高分子自粘胶膜防水卷

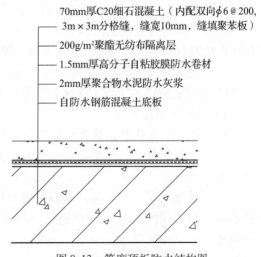

图8-13　管廊顶板防水结构图

材→卷材搭接处理→自检、修补、验收。

（2）外墙防水施工流程

基层清理→配制水泥浆→铺抹水泥浆→细部节点附加层施工→铺设高分子自粘胶膜防水卷材→卷材搭接处理→自检、修补、验收。

（3）顶板防水施工流程

基层清理→配制水泥浆→铺抹水泥浆→细部节点附加层施工→铺设高分子自粘胶膜防水卷材→卷材搭接处理→铺设聚酯无纺布隔离层→自检、修补、验收。

3. 施工要点

1）底板防水施工

（1）底板垫层表面平整符合要求，验收合格后方可铺设防水卷材。

（2）细部节点附加层处理：在节点部位（如阴阳角、施工缝、后浇带、变形缝、穿墙管道）做卷材加强层。加强层施工时，用手持焊枪烤垫片背衬材料。

（3）将卷材按弹线定位空铺在基面上，且卷材的高密度聚乙烯膜的平滑光面面向基层，颗粒层面向施工人员，仔细校正卷材位置。

（4）相邻第二幅卷材在长边方向与第一幅卷材的搭接宽度为70mm。搭接操作时先撕掉卷材搭接处的隔离膜，注意搭接处保持干净、干燥、无灰尘，搭接边在黏合时随即排出搭接边里的气泡，并用压辊压实粘牢。重复上述操作，直至整个平面的卷材铺设完成。

（5）短边搭接宽度为80mm，用专用胶或胶带沿短向搭接缝粘贴并压实粘牢。

2）外墙防水施工

（1）基层表面找平，基面平整符合要求，验收合格方可铺设防水卷材。

（2）配制水泥浆：水泥加水浸泡后电动搅匀，水灰比一般为0.5左右，视基层含水率和环境适当调整。

（3）铺抹水泥（灰）浆：其厚度视基层平整情况而定，铺抹时应注意压实、抹平。铺抹水泥（灰）浆的宽度比卷材的长、短边宜各宽出100~300mm，并在铺抹过程中注意保证平整度。

（4）细部节点附加层处理：在节点部位（如阴阳角、施工缝、后浇带、变形缝、穿墙管道）做卷材加强层。加强层施工时，用手持焊枪烤垫片背衬材料。

（5）单幅卷材直接从顶部下铺至底板，另一侧卷材同样单幅对称下铺至底板（铺至平面离阴角约500mm处，裁断），用木抹子等工具压实卷材，排出卷材表面空气。

（6）待水泥浆初凝后，揭除卷材长边的隔离膜后直接搭接碾压，短边搭接用专用胶或胶带沿短向搭接缝粘贴并压实粘贴牢固。卷材长边搭接宽度为70mm，短边搭接宽度为80mm。

3）顶板防水施工

（1）基层表面找平，基面平整符合要求，验收合格方可铺设防水卷材。

（2）配制水泥浆：水泥加水浸泡后电动搅匀，水灰比一般为0.5左右，视基层含水率和环境适当调整。

（3）铺抹水泥（灰）浆：其厚度视基层平整情况而定，铺抹时应注意压实、抹平。铺抹水泥（灰）浆的宽度比卷材的长、短边宜各宽出100~300mm，并在铺抹过程中注意保证平整度。

（4）细部节点附加层处理：在节点部位（如阴阳角、施工缝、后浇带、变形缝、穿墙管道）做卷材加强层。加强层施工时，用手持焊枪烤垫片背衬材料。

（5）单幅卷材直接从顶部下铺至底板，另一侧卷材同样单幅对称下铺至底板（铺至平面离阴角约500mm处，裁断），用木抹子等工具压实卷材，排出卷材下表面空气。

（6）待水泥浆初凝后，揭除卷材长边的隔离膜后直接搭接碾压，短边搭接用专用胶或胶带沿短向搭接缝粘贴并压实粘贴牢固。卷材长边搭接宽度为70mm，短边搭接宽度为80mm。

（7）防水层铺设完成并验收合格后，表面空铺一道200g/m²聚酯无纺布隔离层。

（六）施工注意事项

（1）焊接时，手持焊枪施工，待温度升高至设定值时烘烤片材背衬，待纤维背衬烘烤至片材表面发烫，将后续卷材胶粘层铺贴于其上，碾压平整。

（2）相邻两排卷材的短边接头应相互错开300mm以上，以免多层接头重叠而使得卷材粘贴不平整。

（3）卷材铺贴程序为：先节点，后大面；先远处，后近处；先做较远的，后做较近的。且操作人员不可过多踩踏已完工的卷材防水层。施工区域应采取必要的、醒目的维护措施，禁止无关人员行走践踏。

（4）防水层施工完毕后应尽快组织验收，及时隐蔽，不宜长时间暴晒。

（5）在施工中卷材部位受到污染，可用干净的湿布或海绵等进行清洁。

（七）结语

综合管廊的建设是为了集约城市建设用地，提高城市工程管线建设安全的重要举措，国务院及住房城乡建设部等各部委均已下发文件支持综合管廊建设，而作为整个管廊的"皮肤"，防水至关重要。高分子自粘胶膜防水卷材由于其自身优异的物理力学性能及预铺反粘应用效果，也必将在未来越来越多的管廊项目中发挥作用。

三、交叉膜防水卷材防水——大唐东汇工程*

（一）项目简介

大唐东汇位于京东大道和东元路交汇处，占地面积87643m²，总建筑面积250000m²。项目是集花园洋房、瞰景高层、独栋办公、合院式办公、LOFT办公、多层办公等为一体的综合体。其中住宅包括17栋花园洋房、3栋高层住宅，共20栋，756户；商办包括：2栋多层商业建筑、14栋多层办公建筑和2栋高层办公建筑。周边有天虹商场、大润发超市、吾悦广场；相邻京东道、火炬大街。

该项目地下室底板、侧墙、屋面均采用交叉层压膜自粘卷材施工，地下室底板第一道卷材空铺，第二道卷材与第一道卷材间"自粘满粘"，其余部位均为"自粘满粘"施工。

（二）各节点部位做法

1. 地下室底板防水构造做法

采用（2.0＋2.0）mm厚SAM-920自粘防水卷材，第一层空铺，第二层与第一层自粘

＊ 撰稿：北京东方雨虹科技股份有限公司

施工。地下室底板防水做法如图8-14所示。

2. 地下室侧墙防水构造做法

地下室侧墙为Ⅱ级防水（图8-15）：采用1.5mm厚SAM-920自粘防水卷材，自粘施工。

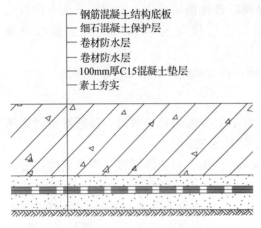

钢筋混凝土结构底板
细石混凝土保护层
卷材防水层
卷材防水层
100mm厚C15混凝土垫层
素土夯实

图8-14 地下室底板防水做法

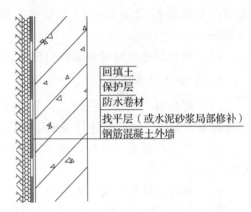

回填土
保护层
防水卷材
找平层（或水泥砂浆局部修补）
钢筋混凝土外墙

图8-15 地下室侧墙Ⅱ级防水构造做法

设备间等侧墙为Ⅰ级防水（图8-16）：采用（1.5＋1.5）mm厚SAM-920自粘防水卷材，自粘施工。

3. 屋面防水构造做法

（1）上人保温平屋面（图8-17）：采用（1.5＋1.5）mm厚SAM-920自粘卷材，自粘施工（不上人不保温屋面和不上人保温屋面参照此做法）。

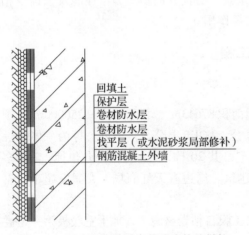

回填土
保护层
卷材防水层
卷材防水层
找平层（或水泥砂浆局部修补）
钢筋混凝土外墙

图8-16 地下室侧墙设备间防水构造做法

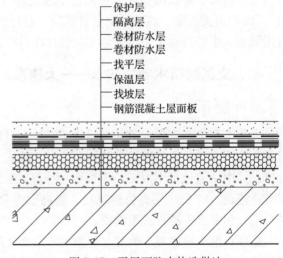

保护层
隔离层
卷材防水层
卷材防水层
找平层
保温层
找坡层
钢筋混凝土屋面板

图8-17 平屋面防水构造做法

（2）坡屋面（图8-18）：采用1.5mm＋1.5mm厚SAM-920自粘卷材，自粘施工。

（三）自粘卷材施工工艺及施工要点

1. 施工准备

1）材料准备

（1）主材：1.5mm厚SAM-920自粘防水卷材；2.0mm厚SAM-920自粘防水卷材。

（2）配套辅材：沥青基处理剂、沥青基密封膏、收口压条及螺钉，收口密封膏、堵漏宝等。

2）机具准备

（1）基层清理：铲子、小平铲、吹灰器、扫帚；

（2）卷材铺贴：喷枪、热风焊枪、弹线盒、剪刀、壁纸刀，钢压辊；

（3）基层处理剂涂刷：滚动刷、毛刷、刮板等；

（4）其他机具足量配备。

3）其他准备

（1）在转角、阴阳角、平立面交接处应抹成圆弧，圆弧半径不小于50mm；

（2）阴阳角、管根部等处更应仔细清理，若有不同污渍、铁锈等，应以砂纸、钢丝刷、溶剂等清除干净；

（3）做好雨期施工的防雨准备，做好口常安全、消防防备工作，配备足够的消防器材。

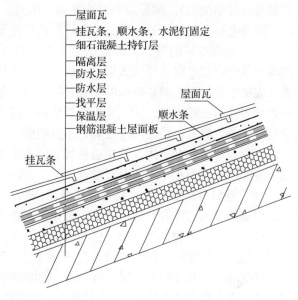

图 8-18　坡屋面防水构造做法

2. 自粘卷材施工工艺

1）施工工艺流程

基层清理→涂刷基层处理剂→卷材附加层→弹线→铺贴第一道自粘卷材（底板优先采用空铺做法）→搭接缝粘贴→验收第一道自粘卷材→弹线→铺贴第二道卷材→搭接缝粘贴→检查、验收→成品保护。

2）操作要点及技术要求

（1）基层清理：基层应坚实、平整、无灰尘、无油污，凹凸不平和裂缝处应用聚合物砂浆补平，施工前清理、清扫干净，必要时用吸尘器或高压吹尘机吹净。地下工程平面与立面交接处的阴阳角、穿结构管道根等，均应做成半径为50mm的圆弧。

（2）涂刷基层处理剂：大面涂刷基层处理剂可使用长柄滚刷，在阴阳角等节点细部选用短柄刷将基层处理剂涂刷在已处理好的基层表面，并且要涂刷均匀，不得漏刷或露底。在阴阳角等节点细部选用短柄刷将基层处理剂涂刷在已处理好的基层表面，并且要涂刷均匀，不得漏刷或露底。基层处理剂涂刷完毕，达到干燥程度（一般以不黏手为准）方可施行附加卷材施工。涂刷基层处理剂后的基层应尽快铺贴卷材，以免受到二次灰尘污染。受到灰尘二次污染的基层必须重新涂刷基层处理剂。

（3）细部附加增强层处理：用附加层卷材及标准预制件在两面转角、三面阴阳角等部位进行附加增强处理，平、立面均匀展开。方法是先按细部形状将卷材剪好，在细部贴一下，视尺寸、形状合适后，再将卷材粘贴在已涂刷一道基层处理剂的基层上，附加层要求无空鼓，并压实铺牢。附加层卷材为500mm宽，一般部位附加层应满粘在基层上。

（4）弹线、应力释放：在已处理好并干燥的基层表面，按照所选卷材的宽度，留出搭接缝尺寸（长短边均为80mm），将铺贴卷材的基准线弹好，按此基准线进行卷材预铺，释放应力，然后将卷材重新打卷，平面由卷材中间向两侧进行铺贴施工（立面由下往上推滚卷材进行自粘铺贴）。铺贴后卷材应平整、顺直，搭接尺寸正确，不得扭曲（立面卷材施工时，应将卷材在平面释放应力，打卷后再进行立面卷材铺贴施工）。

（5）大面卷材铺贴：大面铺贴第一道卷材，结构底板部位的防水卷材宜采取空铺法，侧墙及其他部位采取自粘法满粘；卷材应铺设在符合要求的基层表面上，确定铺贴的具体位置，先把卷材展开，调整好铺贴位置，将卷材的起始端先粘贴固定在基层上，然后从卷材的一边均匀地撕去隔离膜，边去除隔离膜边向前缓慢地滚压、排除空气、粘贴紧密。铺贴后的卷材应平整、顺直，搭接尺寸正确，不得扭曲。

相邻卷材要粘贴牢固，长短边搭接宽度为不小于80mm，同层相邻卷材的短边搭接缝在地下室部位错开不小于1/3卷材幅宽。

（6）卷材搭接缝粘贴：卷材搭接缝的粘贴采用专用压辊在上层卷材的顶面均匀用力施压，以边缘呈密实黏合为准。必要时采用专用压轮二次压边。

（7）第二道卷材铺贴：第一层卷材检查合格后，再弹线铺贴第二层卷材，操作方法同第一层，但必须注意上、下层卷材不得相互垂直铺贴，且上、下两层卷材的接缝应纵向错开1/3~1/2幅宽，其他同第一层；地下同一层相邻两幅卷材的短向搭接缝应错开不小于1/3的卷材幅宽。待自检合格后报请监理及建设方进行验收，验收合格后及时进行保护层的施工。

（8）缺陷修复：自粘卷材的自粘面受到灰尘污染后，会部分失去自粘性，表现为搭接缝、收口部位局部翘边、开口等现象。工程中一旦出现上述情况，必须及时进行修复，修复方法为采用热风焊枪，将热风焊嘴伸入翘边、开口内部，利用热风将自粘橡胶沥青加热黏合。

（9）验收：分工序自检，自检合格后报请总包、监理及建设方按照标准、规范验收，验收合格后及时进行下一道工序的施工。

四、海峡文化艺术中心交叉膜防水卷材施工工程[*]

（一）项目简介

海峡文化艺术中心在福州新区三江口片区，该中心由5个花瓣式场馆组成，包括多功能戏剧厅、歌剧院、音乐厅、艺术博物馆、影视中心一系列文化设施。

由于该项目位于三江口，施工季节潮湿多雨，因此该项目地下室底板、侧墙、顶板均采用了湿铺卷材+自粘卷材相结合的施工方式，即第一层防水采用SAM-921湿铺防水卷材湿铺法施工，第二层采用SAM-920自粘防水卷材与第一层防水卷材进行粘贴。

（二）各节点部位做法

1. 地下室底板防水构造做法

采用2.0mm厚SAM-921湿铺防水卷材+2.0mm厚SAM-920自粘防水卷材，第一道SAM-921空铺，第二道SAM-920与SAM-921自粘施工（图8-19）。

2. 地下室侧墙防水构造做法

采用2.0mm厚SAM-921湿铺防水卷材+2.0mm厚SAM-920自粘防水卷材，第一道

＊撰稿：北京东方雨虹防水科技股份有限公司

SAM-921 空铺，第二道 SAM-920 与 SAM-921 自粘施工（图 8-20）。

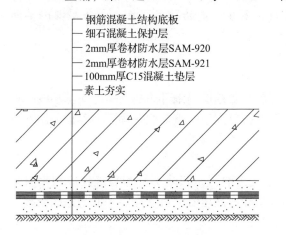

钢筋混凝土结构底板
细石混凝土保护层
2mm厚卷材防水层SAM-920
2mm厚卷材防水层SAM-921
100mm厚C15混凝土垫层
素土夯实

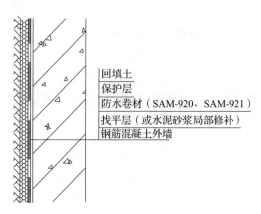

回填土
保护层
防水卷材（SAM-920、SAM-921）
找平层（或水泥砂浆局部修补）
钢筋混凝土外墙

图 8-19　地下室底板防水做法　　　　　图 8-20　地下室侧墙防水构造做法

3. 地下室顶板防水构造做法

采用 2.0mm 厚 SAM-921 湿铺防水卷材 + 2.0mm 厚 SAM-920 自粘防水卷材，第一道 SAM-921 空铺，第二道 SAM-920 与 SAM-921 自粘施工（图 8-21）。

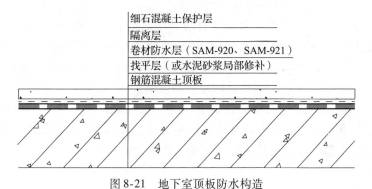

细石混凝土保护层
隔离层
卷材防水层（SAM-920、SAM-921）
找平层（或水泥砂浆局部修补）
钢筋混凝土顶板

图 8-21　地下室顶板防水构造

（三）卷材施工工艺及施工要点

1. 施工准备

1）材料准备

（1）主材：2.0mm 厚 SAM-921 湿铺防水卷材；2.0mm 厚 SAM-920 自粘防水卷材。

（2）配套辅材：沥青基密封膏、收口压条及螺钉，收口密封膏、堵漏宝、水泥胶浆等。

2）机具准备

（1）基层清理：铲子、小平铲、吹灰器、扫帚；

（2）卷材铺贴：喷枪、热风焊枪、弹线盒、剪刀、壁纸刀，钢压辊；

（3）湿铺工具：搅拌桶、毛刷、刮板等；

（4）其他机具足量配备。

3）其他准备

（1）在转角、阴阳角、平立面交接处应抹成圆弧，圆弧半径不小于 50mm；

（2）阴阳角、管根部等处更应仔细清理，若有不同污渍、铁锈等，应以砂纸、钢丝刷、溶剂等清除干净；

（3）做好雨期施工的防雨的准备，做好日常安全、消防防备工作，配备足够的消防器材。

2. 卷材湿铺施工工艺

1）施工工艺流程

施工准备→基层清理→配制浆料→涂刷水泥胶浆黏结层→细部附加层→弹涂基准线→揭掉卷材下表面的隔离膜→大面湿铺卷材铺贴→辊压排气提浆→端头收头固定→养护→用卷材密封膏封闭→验收。

2）操作要点及技术要求

（1）基层清理：基层应坚实、平整、无灰尘、无油污，凹凸不平和裂缝处应用聚合物砂浆补平，施工前清理、清扫干净，必要时用吸尘器或高压吹尘机吹净。平面与立面交接处的阴阳角、管道根等，均应做成半径为50mm的圆弧。

（2）配制浆料：根据铺贴面积足量配制黏结用的水泥胶浆浆料，水泥浆料的配比根据所选原材的试验结果由试验室提供，水泥胶浆需有良好的和易性。

（3）涂刷黏结层：铺抹胶浆时应注意压实、抹平。在阴角处，应在基层处理时用水泥胶浆抹成半径为50mm的圆弧。抹水泥胶浆宽度比卷材的长、短边各宽出150mm，并确保平整度。

（4）附加防水层粘贴：在铺设大面卷材防水层之前，应先按相关规范和设计要求在细部节点部位粘贴附加防水层。附加防水层选用双面自粘卷材，湿铺施工。立面与平面转角处阴阳角部位、转折阴阳角均先铺一层双面自粘卷材作附加防水层，附加层卷材一般为500mm宽，一般部位附加层与大面卷材间应自粘黏结。

（5）弹线湿铺铺贴大面自粘卷材：将卷材首先预铺展，释放应力，揭掉防水卷材下表面的隔离材料，将卷材平铺在水泥胶浆上，按照所选卷材的宽度，按基准线进行卷材铺贴施工。铺贴后卷材应平整、顺直，搭接尺寸正确，不得扭曲。

（6）辊压排气、提浆：在施工水泥胶浆黏结层的同时，先将卷材起始端卷材粘贴牢固，然后及时将卷材均匀铺设、滚压，并用木抹子或橡胶板拍打卷材上表面，排出卷材下面的空气，使卷材与水泥胶浆紧密粘贴，铺贴后卷材应平整、顺直，搭接尺寸正确，不得扭曲。

（7）卷材的搭接：卷材采用自粘搭接，滚铺卷材时，水泥胶浆不要污染卷材边缘的自粘胶面，若不慎污染，要及时清理干净。卷材搭接缝的黏结时，采用专用压辊在上层卷材的顶面均匀用力施压，以边缘呈密实黏合为准（图8-22）。

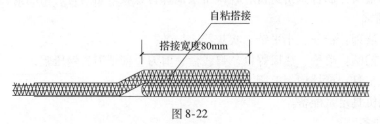

图8-22

（8）养护：卷材湿铺铺贴完成后，需养护不少于48h（具体时间也可视环境温、湿度而定），此段时间禁止一切人员进入养护段施工现场。

（9）缺陷修复：自粘卷材的自粘面受到灰尘污染后会部分失去自黏结性能，表现为搭接缝、收口部位局部翘边、开口。工程中一旦出现上述情况必须及时进行修复，修复方法为采用热风焊枪，将焊嘴伸入翘边、开口内部，利用热风将自粘橡胶沥青加热融化黏合。

（10）检查验收湿铺自粘卷材：铺贴时边铺边检查，发现粘贴不实之处及时修补，不得留任何隐患，现场施工员、质检员必须跟班检查，检查并经验收合格后方可进行下道工序施工。

（11）验收：分工序自检，自检合格后报请总包、监理及建设方验收，验收合格后及时进行保护层的施工。

3. 自粘卷材施工工艺

1）施工工艺流程

基层清理→弹线→铺贴第一道自粘卷材（底板优先采用空铺做法）→搭接缝粘贴→验收第一道自粘卷材→弹线→铺贴第二道卷材→搭接缝粘贴→检查、验收→成品保护。

2）操作要点及技术要求

（1）基层清理：湿铺完成的防水层应保证水泥胶浆固化完成，黏结牢固，并在施工自粘卷材前进行确认，保证基层无灰尘、无杂物等。

（2）弹线、应力释放：在已处理好并干燥的基层表面，按照所选卷材的宽度，留出搭接缝尺寸（长短边均为80mm），将铺贴卷材的基准线弹好，按此基准线进行卷材预铺，释放应力，然后将卷材重新打卷，平面由卷材中间向两侧进行卷材铺贴（立面由下往上推滚卷材进行自粘铺贴）。铺贴后卷材应平整、顺直，搭接尺寸正确，不得扭曲（立面卷材施工时，应将卷材在平面释放应力、打卷后再进行立面卷材铺贴施工）。

（3）大面铺贴自粘卷材：卷材应铺设在符合要求的基层表面上，确定铺贴的具体位置，先把展开卷材，调整好铺贴位置，将卷材的起始端先粘贴固定在基层上，然后从卷材的一边均匀地撕去隔离膜，边去除隔离膜边向前缓慢地滚压、排除空气、粘贴紧密。铺贴后的卷材应平整、顺直，搭接尺寸正确，不得扭曲。

相邻卷材要粘牢，长、短边搭接宽度为不小于80mm，同一层相邻卷材的短边搭接缝在地下室部位错开不小于1/3卷材幅宽，同时注意上、下层卷材不得相互垂直铺贴，且上、下两层卷材的接缝应纵向错开1/3～1/2幅宽（图8-23）。

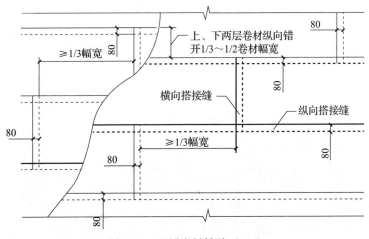

图8-23　双层卷材铺贴（mm）

（4）卷材搭接缝粘贴：卷材搭接缝粘贴时，采用专用压辊在上层卷材的顶面均匀用力施压，以边缘呈密实黏合为准。必要时采用专用压轮二次压边（图8-24）。

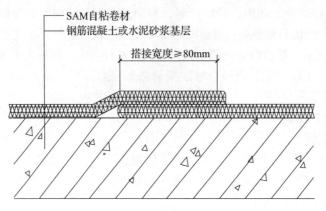

图8-24　自粘卷材搭接示意图

（5）缺陷修复：自粘卷材的自粘面受到灰尘污染后，会部分失去黏性，表现为搭接缝、收口部位局部翘边、开口等现象。工程中一旦出现上述情况，必须及时进行修复，修复方法为采用热风焊枪，将热风焊嘴伸入翘边、开口内部，利用热风将自粘橡胶沥青加热黏合。

（6）验收：分工序自检，自检合格后报请总包、监理及建设方按照标准、规范验收，验收合格后及时进行下一道工序的施工。

第九章　非固化橡胶沥青防水涂料与卷材复合防水工程

第一节　概　况

非固化橡胶沥青防水涂料与卷材复合施工是当前防水施工中普遍采用的方法，二者结合可发挥涂料与卷材的最大功效，形成一层整体性的防水层，取得最优的防水效果。该项技术应用的前提是两种材料要具有相容性，下面主要介绍非固化橡胶沥青防水涂料。

非固化橡胶沥青防水涂料以橡胶、沥青为主要组分，加入助剂混合制成。

在应用状态下长期保持黏性膏状体的具有蠕变性的一种新型防水材料。该涂料能封闭基层裂缝和毛细孔，能适应复杂的施工作业面；与空气接触后长期不固化，始终保持黏稠胶质的特性，自愈能力强、碰触即粘、难以剥离，在 -20℃仍具有良好的黏结性能。它能解决因基层开裂将应力传递给防水层造成的防水层断裂、挠曲疲劳或处于高应力状态下的提前老化等问题；同时，蠕变性材料的黏滞性使其能够很好地封闭基层的毛细孔和裂缝，解决了防水层的窜水难题，使防水可靠性得到大幅度提高；还能解决现有防水卷材和防水涂料复合使用时的相容性问题。

一、工艺原理

非固化橡胶沥青防水材料是由橡胶、沥青及特种添加剂组成的弹塑性胶状体，与空气长期接触也不会固化，且有很好的黏结力，可替代冷粘胶用于冷粘法施工的防水材料。

二、性质

非固化橡胶沥青防水涂料具有以下主要特性：

（1）超高的固含量。固含量达到98％。既非溶剂型涂料亦非水乳型防水涂料，是不需要成膜的成品涂料。

（2）永久非固化。施工后，产品一直保持弹塑性胶体状态。在整个使用年限中，永久保持性能不变，不老化。

（3）神奇的自愈性。可自行修复由外力作用下造成的破损。

（4）极强的蠕变性。与卷材复合使用，即便是满粘，也能达到空铺的效果。

（5）高低温施工无障碍。适应高温和低温施工，-20℃至 +40℃均可施工。

（6）防窜水性能卓越。与基层微观满粘，封堵毛细孔和细微裂缝，实现真正的皮肤式防水。

（7）黏结性能卓越。几乎可与任何材料良好黏结。即便在无明水的潮湿基层，黏结能力同样不受影响。

（8）出色的耐候性。与空气长期接触也不固化，性能不变。

（9）施工工法多样化。同样的材料，即可喷涂又可刮涂、注浆，相容性好。

（10）抗开裂性。不受基层变形沉降等外力造成开裂的影响。该材料的技术指标见表9-1。

表9-1 非固化橡胶沥青防水涂料物理性能（JC/T 2428—2017）

序号	项目		技术指标
1	闪点（℃）		≥180
2	固含量（%）		≥98
3	黏结性能	干燥基面	100%内聚破坏
		潮湿基面	
4	延伸性（mm）		≥15
5	低温柔性		−20℃，无断裂
6	耐热性（℃）		65
			无滑动、流淌、滴落
7	热老化 70℃，168h	延伸性（mm）	≥15
		低温柔性	−15℃，无断裂
8	耐酸性（2% H_2SO_4 溶液）	外观	无变化
		延伸性（mm）	≥15
		质量变化（%）	±2.0
9	耐碱性［0.1% NaOH + 饱和 Ca(OH)$_2$ 溶液］	外观	无变化
		延伸性（mm）	≥15
		质量变化（%）	±2.0
10	耐盐性（3% NaCl 溶液）	外观	无变化
		延伸性（mm）	≥15
		质量变化（%）	±2.0
11	自愈性		无渗水
12	渗油性（张）		≤2
13	应力松弛（%）	无处理	≤35
		热老化（70℃，168h）	
14	抗窜水性（0.6MPa）		无窜水

三、应用

（1）工业与民用建筑屋面及侧墙防水工程；

（2）种植屋面防水工程；

（3）地下结构、地铁车站、隧道等防水工程；

（4）道路桥梁、铁路等防水工程；

（5）堤坝、水利设施等防水工程；

（6）变形缝、沉降缝等各种缝隙注浆灌缝。

第二节　施工案例

一、非固化橡胶沥青防水涂料复合施工——北京保险产业园综合管廊工程[*]

（一）工程概况

北京保险产业园综合管廊工程同期建设 2 条综合管廊，分别位于石景山北 I 区二号路及实兴东街道路。其中石景山北 I 区二号路综合管廊西起刘娘府东街，为刘娘府东街建设综合管廊预留接口条件，东至实兴大街以东，与金顶街 110kW 变电站相接，综合管廊长约 720m；实兴东街综合管廊南起石景山北 I 区三号路，管廊端头预留舱内管线出线条件，北至金顶山路，管廊端头预留舱内管线出线条件，综合管廊长大约 595m，防水面积 30000m² （图 9-1）。

图 9-1　综合管廊施工现场

（二）防水设计

管廊工程防水应按照国家现行标准《城市综合管廊工程技术规范》（GB 50838）的规定进行，同时采用《地下工程防水技术规范》（GB 50108）标准。本工程防水等级为二级，综合管廊防水采用全包防水，综合管廊在绑扎框架钢筋前，浇筑 100mm 厚 C15 混凝土垫层，在其上施做 1.3mm 厚聚合物水泥防水黏结料一层，再铺设 2mm 厚非固化橡胶沥青防水涂料＋3.0mm 自粘改性沥青防水卷材，然后浇筑 50mm 厚 C15 细石混凝土保护层。

（三）选用材料

（1）氯丁胶乳沥青防水涂料；

（2）非固化（喷涂）橡胶沥青防水涂料；

（3）自粘聚合物改性沥青防水卷材。

＊ 撰稿：北京京城普石防水防腐工程有限公司　孙双林

（四）施工准备

1. 非固化橡胶沥青防水涂料（JC/T 2428—2017）

材料特点如下：

非固化橡胶沥青防水涂料具有自行封闭能力，可自行修复防水层的破损部分。破损部位周围的非固化橡胶沥青防水涂料会自动流动并填充到受损部位，可以阻断防水层与混凝土基面间的漏水及渗漏，与自粘改性沥青防水卷材复合使用，可由非固化橡胶沥青防水涂料层吸收全部的变形应力，卷材层如同空铺，不受任何力的作用，确保了整个复合防水层长期的完整性，满足管廊工程的防水要求。其具体特点如下：

（1）产品不固化，与基层具有强大的黏结性能，提高了建筑工程的防水抗渗性能。

（2）涂膜具有较高的延伸性，对基层开裂或伸缩的适应性极强，且不会将基层应力转移至卷材层，解决零延伸问题。

（3）能与其他防水卷材形成复合防水构造。

（4）可采用喷涂施工，也可采用刮涂施工，操作简便。

（5）产品能很好地适应基层变形，封闭基层的细微裂缝，杜绝窜水现象的出现。

2. 自粘聚合物改性沥青防水卷材（摘自 GB 23441—2009）

1）产品特点

（1）自粘性：自身黏附于基层，具安全性、环保性。

（2）优异的低温柔韧性、延伸性大，对基层伸缩或开裂变形的适用性强。

（3）自愈性：即对钉穿透的或应力作用下产生的细微裂纹具有愈合的能力。

（4）持久的黏结密封性，卷材接缝自身黏结与卷材同寿命。

（5）自粘橡胶沥青和 HDPE（或铝膜）复合具有优异的耐水性。

2）应用范围

（1）上表面为聚乙烯膜的自粘卷材适用于非外露屋面或地下工程的防水层（含明挖地铁），也适用于水池、水渠等工程的防水层。尤其适用于不准动用明火的工程。

（2）上表面为铝膜的卷材适用于各类外露屋面防水层。

（3）双面自粘卷材仅用于辅助防水，也可用于两种不相容材料防水层交接处的黏结和密封。

（五）施工做法

（1）基层处理：基层表面应坚固、平整、干燥、干净、无灰尘油污，转角处应做成 50mm×50mm 的斜角或半径 50mm 的圆角附加层。

（2）涂刷 1.3mm 厚聚合物水泥防水黏结料一层。

（3）待防水黏结料干燥后涂刷氯丁胶乳沥青防水涂料：在合格基层上均匀涂刷氯丁胶乳沥青防水涂料，涂刷前应将氯丁胶乳充分搅拌，涂刷时应厚薄均匀，不漏底，不堆积，遵循先高后低、先立面后平面的原则，直至涂刷氯丁胶乳沥青防水涂料要求的厚度，待干燥后即可进行下一步工序。

（4）节点加强处理：在节点部位（如阴阳角、施工缝及后浇带）先做加强层。

（5）热熔非固化橡胶沥青防水涂料：施工前，应将非固化橡胶沥青防水涂料放在加热罐中加热至液体状态，达到规定的温度时才能施工，喷涂温度≥150℃。

（6）喷涂非固化橡胶沥青防水涂料：将加热罐中的非固化橡胶沥青防水涂料均匀地喷涂在基层上，对于节点部位应采用人工刮涂的方式，确保附加层的尺寸和厚度符合要求，涂料厚度应均匀，不得漏刷。

（7）大面铺贴自粘改性沥青防水卷材：铺贴自粘改性沥青防水卷材时，将卷材的末端固定黏结在基层上，然后从卷材的一边均匀地撕去隔离膜，边去除隔离膜边缓慢均匀地滚压，排出内部空气，使卷材与非固化橡胶沥青防水涂料牢固地黏结在一起，铺贴后的卷材应平整、顺直，搭接尺寸正确，不得扭曲。底板卷材甩槎应留出250mm的长度，并采取保护措施覆盖。

（8）排气：用木抹子或橡胶板拍打卷材表面，排出卷材下面的空气，使卷材与非固化橡胶沥青防水涂料紧密贴合。

（9）长、短边搭接黏结：根据现场情况，可选择铺贴卷材时进行搭接。搭接时，将卷材的隔离膜均匀地撕掉，边去除隔离膜边缓慢均匀地滚压，排出内部空气，压实，将上层卷材平铺粘贴在下层卷材上，卷材搭接宽度不小于100mm。

（10）防水卷材密封收头：用非固化橡胶沥青防水涂料进行密封，搭接处也可使用热熔施工法进行密封。

（六）重要节点施工做法

（1）垫层防水

综合管廊在绑扎框架钢筋前，浇筑100mm厚C15混凝土垫层，在其上施做1.3mm厚聚合物水泥防水黏结料一层，然后铺设2mm厚非固化橡胶沥青防水涂料＋3mm厚自粘改性沥青防水卷材一层，再浇筑50mm厚C15细石混凝土保护层（图9-2）。

（2）底板防水甩槎做法（图9-3）

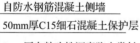

自防水钢筋混凝土侧墙

| 50mm厚C15细石混凝土保护层 |
| 3mm厚自粘改性沥青防水卷材 |
| 2mm厚非固化橡化沥青防水涂料 |
| 1.3mm厚聚合物水泥防水黏结料 |
| 100mm厚C15细石混凝土垫层 |
| 回填土分层夯实 |

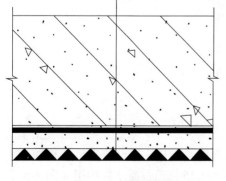

图9-2　垫层防水做法

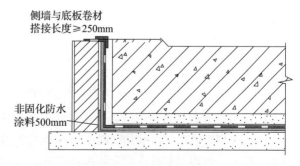

侧墙与底板卷材
搭接长度≥250mm

非固化防水
涂料500mm

图9-3　底板防水甩槎做法

181

（3）侧墙附加层防水处理

（4）侧墙防水

采用2mm厚非固化橡胶沥青防水涂料＋3mm厚自粘改性沥青防水卷材＋50mm厚聚苯板保护层保护（图9-4）。

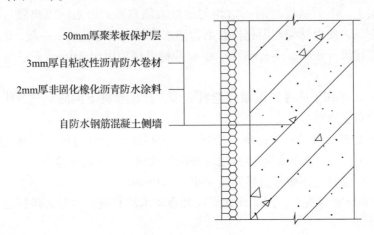

50mm厚聚苯板保护层

3mm厚自粘改性沥青防水卷材

2mm厚非固化橡胶沥青防水涂料

自防水钢筋混凝土侧墙

图9-4　侧墙防水做法

（5）顶板防水采用2mm厚非固化橡胶沥青防水涂料＋3mm厚自粘改性沥青防水卷材＋3mm厚聚合物做水泥砂浆保护层。

（6）外墙变形缝处防水做法：2mm厚非固化橡胶沥青防水涂料＋3mm厚自粘改性沥青防水卷材＋2mm厚非固化橡胶沥青防水涂料＋3mm厚自粘改性沥青防水卷材＋50mm厚聚苯板保护层保护（图9-5）。

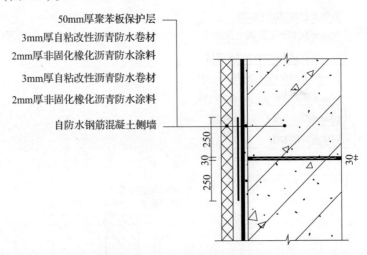

50mm厚聚苯板保护层

3mm厚自粘改性沥青防水卷材

2mm厚非固化橡胶沥青防水涂料

3mm厚自粘改性沥青防水卷材

2mm厚非固化橡胶沥青防水涂料

自防水钢筋混凝土侧墙

图9-5　外墙变形缝防水做法

（7）有垫梁时底板变形缝处防水做法：回填土分层夯实＋100mm厚C15细石混凝土垫层＋1.3mm厚聚合物水泥防水黏结料＋3mm厚自粘改性沥青防水卷材＋2mm厚非固化橡胶沥青防水涂料＋3mm厚自粘改性沥青防水卷材加强层＋50mm厚C15细石混凝土保护层（图9-6）。

（8）穿墙管防水做法见图9-7。

182

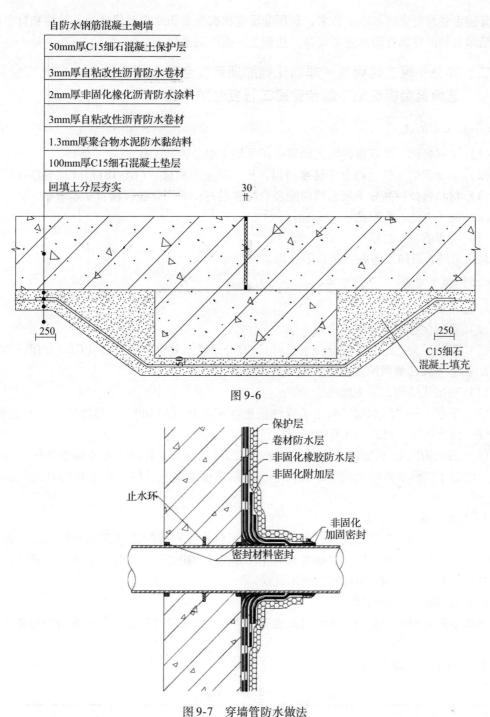

自防水钢筋混凝土侧墙

50mm厚C15细石混凝土保护层

3mm厚自粘改性沥青防水卷材

2mm厚非固化橡化沥青防水涂料

3mm厚自粘改性沥青防水卷材

1.3mm厚聚合物水泥防水黏结料

100mm厚C15细石混凝土垫层

回填土分层夯实

30

250

250

C15细石
混凝土填充

图 9-6

保护层

卷材防水层

非固化橡胶防水层

非固化附加层

止水环

非固化
加固密封

密封材料密封

图 9-7 穿墙管防水做法

（七）总结

国家加强城市地下综合管廊建设，给防水行业带来新的机遇。北京保险产业园综合管廊工程按照《地下工程防水技术规范》（GB 50108）设计施工，并严格按照《地下防水工程质量验收规范》（GB 50208）进行验收。该项目采用非固化橡胶沥青防水涂料与自粘聚合物改性沥青防水卷材复合防水施工技术，利用非固化橡胶沥青防水涂料优良的黏结性和自愈能力与自粘聚合物改性沥青防水卷材复合，达到了完美的防水效果。

二、高分子聚乙烯丙纶＋非固化橡胶沥青复合防水施工技术——北京世界园艺博览会园区地下综合管廊工程复合防水施工 *

（一）工程概况

（1）工程名称：北京世界园艺博览会园区地下综合管廊工程。

（2）编制依据：按《高分子防水材料　第一部分　片材》（GB 18173.1）标准执行。

（3）材料选择：高分子聚乙烯丙纶复合防水卷材；非固化橡胶沥青防水涂料。

（4）施工方法：冷粘法。

（5）工程质量：合格。

北京京城普石防水防腐工程有限公司。

（二）施工准备

1. 选用材料

（1）非固化橡胶沥青防水涂料。

（2）高分子聚乙烯丙纶复合防水卷材。《高分子增强复合防水片材》（GB 26518—2011）。

2. 高分子聚乙烯丙纶复合防水卷材产品特点

（1）三层式结构，表面增强。

（2）芯层——主防水层，采用了线性低密度聚乙烯（LLDPE），其延伸性、不透水性、柔软性、抗穿刺性、耐低温性能较好。

（3）表面为丙纶（涤纶）无纺布，通过与芯层的复合，解决了聚乙烯线膨胀系数大的不足。增加了产品表面的粗糙度，提高了产品的摩擦系数，并使复合卷材的黏结问题得以解决。

3. 人员准备

（1）本工程由具有防水防腐保温工程专业承包壹级资质的北京京城普石防水防腐工程有限公司进行施工。开工后，根据实际情况优化劳动力组合，以求达到最大工作效率。根据工程进度和要求，做到随叫随到，绝不延误。

（2）防水施工管理组织

防水工程由相应资质的专业防水队伍进行施工，防水施工操作人员持有特种作业人员上岗证。

4. 机具准备（表9-2）

表9-2　施工机具

序号	机具名称	规格	数量	用途
1	棕毛扫把	不掉毛	20把	清扫基层

＊ 撰稿：北京圣洁防水材料有限公司　杜昕　孙悦

序号	机具名称	规格	数量	用途
2	钢丝刷	普通	15把	清理基层细节部位
3	平铲	小型	20把	清理松动的基层表面
4	尼龙刷	普通	5把	涂刷柱头涂料
5	铁抹子		8把	修补基层
6	圆头抹子		20把	辅助工具
7	灭火器		5个	待用
8	工具包	标配	一套	设备维修保养备用
9	壁纸刀	大号	20把	待用
10	粉笔		2盒	做标记
11	钢卷尺	5m	5把	度量尺寸
12	皮卷尺	30m或50m	2把	度量尺寸

（三）施工工艺流程及操作要点

1. 施工流程

材料准备→技术准备→基层处理→细部处理→卷材试铺→涂刷非固化涂料→铺贴卷材→涂刷非固化涂料→铺贴卷材→质量检验→成品保护。

2. 基层处理

（1）基层表面应坚实且具有一定的强度，清洁干净，表面无浮土、砂粒等污物，表面应平整、光滑、无松动，要求抹平压光，对于残留的砂浆块或凸起物应以铲刀削平。

（2）阴阳角应抹成半径为50mm均匀光滑的小圆角。

（3）穿墙管道及连接件应安装牢固，接缝严密，若有铁锈、油污应用钢丝刷、砂纸、溶剂等清理干净。

（4）热熔非固化橡胶沥青防水涂料：施工前，应将非固化橡胶沥青防水涂料放在加热罐中加热至液体状态，达到规定的温度时才能施工，喷涂温度≥150℃。

（5）喷涂非固化橡胶沥青防水涂料：将加热罐中的非固化橡胶沥青防水涂料均匀地喷涂在基层上，对于节点部位应采用人工刮涂的方式，确保附加层的尺寸和厚度，涂料厚度应均匀，不得漏刷。

3. 施工工艺

（1）基层干燥后，最大含水率不大于30%，涂刷非固化橡胶沥青防水涂料。厚度在2.0mm。在立面与平面交接处及其他特殊部位做附加层处理，附加层宽度一般为300mm。

（2）在基层上弹出基准线，把丙纶防水卷材试铺定位。首条基准线距离管廊底板一侧600mm处。

（3）沿着基准线，一边往前铺贴，用小圆辊或者小平板刮卷材表面，以赶出空气，使卷材与基层粘贴密实。

（4）丙纶防水卷材铺贴前，根据工程的实际尺寸剪裁好卷材，把剪裁后的卷材铺贴在涂料上并开始用刮板刮平，用刮板轻刮卷材表面，排除粘贴层的空气和多余涂料。

卷材的搭接宽度。长边的搭接：卷材纵向搭接宽度，单层防水≥100mm；短边的搭接：卷材两边必须全部黏结，搭接宽度，单层防水≥150mm。同一层相邻两幅卷材铺贴时，横向搭接边应错开1500mm以上。滚铺时应注意卷材的铺展方向及卷材的长边始终对准基准线，不得出现褶皱、扭曲、歪斜等现象。

卷材与基面的黏结率应达到85%以上，同时不能有大面积空鼓。铺贴完毕后，应采用大号毛刷或刮板在所有接缝处刷、刮一层非固化涂料，将接口处封严。

（5）铺贴平面和立面的卷材防水层。采用冷贴法施工，在铺平面与立面相连的卷材时，应先铺贴平面，然后由下向上铺贴立面，并使卷材紧贴阴角，不应空鼓。

（6）附加层施工

对所有的阴阳角部位、立面与平面交接处做附加层处理，附加层宽度一般为330mm。对凸出基层部位做300mm宽附加层。

阴阳角：阴阳角处的基层处理后，先铺一层卷材附加层，附加层卷材要剪成如图9-8所示形状，铺贴时要满粘在基层上。阴阳角卷材铺贴方法如图9-8所示。

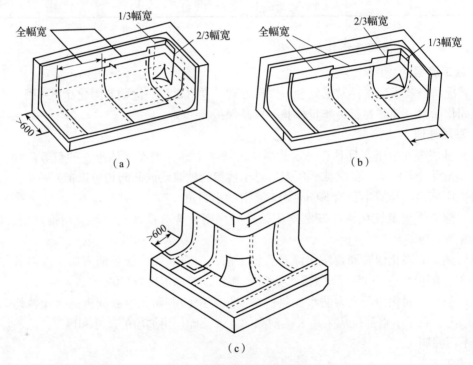

图9-8 阴阳角卷材铺贴方法

（a）阴角的第一层油毡铺贴法；（b）阴角的第二层油毡铺贴法；（c）阳角的第一层油毡铺贴法

（7）验收合格后即可做保护层。

（四）质量验收标准

（1）卷材搭接边应全部检查，所有搭接边应黏结牢固。

（2）卷材与非固化橡胶沥青防水涂料黏结率≥90%。

（3）防水施工结束，不得出现卷材与基层开裂等现象。

（4）丙纶防水卷材的搭接宽度不小于100mm。

（五）成品保护

（1）防水工程施工应有防水作业成品的具体保护措施，作业人员不得边施工边随意破坏已完的各工序成品。工程竣工验收后，应由专人负责维护管理，严禁验收后凿孔、打洞、破坏防水层。

（2）防水施工人员应掌握好作业顺序，减少在已施工的卷材防水层上走动。

（3）操作人员严格保护已做好的卷材防水层，在做保护层前不得随意进入施工现场，以免破坏防水层。进入现场的人员必须穿软底鞋。

（4）卷材铺设完成直接暴露于阳光下三周以上的部位，应使用塑料布或其他物料进行覆盖保护。

（5）防水工程全部完工后移交下一道工序的分包队伍，下道工序分包队伍务必做好已移交工程的保护措施。

（六）工程验收

施工完毕后按照防水工程验收规范进行验收，首先由技术员、质检员按标准认真地对本防水工程质量作一次全面检查，确认质量合格后，及时向现场监理、质量监督部门汇报，并要求对此施工项目进行检查验收。最后由建设、施工、监理三方一起按标准进行验收。

三、SBS改性沥青防水卷材与非固化橡胶沥青防水涂料复合施工——房山区某商业金融用地项目[*]

（一）工程概况

（1）工程名称：1号商务办公楼等17项（房山区拱辰街道办事处及长阳镇09-04-21地块商业金融用地项目），4号、5号、12号商务办公楼，S2号商业楼地下室防水工程。

（2）建设单位：中航天建设工程有限公司。

（3）材料选择：SBS改性沥青防水卷材，非固化橡胶沥青防水涂料。

（4）施工方法：冷贴法。

（5）施工部位：地下室底板。

（6）工程质量：合格。

（7）施工单位：北京京城普石防水防腐工程有限公司。

（二）选用材料

（1）非固化（喷涂）橡胶沥青防水涂料。

（2）SBS改性沥青防水卷材。

（三）地下室底板防水构造做法

1. 工艺流程

基层处理→涂刷氯丁胶底涂→节点加强处理（沥青防水涂料）→手刮或喷涂非固化橡胶沥青防水涂料→大面铺贴弹性体改性沥青防水卷材→提浆、排气→搭接边密封→卷材收头、密封→检查验收。

2. 施工方法

（1）基层处理：基层表面应坚固、平整、干燥、干净、无灰尘及油污，转角处应做成

---

* 撰稿：北京京城普石防水防腐工程有限公司 孙双林

187

$50mm \times 50mm$ 的斜角或半径 50mm 的圆角附加层。

（2）涂刷氯丁胶乳沥青防水涂料：在合格基层上均匀涂刷氯丁胶乳沥青防水涂料，涂刷前应将氯丁胶乳充分搅拌，涂刷时应厚薄均匀，不漏底、不堆积，遵循先高后低、先立面后平面的原则，涂刷氯丁胶乳沥青防水涂料直至要求厚度，待干燥后即可进行下一步工序。

（3）节点加强处理：在节点部位（如阴阳角、施工缝及后浇带）先做加强层。

（4）热熔非固化橡胶沥青防水涂料：施工前，应将非固化橡胶沥青防水涂料放在加热罐中加热至液体状态，达到规定的温度时才能施工，喷涂温度≥150℃。

（5）喷涂非固化橡胶沥青防水涂料：将加热罐中的非固化橡胶沥青防水涂料均匀地喷涂在基层上，3min 内滚铺 SBS 改性沥青防水卷材，然后轻刮卷材表面，排出内部空气，使卷材与非固化橡胶沥青防水涂料牢固地黏结在一起。

（6）大面铺贴 SBS 改性沥青防水卷材：将 SBS 改性沥青防水卷材铺贴在已抹防水涂料的基层上（边抹防水涂料，边铺 SBS 改性沥青防水卷材），地下室顶以上应留出 250mm 的甩槎长度，并采取保护措施覆盖。

（7）排气：用木抹子或橡胶板拍打卷材表面，排出卷材下面的空气，使卷材与非固化橡胶沥青防水涂料紧密贴合。

（8）长短边搭接黏结：根据现场情况，根据所选用铺贴卷材的规定进行搭接。搭接时，将 SBS 改性沥青防水卷材的搭接边热熔并压实，将上层 SBS 改性沥青防水卷材平铺在下层卷材上，卷材搭接宽度不小于100mm。

（9）防水卷材密封收头：用非固化橡胶沥青防水涂料进行密封，搭接处可使用热熔施工法进行密封。

地下室底板防水做法如图9-9所示。

（10）后浇带做法：附加层的铺贴方法按现场实际情况操作，涂刮在大面积防水卷材下方（图9-10）。

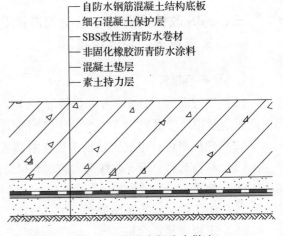

图 9-9　地下室底板防水做法

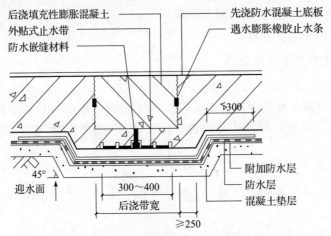

图 9-10　后浇带防水做法

188

（四）地下室侧墙防水构造做法

1. 工艺流程

基层处理→涂刷非固化橡胶沥青防水涂料→铺贴 SBS 改性沥青防水卷材→排气、压实→搭接边密封→卷材收头、密封→检查验收。

2. 施工方法

（1）检查基层的平整和干燥情况，对高低不平或凹坑较大的部位，可以用1:3水泥砂浆抹平，对凸出墙面的异物、浮浆等用扁铲铲平，并清理干净。

（2）对阴阳角用水泥砂浆做成均匀一致、平整圆滑的圆弧形或135°折角。

（3）热熔非固化橡胶沥青防水涂料：施工前，应将非固化橡胶沥青防水涂料放在加热罐中加热至液体状态，达到规定的温度时才能施工，喷涂温度≥150℃。

（4）滚刷非固化橡胶沥青防水涂料：将加热后的非固化橡胶沥青防水涂料均匀地滚刷在基层上，3min 内滚铺 SBS 改性沥青防水卷材，然后压实卷材表面，排出内部空气，使卷材与非固化橡胶沥青防水涂料牢固地黏结在一起。

（5）侧墙立面高度超过5m的收口采用固定压条、射钉固定，并用非固化密封材料处理。

（6）大面积铺贴卷材防水层应从上至下铺贴。

（7）阴阳角部位涂刷非固化橡胶沥青防水涂料，涂刷宽度500mm。

（8）两幅卷材短边和长边的搭接宽度均不小于100mm。

（五）防水各节点做法

（1）穿墙管道防水做法如图 9-11 所示。

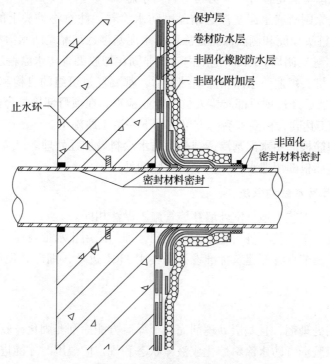

图 9-11　穿墙管道防水做法

（2）阴阳角附加层做法如图 9-12 所示，附加层总宽度为500mm。

（3）地下室外墙铺贴及顶部防水甩槎做法如图9-13所示。

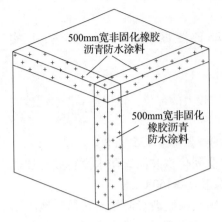

图9-12 阴阳角附加层非固化橡胶
沥青防水施工做法

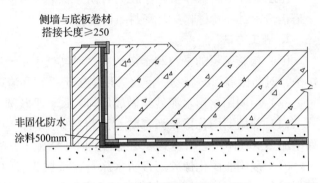

图9-13 外墙铺贴及顶部防水做法

（六）地下室桩头防水结构做法

1. 工艺流程

桩头清理→涂刷水泥基渗透结晶型防水涂料（两遍）→钢筋根部用止水环处理。

2. 施工方法

（1）施工前认真识图，落实防水工程部位，熟知作业规程，掌握操作要领。

（2）桩头施工前应满足设计要求方可进行防水施工。

（3）在桩头上涂刷两遍水泥基渗透结晶型防水涂料。注意将桩头上的砂眼、微细空隙用防水涂料涂实。桩头顶面和侧面裸露处涂刷的水泥基渗透结晶型防水涂料应延伸到结构底板垫层150mm处，桩头四周300mm范围内应抹非固化橡胶沥青防水涂料过渡层。

（4）桩管根、桩头每遍防水涂料涂刷结束后，都要经过班组的自检和工长组织的互检，达到合格要求后，然后经过项目部质检人员的专业检查。在项目部检查合格的基础上，再由监理人员检验。施工达到合格要求后，方可进行下一道工序施工。

（5）桩头及钢筋根部用水泥基渗透结晶型防水涂料做加强处理。

（6）桩头及钢筋根部用遇水膨胀止水密封胶圈处理。

（七）其他部位防水结构做法

（1）排水井施工工艺与地下室外墙穿墙管施工做法相同。

（2）塔机部位施工工艺与桩头施工做法相同，细部采用止水带处理。

（3）主要施工及节点参照建筑标准设计图集10J301进行，细部处理可根据现场情况进行调整。

（八）注意事项

（1）涂刷基层处理剂，且基层处理剂完全干燥后方能涂刮非固化橡胶沥青防水涂料。

（2）非固化橡胶沥青防水涂料熔化成液体状态和规定的温度时才能进行施工作业。

（3）刮涂非固化橡胶沥青防水涂料的同时滚铺SBS改性沥青防水卷材，注意卷材搭接边的黏结效果。

190

（4）施工防水层之前，必须将各种管道及预埋件安装固定好，以避免在防水层施工好后，打洞凿孔造成防水层破坏，留下渗漏隐患。

（5）相邻两排卷材的短边接头应相互错开 1/3 幅宽以上。

（6）在施工中，卷材部位受到污染，可用干净的湿布进行清洁。

（7）水泥基渗透结晶型防水涂料施工前，应仔细检查桩头结构面有无缺陷，对有缺陷应进行修补。基面应润湿，但不能有积水残留。配制的涂料控制在 1h 内用完，使用中不断搅拌。

（8）止水条在运输过程中要注意防雨，储存时防止浸水。

（九）质量验收标准

（1）卷材搭接边应全部检查，所有搭接边应黏结牢固。

（2）卷材与非固化橡胶沥青防水涂料黏结率≥90%。

（3）防水施工结束，不得出现卷材或非固化橡胶沥青防水涂料与基层开裂等现象。

（4）SBS 改性沥青防水卷材的搭接宽度不小于 100mm。

（十）成品保护

（1）防水工程施工应有防水作业成品的具体措施，作业人员不得边施工边随意破坏已完的各工序成品。工程竣工验收后，应由专人负责维护管理，严禁验收后凿孔、打洞、破坏防水层。

（2）防水施工人员应掌握好作业顺序，减少在已施工的卷材防水层上走动。

（3）操作人员严格保护已做好的防水层，在做保护层前不得随意进入施工现场，以免破坏防水层。进入现场的人员必须穿软底鞋。

（4）卷材铺设完成直接暴露于阳光下三周以上的部位，应使用塑料布或其他物料进行覆盖保护。

（5）防水工程全部完工后移交下一道工序的分包队伍，下道工序分包队伍务必做好已移交工程的保护措施。

（十一）工程验收

施工完毕，由技术员、质检员按标准对防水工程质量认真地做一次全面检验，确认质量合格后，及时向现场监理、质量监督部门汇报，并要求对此项目进行检查验收，如质量合格，办好验收手续，保存相关技术资料。

四、GFZ 聚乙烯复合卷材与非固化橡胶沥青防水涂料复合防水体系施工——北京地铁 16 号线 05 标段工程[*]

（一）工程概况

北京地铁 16 号线 05 标段由北京住总集团轨道市政总承包部承建。北京地铁 16 号线工程是一条南北向的骨干线，线路途经海淀、西城、丰台 3 个行政区，线路全长约 40.2km。16 号线 05 标段位于北清路与永丰路交口处，地下室顶板防水面积 2 万平方米。

设计要求：工程采用双层 0.8mm 厚 GFZ 聚乙烯丙纶防水卷材 + 双层≥2.0mm 厚非固化

---

* 撰稿：北京圣洁防水材料有限公司　杜昕　孙悦

橡胶沥青防水涂料，总厚度为 5.6mm。其防水做法见图 9-14。

（二）施工准备及部署

1. 材料准备

GFZ 聚乙烯丙纶防水卷材和非固化橡胶沥青防水涂料是北京圣洁防水材料有限公司生产的高科技专利产品，并通过 ISO 9001 国际质量体系认证、ISO 14001 国际环境体系认证、职业健康安全管理体系认证。

2. 工具准备

扫帚（用于清理基层）、冲子、铲刀（清除基层凸凹附着物）、毛刷、剪刀、卷尺、刮板、非固化喷涂机器设备等。

3. 施工部署

（1）施工前应将基层表面坚硬的水泥硬块等杂物清理干净，使表面平整；将表层附着的灰尘、杂物清理干净，保持基层整洁。

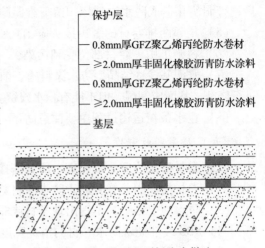

图 9-14 地下室顶板防水做法

（2）上一道工序施工后应将底板和主楼连接处聚苯板切割掉，并且用水泥砂浆抹平。

（3）基层等处理干净后就可喷涂非固化橡胶沥青防水涂料，并在此基础上铺贴聚乙烯丙纶防水卷材。喷涂前约 2h 打开加热罐，预先将材料倒入料罐中加热，待涂料整体温度达到可喷涂状态时（约 160℃），用专门喷涂机均匀地喷涂非固化橡胶沥青防水涂料，然后铺贴防水卷材。喷涂时可根据设计厚度调换不同喷枪枪嘴，防水层一次或二次成形。

（4）卷材搭接宽度：长、短边为 100mm，错开相邻两边，上、下层接缝错开 1/2（50mm），卷材末端收头，应黏结牢固，防止翘边和开裂，如图 9-15 所示。

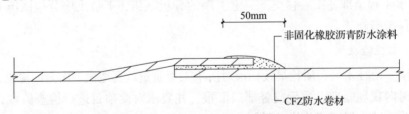

图 9-15 卷材搭接示意图

（三）找平层质量要求

（1）找平层应有利于卷材的铺设和粘贴。找平层应抹平抹光、表面光滑、洁净、接槎平整。不允许有明显的尖凸、凹陷、起皮、起砂、开裂现象。找平层平整度应在允许的范围内平缓变化、坡向一致并符合图纸设计要求。找平层完工后，等基层干燥后，就可大面积施工。

（2）喷涂或涂刮非固化防水材料，不得漏底、漏涂。大面积时用机械喷涂，小面积复杂部位时可涂刮，根据现场实际情况而定。

（四）结语

GFZ 聚乙烯丙纶防水卷材与非固化橡胶沥青防水涂料复合防水体系在防水工程中已应用

5 年之久，并列入国家标准图集，住房城乡建设部也将其列入《建筑业 10 项新技术》（2010版）产品目录。

目前，GFZ 聚乙烯丙纶防水卷材与非固化橡胶沥青防水涂料复合防水体系在全国各地广泛应用，均取得了明显的防水效果，受到业主、施工、监理以及社会的广泛信任和好评。GFZ 聚乙烯丙纶防水卷材与非固化橡胶沥青防水涂料复合防水体系具有更强劲的发展潜力，会越来越多地应用于各种防水工程，并将取得更大的社会效益和经济效益。

我们的承诺是：让开发商放心，让建设方省心，让老百姓舒心，让每一项防水工程都能体现我们圣洁人的佛心！

五、聚乙烯（LDPE）复合防水卷材与防水涂料施工技术——某城市综合管廊复合施工工程[*]

聚乙烯（LDPE）复合防水卷材是采用 LDPE 树脂同增强材料（丙纶、涤纶等无纺布）复合而成的，具有高延伸、高柔性，适用于管廊工程，是一种高强度增强型的防水卷材。此防水卷材同防水涂料（聚氨酯、热熔橡胶沥青防水涂料、速凝橡胶沥青防水涂料、聚合物水泥防水黏结料、氯丁胶乳沥青防水涂料等）一起复合使用，更能体现其防水、抗裂、耐久的特性，适用于各类地下工程，已广泛应用于屋面工程、地下工程、地铁工程、隧道工程等防水工程。

LDPE 复合防水卷材执行标准：《高分子增强复合防水片材》（GB/T 26518）；各类复合用防水涂料符合相应的产品标准。

工程做法符合：《种植屋面工程技术规程》（JGJ 155）、《地下工程防水技术规范》（GB 50108）、《地下防水工程质量验收规范》（GB 50208）、《屋面工程技术规范》（GB 50345）、《屋面工程质量验收规范》（GB 50207）等标准规范。

（一）特点

聚乙烯（LDPE）在树脂中是一种典型的无毒环保型产品，广泛用于食品工业的包装材料（矿泉水、各类饮料、饼干、糕点以及各类医用产品），因此说 LDPE 复合增强防水卷材是无毒、无污染的，完全符合绿色建筑、绿色城市的应用，HDPE 复合防水卷材成功应用于各类建筑防水工程。

此类防水卷材同上述防水涂料进行复合，具有相容性好、黏结强度高的特点，两者复合形成一个防水体系。该体系可在施工中采用各类防水涂料，在干净、平整的基层上涂刷（或喷涂）后，完全堵塞基层上各类孔隙和裂缝，形成一道皮肤式的防水层；再将 LDPE 复合防水卷材铺贴在基层上，形成一个完善的防水体系。此体系具有施工便捷、速度快、施工性好、耐久性好、耐高低温、耐老化、抗变形、高柔韧性和防水性能好等特点，更适用于地下工程和管廊防水工程。

（二）适用范围

从其特点看，此防水系统适用于各类工业与民用建筑工程和构筑物。由于其材质型号选择性强，卷材规格厚度为 0.7～1.5mm，增强材料多样，市场流通的防水涂料均可与之配套

---

* 撰稿：北京圣洁防水材料有限公司杜昕　孙悦　郑丹

使用，使之形成一种多功能的防水系统，适用于地下工程、地下综合管廊工程、地上工程、屋面工程、地铁工程、隧道工程及室内工程等。

（三）防水工程设计

管廊防水工程设计依据如下：《地下工程防水技术规范》（GB 50108）、中国工程建设标准化协会标准《聚乙烯丙纶卷材复合防水工程技术规程》（CECS199：2006）、《高分子增强复合防水片材》（GB/T 26518—2011）、《聚氨酯防水涂料》（GB/T 19250—2013）、《SJ 速凝橡胶沥青防水涂料》（Q/MY SJF 0001—2016）、《SJ 非固化橡胶沥青防水涂料》（Q/MY SJF 0001—2015）、《聚乙烯丙纶防水卷材用聚合物水泥黏结料》（JC/T 2377—2016），并根据管廊工程具体要求和特点制定本方案，见图 9-16 ~ 图 9-19。

外墙穿墙管收头处的复合防水层应用卡套箍紧，并做好密封处理，构造见图 9-20。

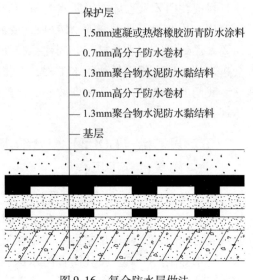

图 9-16　复合防水层做法

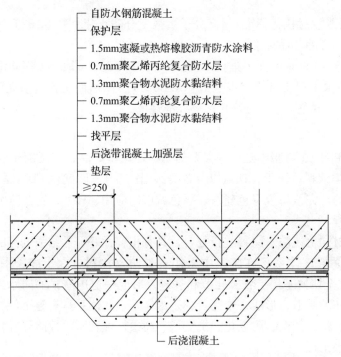

图 9-17　后浇带防水构造示意图一（mm）

（四）施工

聚乙烯（LDPE）复合防水卷材、速凝橡胶沥青防水涂料、热熔橡胶沥青防水涂料、聚合物水泥防水黏结料进入施工现场，进行抽检复试，应符合相关标准要求。

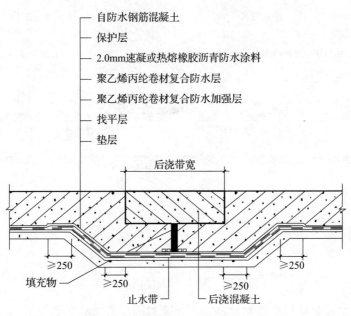

图 9-18　后浇带防水构造示意图二（mm）

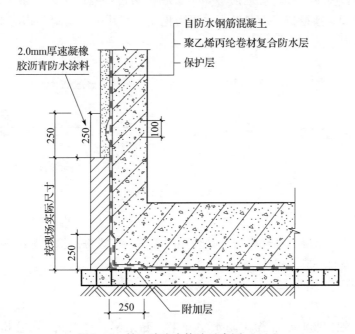

图 9-19　挡土墙防水构造示意图（mm）

1. 聚乙烯丙纶防水卷材与聚合物水泥防水黏结料复合施工

1）施工准备

（1）基层应坚实、平整、不起砂，杂物清理干净，基层过于干燥时应适当喷水湿润，以利于黏结，但基层不得有明水。

（2）按比率现场配制好聚合物水泥黏结料。

（3）阴阳角处、后浇带、穿墙孔复杂部位的附加层做好后增强的处理。

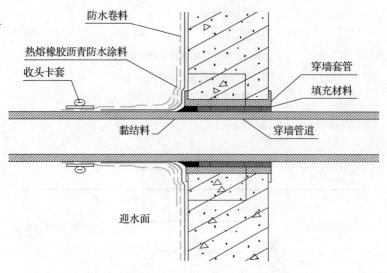

图 9-20　穿墙管复合防水构造图

（4）聚合物水泥黏结料要满粘涂刷，其他涂料同样采用满粘法施工。

（5）卷材搭接宽度：长、短边为 100mm。相邻两边接缝应错开，第一层与第二层长边接缝错开 1/2～1/3，接缝搭接应黏结牢固以防止翘边和开裂，用聚合物防水黏结料密好缝，封好头，见图 9-21。

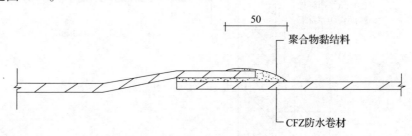

图 9-21　施工示意图

2）工艺流程

验收基层→清理基层→细部附加层处理→阴阳角→抗拔桩→涂刷黏结料→卷材铺贴→密封处理→防水层验收→成品保护。

3）抗浮桩做法见图 9-22。

4）施工

（1）基层、细部验收后，做主防水层施工，黏结料配比（kg）：胶粉 1：水 25（水适量）：水泥 50。把黏结料用小桶倒入基层面上，用刮板均匀涂刷，厚度≥1.3mm。

（2）按防水面积将预先剪裁好的卷材铺贴在基层上，铺贴时不要用力拉伸卷材，不得出现凹凸现象。用刮板推压排除卷材下面的气泡和多余的黏结料。

（3）搭接部位用黏结料密封，宽度为 60mm，厚度≥5mm，做到搭接处无翘边、无空鼓，平顺整齐。

（4）卷材返至挡土墙，留出甩槎 250mm，在挡土墙平面用无纺布做保护防水层，砌一层至四层砖压住防水卷材，避免下道工序破坏。

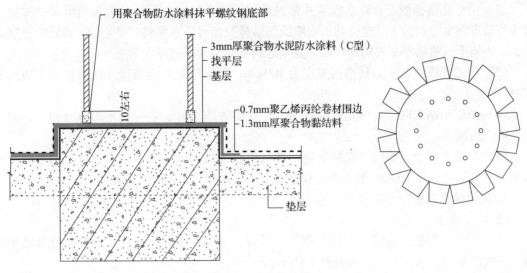

图 9-22 抗浮桩防水做法（mm）

2. 热熔橡胶沥青防水涂料管廊复合施工

1）施工准备

将热熔橡胶沥青防水涂料倒入加热罐中加温，待涂料的温度上升至 140℃，并保持该温度。

2）基层应坚实平整、无杂物

（1）基层等处理干净后就可喷涂热熔橡胶沥青防水涂料，在此基础上铺贴聚乙烯丙纶防水卷材。喷涂前约 2h 打开加热开关，预先将材料倒入料罐中加热，待涂料整体温度达到可喷涂状态时（约 260℃），用专门喷涂机均匀地喷涂非固化橡胶沥青防水涂料。喷涂时可根据设计厚度调换不同喷枪枪嘴，防水层一次或二次成形。

（2）卷材搭接宽度：长、短边为 100mm，错开相邻两边，上、下层接缝错开 1/2，卷材末端收头，应黏结牢固，防止翘边和开裂，见图 9-23。

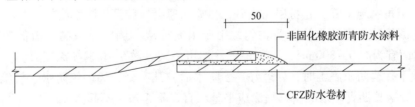

图 9-23 复合防水做法

3）施工工艺流程

验收基层→基层处理→喷涂或刮涂非固化橡胶沥青→铺贴防水卷材→节点处理→收口固定、密封→防水层验收→成品保护。

4）施工方式

（1）应根据施工现场的实际情况，确定采用喷涂或刮涂方式进行施工。采用满粘法施工热熔橡胶沥青防水涂料应均匀地刮涂 1.5mm 厚，滚铺卷材时应及时排出内部空气，使卷材与热熔橡胶沥青防水涂料牢固地黏结在基层上。

（2）喷涂热熔橡胶沥青防水涂料并铺贴卷材。对立墙、立面以及阴阳角可采用喷涂热熔橡胶沥青防水涂料的方法进行施工。喷涂热熔橡胶沥青防水涂料时要均匀，确定喷枪嘴口径，喷涂速度、喷涂厚度要均衡一致，直至达到黏结剂要求的厚度为止。

（3）聚乙烯丙纶防水卷材搭接宽度为100mm，卷材搭接时应当错开底层相邻两边的搭接缝。

（4）单层法施工时，卷材光面应当朝下；双层法施工时，第一层光面应当朝上，第二层光面应当朝下。

（5）防水卷材上面直接做保护层时，卷材搭接缝可不做盖条；防水卷材上面不做保护层时，卷材搭接缝做100mm的盖条，胶黏剂宜采用聚合物黏结料密封好。

3. 速凝橡胶沥青防水涂料复合施工

1）施工准备

（1）工具、刮板、滚刷、毛刷、铲刀、压辊、剪刀、手提桶、卷尺、喷涂速凝液体橡胶专用喷涂设备、制胶容器、耐碱胶手套等。

（2）卷材搭接宽度：长、短边为100mm。相邻两边接缝应错开，第一层与第二层长边接缝错开1/2~1/3，接缝搭接应黏结牢固，防止翘边和开裂，形成完整的聚乙烯丙纶防水卷材与速凝橡胶沥青防水涂料复合防水体系，见图9-24。

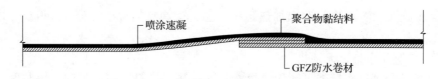

图9-24 防水卷材与喷涂速凝复合防水体系

2）工艺流程

验收基层→清理基层→细部附加层处理→阴阳角→抗拔桩处理→涂刷黏结料→卷材铺贴→喷涂速凝防水涂料→细部处理→防水层验收→成品保护。

3）附加层细部做法

（1）阴阳角、施工缝、卷材层完成后，再喷涂速凝橡胶沥青防水涂料。

（2）速凝橡胶沥青防水涂料要均匀，用专用喷枪从一侧向另一侧（由低向高）进行，喷枪距离基面宜为600~800mm，2mm厚的涂层可一次纵横5~6遍喷涂完成。

（3）地下外墙防水施工时，处理好导墙防水后，凡有聚乙烯丙纶防水卷材施工的部位，都应满涂速凝橡胶沥青防水涂料，喷涂应平整顺直，不歪扭，不起泡。

4）边角、收头重点密封处理

应及时认真检查防水层的质量，特别要对防水层的立墙、桩头、边角及重要部位进行仔细检查，看是否有开口、翘边等缺陷，及时发现并采取措施。

（五）成品保护

（1）防水层做完后24h内不得有其他人员来回走动，避免防水层的凝固和空鼓。

（2）砂浆保护时不得有施工人员穿带钉子鞋进入，用小推车时要铺垫木板，防止破坏防水层。施工人员不得用铁锹、铁铲破防水层，以免影响防水效果。

第十章　喷涂速凝橡胶沥青防水涂料施工技术

第一节　概　况

合成高分子液体橡胶系统即喷涂速凝橡胶沥青防水涂料是目前国际领先、填补国内空白的技术系统。它是一个由新材料、新设备、新工艺和新方法构成的技术系统，具体讲，是由双组分涂料的生产、专用喷涂设备、喷涂工艺及喷涂方法构成的一个技术系统。这个技术系统是一个整体，系统中的组成部分缺一不可。

喷涂速凝橡胶沥青防水材料是一种速凝型产品（3～5min），施工快捷方便，可形成一层高弹性且整体的防水面层，具有抗窜水、抗钉穿刺、耐腐蚀、耐冻、耐水等功能，施工环保、无污染。该技术是 20 世纪 90 年代从国外引进后形成的一种新型防水产品。

喷涂速凝橡胶沥青防水涂料技术系统开创了一个全新的产业，从根本上改变了传统的施工工艺和施工方法，去除了缝隙和接口。其主要功能在于可大范围解决建筑物漏水和渗水的问题，彻底解决了由裂解、缝隙、接口、穿刺和窜水所造成的渗漏问题。其应用范围广泛，适用于工业与民用建筑的地下、屋面、室内，地铁车站及地铁隧道，高铁桥面及隧道，化工、水利水电、核电、污水处理厂、垃圾填埋场、工业尾矿库防渗，海港码头、管理设施及公路、桥梁等防水、防腐工程，更多领域仍有待开拓。

速凝橡胶沥青防水涂料凝结速度快（30～50s），施工快速方便，凝结后形成一层高弹性的整体防水面层，具有抗窜水、抗钉穿刺、耐腐蚀、耐冻、耐水等功能。施工环保、无污染等特点。

综上所述，经过十多年的实践，证明波力尔公司开发的液体橡胶系统技术可靠，工艺先进，应用前景广阔，有很好的经济效益和社会效益，应尽快加强标准化和规范化施工，实现工程高质量发展。

第二节　施工案例

一、喷涂速凝橡胶沥青防水涂料——雁栖湖国际会议中心（核心岛）项目防水工程[*]

（一）工程概况

雁栖湖国际会议中心（核心岛）工程是 2014 年 APEC 峰会的举办地点。因为全部建筑

＊　撰稿：波力尔科技发展有限公司　贾长存　赵展

物都在雁栖湖湖心岛上，四面环水，地下水位高，防水施工难度大。工程分为三期：一期工程包括国际会议中心 8～10 号总统别墅，总包方为中建八局；二期工程包括 1～4 号、11 号、12 号总统别墅及景观塔，总包方为北京建工集团；三期工程包括精品酒店、5～7 号总统别墅及连廊、展览馆、综合管沟、锅炉房等配套工程，总包方为北京城建集团。

项目的设计理念在于将雁栖湖的山形、水系、景观相结合，环湖区建有景观带，超五星级精品酒店工程部分结构位于水下，对地下室防水的要求比一般工程更高、更严格。总统别墅工程结构复杂、平立面变化大、结构截面尺寸变化大、接缝转角部位非常多，普通防水卷材很难处理。防水设计遵循"以防为主、刚柔结合、多道防线、因地制宜、综合治理"的原则，即主体结构采用补偿收缩防水混凝土进行结构自防水，在结构的迎水面设置柔性全包防水层，并对变形缝、施工缝、穿墙管等特殊部位采取了多道加强措施。

主体结构柔性防水层主要是在地下室底板、外墙、顶板、预留通道口等部位采用波力尔液体橡胶全包式防水体系，形成一个全封闭的防水层，达到止水的目的。

防水等级：防水等级为一级，结构不允许渗水，结构表面无湿渍。

（二）施工方案

波力尔（PLR）液体橡胶产品的喷涂由波力尔双管双枪专用喷涂设备来完成。喷涂枪为高压流量专用喷枪。施工顺序为先处理细部节点，待干燥后进行大范围的喷涂。喷涂时按照由低向高，从下往上的顺序依次喷涂，最终形成一层符合设计要求厚度的、无缝隙、与基底满粘不窜水的防水胶膜。

施工工艺流程图：

机具准备、材料准备→基层处理→交接验收修整→细部施工→自检修整→喷涂施工→自检修整→成品验收→成品养护→成品保护层（必要时）。

（三）材料的性质（表10-1）

表 10-1　产品主要检测指标：波力尔液体橡胶 PLR—Ⅰ型

项目		招标文件要求	波力尔液体橡胶检测结果
固体含量（%）	≥50	50	60
耐热度（℃，2h，不流淌）		80±2	110
断裂延伸率（%，标准条件）		≥900（纵横向）	≥1100（纵横向）
低温柔度（℃，标准条件）		≤−15℃无裂纹	−20℃无裂纹
不透水性（0.3MPa，30min）		不透水	0.5MPa，30min不透水
表干时间		≤2h	2h
实干时间		≤24h	10h50min
总挥发有机化合物（g/L）		标准要求≤200	14.8

（四）防水构造和设计

细部构造及重点部位防水处理

1. 阴阳角防水施工

阴阳角防水加强层构造如图 10-1 所示。施工措施如下：

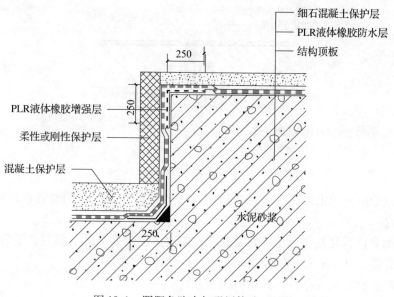

图 10-1 阴阳角防水加强层构造（mm）

（1）清理干净阴阳角。

（2）无纺布浸透波力尔液体橡胶 A 料做加强层，沿阴阳角中心线铺贴无纺布加强层，加强层水平搭接缝应距阴角不小于 600mm。

（3）按喷涂工艺喷涂波力尔液体橡胶。

2. 结构变形缝防水施工

（1）按设计要求，找到预留变形缝的位置，沿变形缝宽度清理两侧侧壁，无浮尘、无泥浆、无杂物。

（2）浸透波力尔液体橡胶 A 料做加强层，沿变形缝中心线铺贴无纺布加强层。

（3）按喷涂工艺喷涂波力尔液体橡胶。

底板变形缝做法如图 10-2 所示。外墙变形缝做法如图 10-3 所示。

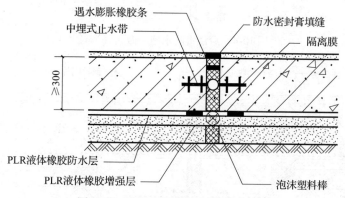

图 10-2 底板变形缝防水做法（mm）

3. 穿墙管管根、预埋件防水施工

（1）在管根及预埋件根部周围凿出宽 40mm、深 30mm 的环形槽，并清理干净。

（2）对管根及预埋件根进行洁净处理（碳钢管根部先除锈，塑管拉毛，宽度 40mm）。

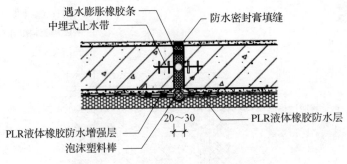

图 10-3　外墙变形缝防水做法（mm）

（3）在预留的凹槽内填充聚硫密膏封闭（视凹槽内工况，可用高强粉加强处理，然后再填充密封胶）。

（4）根据管口直径裁剪无纺布并浸透波力尔液体橡胶 A 料做加强层，沿管口紧密贴下，加强层边沿距管根 10mm，沿基面 100mm。

（5）经检查满足喷涂条件，开始喷涂工艺。

4. 后浇带防水施工

后浇带防水施工做法如图 10-4 ~ 图 10-6 所示。

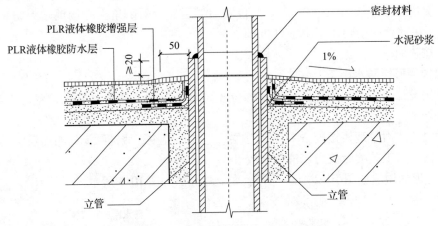

图 10-4　后浇带防水施工做法（mm）

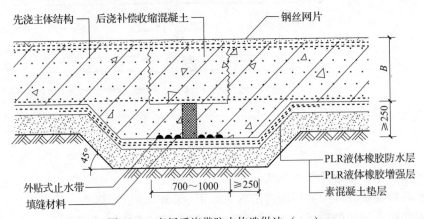

图 10-5　底板后浇带防水构造做法（mm）

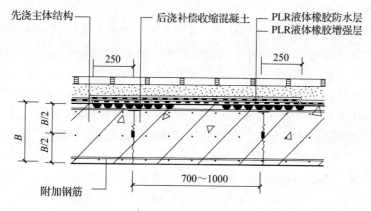

图 10-6　顶板后浇带防水构造做法（mm）

（五）施工

1. 施工基面处理

（1）基层应干净、坚实、无明水，清除各种松动物质和尖锐凸出物，如石子、砂粒、钢筋头等，表面平整度应符合图纸设计要求。

（2）必要时，施工前统一用高压水枪或大功率民用风机对基面湿泥土、建筑垃圾进行清洁。

（3）不得有流动水窜出或渗漏。

（4）喷涂施工过程中不得交叉作业或有任何物体落下。

2. 细部加强处理

喷涂前必须对所有的细部节点做加强处理。主要是对阴阳角、变形缝、施工缝、后浇带、穿墙管、集水井等根部和建筑结构中的细部进行加强处理。

3. 喷涂施工做法

材料准备并搅拌 A、B 料→小杯法检测试验→喷涂机器的预启动→试喷→喷涂细部增强层→晾干→大面积喷涂波力尔液体橡胶。

1）喷涂设备调试

（1）启动前连接高压软管和喷枪，并检查汽油、机油是否达到规定的油面，泵体阀门开关是否在关闭状态。

（2）启动发动机并置于怠速状态，检查发动机工作是否正常，各连接装置有无渗漏。

（3）调整工作压力，A 料泵达到 2.5kN，B 料泵达到 1.5kN。

（4）开启阀门开关，在调试桶内调试喷枪喷涂流量，检查有无堵塞和不畅。

（5）一切正常开始喷涂施工。

（6）若 3d 内不再开机，应进行喷涂设备清洗，确认清洗干净后按照相反顺序关机。

2）细部施工做法

（1）底板施工

①在混凝土垫层表面喷涂波力尔液体橡胶，喷涂机按 A、B 两组分工艺标准配合比的比率，将料送到喷枪，同时混合雾化后喷出。

②喷涂施工宜分段或分区完成，一般 500～5000m² 为一区域进行施工，施工时一次性完

成该区喷涂至设计厚度。

③喷涂后，胶膜在 3~5s 时间内固化，可以上人行走。形成胶膜一般需要 24h 以上（依温度、湿度变化而增减），在此期间胶膜表面有水析出及发生排气、排水的鼓包属于正常现象，干燥后会自然消失，并不影响黏合力。

④两次喷涂搭接长度不应少于 150mm，对 300mm 的预留部分边缘部位以塑料纸加砖遮盖进行保护。绑扎或焊接钢筋时要采取措施，尽量避免对预留防水层造成破坏。混凝土振捣时不会对波力尔胶膜造成任何伤害，但建议振捣棒距防水层 30~50mm 为最佳。

（2）外墙施工

①基面的处理：依据设计要求，基面不得有明显凹凸处或不规则的凸起，基底不能起灰、起砂，不得出现大于 0.3mm 的裂缝，不得有钢筋、铁丝和报废钢管等尖锐凸出物。

用金属铲刀清理施工表面的所有泥块或松动的建筑垃圾，并清扫干净。必要时施工前统一用高压水枪或大功率民用风机对基面湿泥土、建筑垃圾进行清理。

②待基层清理完毕并验收合格后喷涂波力尔液体橡胶。

（3）顶板施工

①基面的处理：依据设计要求，基面不得有明显凹凸处或不规则的凸起，基底不能起灰、起砂，不得出现大于 0.3mm 的裂缝。用金属铲刀清理施工表面的所有泥块或松动的建筑垃圾，并清扫干净。必要时施工前统一用高压水枪或大功率民用风机对基面湿泥土、建筑垃圾进行清洁。

②待基层清理完毕并验收合格后喷涂液体橡胶。

（4）冬期施工时为保证施工质量，应采取如下措施：

①施工时间选为上午 10 点至下午 4 点，且环境温度不低于 5℃。

②防水层施工完毕后，及时采取保温养护措施，在防水层上覆盖草帘或被子。

③波力尔液体橡胶材料进入现场后，周围温度低于 5℃ 时，存储需保温。可采用活动房或帆布搭棚，房内或棚内可采用电热暖风机加热保温并设置温度计，温度达到 5℃ 以上即可。

④由于波力尔液体橡胶为水乳型材料，A、B 组分通过专用喷枪混合反应，落地成膜析出水分。验收合格后，即可进行保护层等下道工序施工。喷涂施工期间的环境温度要求一般不应低于 5℃。在其他极恶劣的天气时，现场施工时应采取搭棚保温的措施或暖风机局部加温措施等。如大风天气（5 级风以上）喷涂施工时，可采用局部围护的方式继续施工。

⑤为保证液体橡胶胶膜质量，液体橡胶喷涂施工时间应尽量安排在白天的上午 10 点至下午 4 点之间。喷涂施工完成验收合格后，尽早做保护层。

（5）质量要求及验收

①涂膜防水层的总厚度不应小于标准规定，厚薄应均匀一致，不得有开裂、孔洞、不严密等缺陷存在。检验涂膜的厚度可用测厚仪或针刺等方法进行，一般每 $100m^2$ 不少于一处，并取其平均值评定。

②涂膜必须均匀固化，形成一个连续、无缝、整体的弹性涂膜防水层，并不得有渗漏现象发生。

③工程所用防水材料的技术性能指标应符合国家和行业现行的标准规定，并附有现场取

样的检测报告和其他质量证明文件。

④防水工程完工后，应由质量及监理人员进行质量验收和工程量核定，验收时主管部门提交防水施工方案、施工检验记录、隐蔽工程验收记录、复查检测报告等。

（6）成品保护

①防水工程竣工后，养护时间不少于2h。

②防水工程竣工验收后，成品保护尤为重要，应强制执行。严格按工序及技术规范办理书面交验手续，记录完整，经下道工序施工单位签字认可后方可办理交工手续。

③防水工程竣工验收后，使用单位应指定人员负责防水工程部位的管理，严禁验收后在防水层上凿孔、打洞、人为破坏防水层或保护层。进行砂浆防水保护层施工时的运输工具，如小推车的铁腿和车前沿底部要用废旧胶皮进行防护处理，避免损坏防水层。

（六）施工注意事项

（1）胶膜成形一般需要24h以上（依温度、湿度变化而增减），在此期间胶膜表面有水析出及发生排气、排水的鼓包属于正常现象，干燥后会自然消失，并不影响黏合力。

（2）两次喷涂搭接长度不应少于15cm，可对30cm的预留边缘部位以塑料纸加砖遮盖进行保护。绑扎或焊接钢筋时，采取措施尽量避免对预留防水层造成破坏。混凝土振捣时不会对波力尔胶膜造成伤害，但建议振捣棒距防水层30～50mm为宜。

（七）结语

波力尔（PLR）合成高分子多功能液体橡胶（以下简称"波力尔液体橡胶"）作为新一代应用技术和产品被选中，并在雁栖湖国际会议中心工程中使用，有效地解决了在施工过程中出现的因窜水、搭接缝及因结构变动引起的开裂和裂缝等疑难问题，受到了业主方、总包方及监理方的认可和好评。

二、喷涂速凝橡胶沥青防水涂料——天津地铁三号线铁东路站防水工程[*]

（一）工程概况

该工程为天津地铁三号线铁东路车站防水工程，位于天津市河北区内。是一座集控制设备、旅客输送和商业为一体的现代地铁车站，其防水设计要求达到国家一级防水标准。

工程名称：天津地铁三号线铁东路车站工程；

施工地点：天津市河北区铁东路与张兴庄交口；

建设单位：天津地下铁道总公司；

设计单位：天津市市政工程设计研究院；

监理单位：天津市工程监理有限公司；

施工单位：波力尔（天津）科技发展有限公司；

施工面积：38139m²。

本工程为地下铁路车站工程，防水设计原则应遵循"以防为主、刚柔结合、多道防线、因地制宜、综合治理"的原则，即主体结构采用补偿收缩防水混凝土进行结构自防水，在结构的迎水面设置柔性全包防水层，并对变形缝、施工缝、穿墙管等特殊部位采取了多道加

---

* 撰稿：波力尔科技发展有限公司　贾长存　赵展

强措施，且要求柔性防水为"皮肤式"防水，即防水材料不与支护墙产生黏结，胶膜形成后与后浇混凝土融为一体，厚度达到（2±0.2）mm 的防水层。

主体结构柔性防水层主要是在底板、连续墙、顶板、预留通道口采用柔性防水涂料（PLR）全包防水体系，形成一个全封闭的防水层，达到止水的目的。

防水等级：车站主体结构、人行通道、风道、出入口的防水等级为一级，结构不允许渗水，结构表面无湿渍。

（二）施工方案

本方案依据地铁设计方"皮肤式"防水的特点和施工进度的要求，波力尔公司决定采用空铺法来完成此工程项目。依据设计选用≥80g 的丙纶无纺布材料浸透波力尔 A 料提前预制内胎隔离层。PLR 产品的喷涂由 PLR 专用喷涂设备来完成。喷涂枪为高压流量专用喷枪。施工顺序为先处理细部节点，铺装大面积的波力尔内胎隔离层，然后进行大范围的喷涂。喷涂时按照由低后高、从下往上的顺序依次喷涂。最终形成设计要求的厚度、天衣无缝的防水胶膜。

（三）材料和设备

1. 施工准备材料

（1）主料：喷涂型波力尔（PLR）多功能合成高分子液体橡胶、波力尔（PLR）超强单组分液体橡胶、PLR 专用接口密封胶、PLR 预制内胎 A 型、B 型、双组分聚硫嵌缝膏、聚氨酯密封膏、水泥基渗透结晶型材料、速凝高强粉。

（2）辅料：无纺布、水泥钉、金属固定垫片、塑料薄膜、编织带、保护彩条布、1.0～0.3mm 胶合板等。

2. 施工设备与机器

（1）机器设备：加拿大进口双管冷喷专用喷涂机及高压软管和喷枪。

（2）设备机具：搅拌器、配料桶、过滤网、汽油桶、汽油、机油、高压泵及水枪、温湿度计、浓度计、水泥射钉枪、照明灯、电源线、热风机、风力清扫机、电镐、工具箱及备件。

（3）施工机具：门式活动架、锤子、胶辊、刮板、毛刷、腻子刀、剪刀、铁锹、扫帚、塑料桶、手提强光灯、苫布等。

（4）防护准备：安全帽、防护服、安全带、安全绳、乳胶手套、风镜、工作靴、雨靴、雨衣、对讲机等。

（四）防水构造和设计

细部构造及重点部位防水处理如下：

1. 阴阳角的防水施工

（1）清理干净阴阳角。

（2）沿阴阳角用宽 600mm 的厚 2mm 的预制波力尔内胎，对阴阳角部位进行固定粘贴加强。

（3）铺装预制内胎加强层，加强层水平搭接缝应距阴角不少于 600mm。之后，开始实施喷涂工艺，喷涂厚度（2.0±0.2）mm，最终阴阳角部位防水胶膜总厚度为（4.0±0.2）mm。

2. 结构变形缝的防水施工

（1）按设计要求，找到预留变形缝的位置，沿变形缝宽度清理两侧侧壁，要求无浮尘、无泥浆、无杂物。

（2）沿变形缝中心线铺贴预制宽 1000mm 的波力尔加强层。

（3）在波力尔加强层上涂刷波力尔密封料并粘贴大面积的波力尔内胎，避免出现褶皱。

（4）按喷涂工艺喷涂波力尔液体橡胶。

（5）沿变形缝中心线粘贴宽 200mm 的隔离层。

底板变形缝防水构造如图 10-7 所示。侧墙变形缝防水构造如图 10-8 所示。

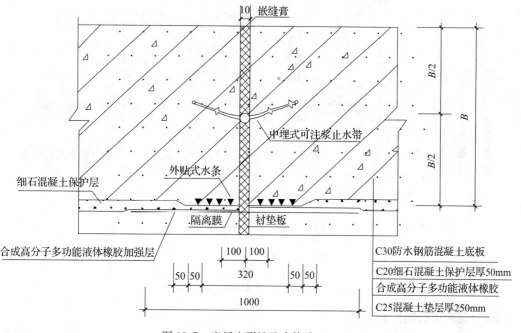

图 10-7　底板变形缝防水构造（mm）

3. 穿墙管管根、预埋件防水施工（图10-9）

（1）在管根及预埋件根部周围凿出宽 40mm、深 30mm 的环形槽，并清理干净；

（2）对管根及预埋件根进行洁净处理（碳钢管根部先除锈，塑管拉毛，宽度 40mm）；

（3）在预留的凹槽内填充聚硫密封膏封闭（视凹槽内工况，可用高强粉进行加强处理，然后再填充密封胶）；

（4）根据管口直径剪裁无纺布浸透波力尔 A 料做加强层，沿管口密贴，加强层边距管根 10mm，距基面 100mm。

（5）经检查满足喷涂条件，开始喷涂工艺。

4. 后浇带的防水施工

后浇带的防水施工如图 10-10 所示。

5. 侧墙施工缝的防水施工（图 10-11）

（1）粘贴大面积的波力尔内胎，避免出现褶皱。

（2）按喷涂工艺喷涂波力尔液体橡胶。

（3）沿施工缝中心线铺贴预制宽 500mm 的波力尔加强层。

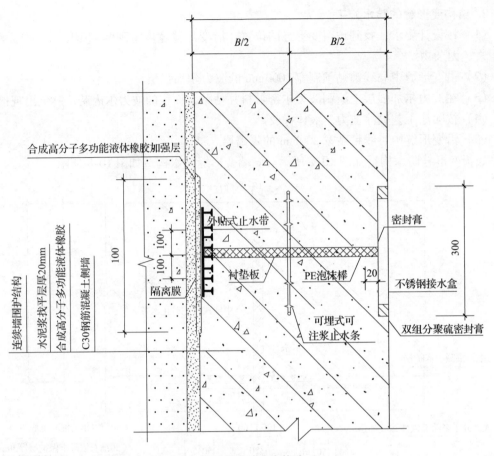

图 10-8　侧墙变形缝防水构造（mm）

6. 预留通道口的防水施工

（1）在侧墙上按预留通道口的位置画线，采用 10mm 厚的多层复合板按画线位置固定在预留通道口处，用于对甩槎防水层的保护。同时对破除支护桩的施工顺序进行了规定。这样即使在破桩过程中风镐凿到保护板上，由于复合板具有较大的弹性和硬度，不易破裂，也不会直接对防水层造成机械破坏；同时复合板又具有较好的隔热性能，烧断钢筋时，透过保护板的热量不会烫坏防水层。

（2）在保护板上铺设塑料布作为隔离层。为了让保护板在破桩完毕后能够顺利抽出，不对防水层造成破坏，设置保护板时应注意保护板外边缘距破桩洞口的距离宜为 30～50mm，并在此范围内不得用钉子进行固定，否则保护板无法顺利抽出，会对后续防水层的接槎带来不利影响。

（3）洞口支护桩凿除完毕并经基层处理后，车站侧墙防水层与通道外包防水层应进行搭接过渡，即需要进行防水层的接槎施工。为确保通道顶板防水层的防水效果，顶板防水层需要采用"外防外贴"法与结构外表面密贴铺设，因此在破桩时，通道顶板以上支护桩的破除高度至少应比通道顶板高出 50cm，才能满足顶板防水层的施工要求。而侧墙和底板防水层均采用"外防内贴"法铺设，其接槎一般采用内翻法。内翻法就是将车站侧墙防水层翻至通道内侧，并与通道侧墙和底板防水层形成搭接过渡的做法。这种做

208

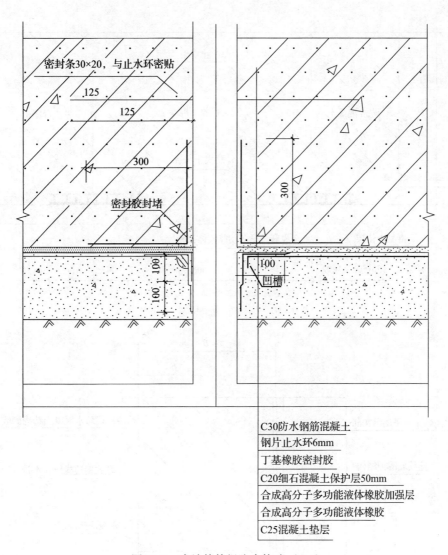

密封条30×20，与止水环密贴

125

125

300

密封胶封堵

300

100

100

回槽

C30防水钢筋混凝土

钢片止水环6mm

丁基橡胶密封胶

C20细石混凝土保护层50mm

合成高分子多功能液体橡胶加强层

合成高分子多功能液体橡胶

C25混凝土垫层

图 10-9　穿墙管管根防水构造（mm）

法，车站侧墙防水层在直线段的翻转比较容易，且能够保证防水层的连续性。但通道端头底板两侧的双阳角部位的防水层翻转操作比较困难，翻转时不可避免地需要对角部进行裁剪，裁开时不能裁至角底，否则很难对角顶进行密封处理；而若裁开过小，又无法将防水层完全翻至通道内。

（4）根据通道口搭接实际工况，裁剪防水层和通道口外防水层搭接。拐角处要涂刷波力尔超强单组分密封胶加强密封。

7. 甩槎和接头搭接处的防水施工

（1）立面甩槎应预留出不少于 500mm 宽度，并在甩槎上面铺挂塑料布作为隔离保护层。

（2）平面甩槎应预留出不少于 300mm 宽度，在上面铺设相同面积的塑料布作为隔离保护，在铺设好的塑料布隔离层上排放砂袋保护。

（3）后浇带、大口井的甩槎宽度为 250mm，通道口的甩槎为 650mm，详见设计要求。

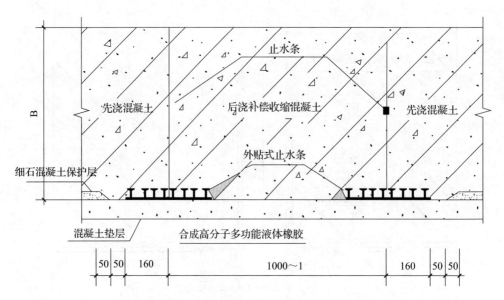

图 10-10　后浇带防水构造（mm）

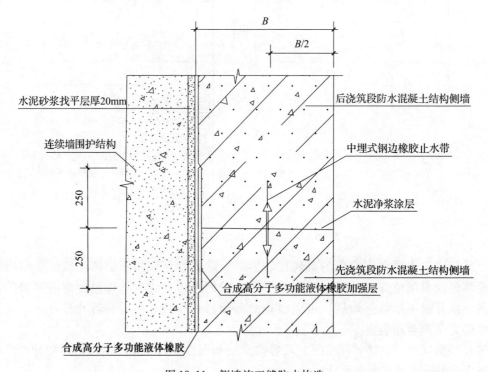

图 10-11　侧墙施工缝防水构造

（4）搭接前后两道波力尔内胎时，在预留甩槎部位底部涂刷波力尔 A 料黏结，将两层波力尔内胎压实后，用射钉将其固定在基面，然后用浸透波力尔 A 料无纺布密封钉帽，在表面喷涂 2mm 厚的波力尔橡胶膜密封搭接缝。

8. 降水井的防水施工

（1）在降水井的管根部周围凿出宽为 40mm、深 30mm 的环形槽。

（2）对井口根进行洁净处理（金属管需做除锈处理至露出金属本色）。

（3）用双组分聚硫密封材料进行填充。

（4）用波力尔超强单组分密封胶进行无纺布的粘贴。

（5）在钢板密封圈与降水井管夹角处用 PLR 专用密封止水材料进行填充覆盖。

（6）在降水井管口处的钢板止水层上，用抗渗水泥砂浆与 PLR 专用密封止水材料相互叠压使其密封。

9. 支护桩基座的防水施工

（1）拆除支护桩基座应平整，无尖锐的金属残留物。

（2）裁剪预制的规格为 1200mm × 1200mm 的波力尔内胎，固定并搭接在 1000mm × 1000mm 的支护桩基座上，搭接口宽度不少于 200mm，用压辊压平压实。

（3）检查接口无翘边、无鼓包后，实施标准喷涂工艺。

10. 端头井处盾构吊装孔的防水施工

（1）防水施工前检查并清理工作面，达到防水施工标准。

（2）按实际应用裁剪合适的 PLR 预制内胎或自粘卷材进行铺装，铺贴平整，搭接口宽度不少于 100mm 并压密实，阴阳角裁剪后应密实封闭并增加一道波力尔（PLR）超强单组分液体橡胶，厚度 1mm。

（3）经现场养护后，由质量检验员检查并做好隐蔽记录，方可实施下一道工序。

（五）施工

1. 施工基面处理

（1）基层应干净、坚实、无明水，清除各种松动物质和尖锐凸出物，如：石子、砂粒、钢筋头、止水针头等，表面平整度应符合图纸设计要求。

（2）必要时，施工前统一用高压水枪或大功率民用风机对基面湿泥土、建筑垃圾进行清洁。

（3）不得有流动水窜出或渗漏。

（4）喷涂施工过程中不得交叉作业或有任何物体落下。

2. 细部加强处理

喷涂前必须对所有的细部节点做加强处理。主要是阴阳角、变形缝、施工缝、后浇带、端头井处盾构吊装孔、穿墙管、降水井、抗拔桩、接地线、工具柱等部位，污水泵房的污水池按设计要求做好防水处理。

3. 大面积铺装内胎隔离层

1）底板上铺放预制内胎的方法

（1）采用空铺法，用墨线在合格的基面上放线，放线方法结合预制内胎宽度（并留出规定的搭接量）和工作面而定。

（2）将预制内胎按线铺设，相邻的预制内胎搭接口不少于 100mm。

（3）使用 PLR 专用密封胶对预制内胎搭接口进行处理。

（4）根据施工要求喷涂 PLR 液体橡胶于所有搭接好的预制内胎上，使涂膜形成一个无缝整体，最终喷涂厚度达到（2.0±0.2）mm。

2）侧墙上铺放预制内胎的方法

（1）采用空铺法，用墨线在合格的基面上放线，放线方法结合预制内胎宽度（并留出规定的搭接量）和工作面而定。

（2）将预制内胎平铺在混凝土墙上，用金属垫片（垫片规格为 25mm×25mm）距预制内胎末端≥40mm 处用射钉枪或电锤依次钉压压紧，固定点之间呈梅花形布设，钉距400～600mm，每 1m² 固定钉数量视工程基面而定，但要确保预制内胎平整、不起鼓、不褶皱，封闭后的金属垫片端部用波力尔 A 料浸透无纺布封闭养护（无纺布规格为 50mm×50mm）。

（3）侧墙上铺放预制内胎搭接口，垂直搭接缝不少于100mm，水平搭接缝不少于150mm，侧墙阴角至底板水平搭接缝不少于600mm。

（4）根据施工要求喷涂 PLR 液体橡胶于所有搭接好的无纺布上，使涂膜形成一个无缝整体，最终喷涂厚度达到（2.0±0.2）mm。

4. 喷涂施工做法

1）底板施工

（1）基面平整干燥，无明显的凹凸起伏。底板铺设预制内胎的胶膜＋喷涂（2.0±0.2）mm 厚 PLR 液体橡胶。在遇到风道、风井等预留出入口接头铺设时，要翻出边墙，按标准留足搭接长度并做好保护。

（2）两次喷涂搭接长度不应少于150mm，对预留部分边缘部位进行有效保护。绑扎或焊接钢筋时，采取措施，尽量避免对防水层造成破坏。混凝土振捣时不会对胶膜造成任何伤害，但建议振捣棒距防水层 30～50mm 为最佳。

2）侧墙施工

车站连续墙施工时，连续墙混凝土面应平整、无漏筋、无泥浆。侧墙铺设预制内胎的胶膜＋喷涂（2.0±0.2）mm 厚 PLR 液体橡胶。基面上如有钢筋、铁丝和钢管等锐利凸出物时，从混凝土基面剔凿 20mm 深，将锐利凸出物从根部割除，并在割除部位用抗渗水泥砂浆抹平，以免防水层被损坏。

3）顶板施工

混凝土湿养护充分后，进行铺设预制内胎的胶膜＋喷涂（2.0±0.2）mm 厚 PLR 液体橡胶施工。施工方法将预留在侧墙上的 PLR 胶膜翻贴在顶板上，根据顶板设计的厚度，预留宽度为 500～1000mm 的 PLR 胶膜，并在顶板与侧墙的交接转角的位置进行加强保护层的铺装，然后进行预留的 PLR 胶膜铺装。

5. PLR 液体橡胶喷涂施工工艺流程

（1）喷涂机按 A、B 两组分工艺标准配合比的比率，将料送到喷枪，同时混合雾化后喷出。

（2）喷涂施工宜分段或分区完成，500～1000m² 为一区域进行施工，施工时一次性完成该区喷涂至设计厚度。

（3）喷涂后，胶膜在 3～5s 时间内固化，可以上人行走。形成胶膜需要 24h 以上（依温度、湿度变化而增减），在此期间胶膜表面有水析出及发生排气、排水的鼓包属于正常现象，干燥后会自然消失，并不影响黏合力。自然干燥养护时间应不少于 72h。

（六）施工注意事项

（1）避免与一切非设计黏结物进行长时间接触。

（2）在防水膜层完全晾干前，严禁在防水层上凿孔、打洞或人为重力踩踏和碾压，不得使重物或尖锐物冲击破坏涂层。

（3）防水施工后应保证成品养护时间不少于72h，才能进入下一道工序。

（4）胶膜表面应尽量避免接触，如钢筋、重物、湿混凝土、废机油、电焊屑等，发现有损害时，应及时通知现场值班人员清理和修复。

（5）防水工程竣工验收后，成品保护尤为重要，应强制执行。严格按工序及技术规范办理书面交验手续，记录完整，经下道工序施工单位签字认可后方可办理交工手续。

（6）防水工程竣工验收后，使用单位应指定人员负责防水工程部位的管理，严禁验收后在防水层上凿孔、打洞，人为地破坏防水层或保护层。进行砂浆防水保护层施工时的运输工具，如小推车的铁腿和车前沿底部都要用废旧胶皮进行防护处理，避免损坏防水层或保护层。

（7）管理人员应在雨季进行大检查。对外墙板缝等部位，要经常检查并有检查记录，如发现渗漏应及时修补处理。

（七）结语

近年来，地下铁道工程得到了快速发展，与之相适应也出现了很多新型的建筑材料。地下铁道车站工程对地下防水材料提出了新的要求。波力尔（PLR）液体橡胶最独特的优势在于：（1）它同时具备了常规卷材和涂料的优点，即卷材的强度和涂料的柔韧性，但又避免了卷材和涂料的缺点，即卷材的缝隙、搭接缝和异形部位处理的不随意性和涂料涂层的强度和厚度等问题。（2）波力尔（PLR）液体橡胶各种性能超强。（3）施工非常便捷，整体无缝，从而不再需要常规施工中使用的热源、胶带、黏合剂、接缝和配件等。总体说，波力尔（PLR）液体橡胶是一种完整的、无接缝并可与大多数基底充分黏合和附着的橡胶体。它的完整性不依靠接口、接缝或加固。

波力尔（PLR）合成高分子多功能液体橡胶，作为新一代应用技术和产品在地下铁道车站工程中得到了应用和认可，有效地解决了因窜水、搭接缝及因结构变动引起的开裂和裂解等防水中的疑难问题。

三、喷涂液体橡胶防水施工——重庆市快轨隧道防水工程[*]

（一）工程概况

重庆市快轨试验线（尖顶坡—璧山段）缙云山隧道工程是由中建隧道承建的市郊铁路（轨道延长线）隧道，位于重庆市璧山区，全长3637.5m。该项目是重庆市璧山区的重点工程、民生工程，总投资25.87亿元。起于地铁1号线尖顶坡站，穿越缙云山至璧山站，线路全长5.6km，设车站1座、维修场1座，与地铁1号线贯通运营，将璧山与主城解放碑一线直连。建成后由璧山5min可达大学城，30min可达重庆主城商圈，2017年8月8日全线贯通。

缙云山隧道为单洞双线隧道，最大埋深220m，隧道工程地质复杂，集高压地下水、岩溶发育区、煤层及采空区、断层破碎带、饱和粉细砂层等于一体，不可预见性强，施工风险高。经业主、设计、总包单位考察论证，一致同意选用喷膜柔性材料液体橡胶作为防水层。

＊ 撰稿：波力尔科技发展有限公司　贾长存　赵展

（二）施工方案

波力尔（PLR）产品的喷涂由 PLR 专用喷涂设备来完成。喷涂枪为高压流量专用喷枪。根据掘进进度，每板（环）12m 为一施工周期，随台车依次跟进；施工顺序为先挂无纺布，然后进行大范围喷涂，检验验收通过后，浇筑二次衬砌混凝土。喷涂时按照由低后高，从下往上的顺序依次喷涂，最终形成一层将隧道主体结构层外部完整包裹覆盖的防水胶膜。

（三）材料和设备

1. 施工准备材料

（1）主料：喷涂型波力尔（PLR）多功能合成高分子液体橡胶、波力尔（PLR）超强单组分液体橡胶。其检测指标参见表 10-2。

表 10-2　产品主要检测指标

序号	检验项目	标准要求	检验结果
1	外观颜色	干燥前棕色	干燥后黑色
2	固体含量（%）	≥45	≥66
3	表干时间（h）	≤8	≤3
4	实干时间（h）	≤24	≤6
5	黏结强度（MPa）	≥0.30	≥0.68
6	不透水性（0.10 MPa，30min）	无渗水	0.90MPa 无渗水
7	断裂延伸率（标准条件，%）	≥600	≥1617
8	断裂延伸率（碱处理,%）	≥600	≥1428
9	断裂延伸率（热处理,%）	≥600	≥1238
10	断裂延伸率（紫外线处理,%）	≥600	≥1271
11	耐热度（80±2）℃	无流淌	160℃ 无流淌
12	低温柔度（标准条件）	−15℃ 无裂纹	−30℃ 无裂纹
13	低温柔度（碱处理）	−10℃ 无裂纹	−30℃ 无裂纹
14	低温柔度（热处理）	−10℃ 无裂纹	−30℃ 无裂纹
15	低温柔度（紫外线处理）	−10℃ 无裂纹	−30℃ 无裂纹
16	拉伸强度（MPa）	——	0.85
17	剪切黏结性浸水（168h，N/mm）	≥1.80	≥13.90
18	耐介质性能质量变化率（×168h）	40% H_2SO_4	−0.4
19	耐介质性能质量变化率（×168h）	20% HCl	0.3
20	耐介质性能质量变化率（×168h）	70% H_3PO_4	−0.6
21	耐介质性能质量变化率（×168h）	40% NaOH	−0.2
22	防霉等级	0	0 级
23	环保指标 TVOC（W）（g/1≤）	≤200	36
24	环保指标游离甲醛（g/kg）	≤0.1	0.02
25	环保指标苯（S）（g/kg）	0.02	未检出

（2）辅料：无纺布、水泥钉、金属固定垫片、塑料薄膜、编织带、保护彩条布、1.0～

0.3mm 胶合板等。

2. 施工设备与机器

（1）机器设备：加拿大进口双管冷喷专用喷涂机及高压软管和喷枪。

（2）设备机具：搅拌器、配料桶、过滤网、汽油桶、汽油、机油、高压泵及水枪、温湿度计、浓度计、水泥射钉枪、照明灯、电源线、热风机、风力清扫机、电镐、工具箱及备件。

（3）施工机具：活动架、锤子、胶辊、刮板、毛刷、腻子刀、剪刀、铁锹、扫帚、塑料桶、手提强光灯、苫布等。

（4）防护准备：安全帽、防护服、安全带、安全绳、乳胶手套、风镜、工作靴、雨靴、雨衣、对讲机等。

3. 作业条件

（1）基层按 PLR 基面喷涂标准验收合格，清扫干净。

（2）喷涂设备动力检查，该设备油箱需汽油 3L，可连续工作 6h。

（3）喷涂设备调试：①启动前连接高压软管和喷枪，并检查汽油、机油是否达到规定的油面，泵体阀门开关是否在关闭状态；②启动发动机并置于怠速状态，检查发动机工作是否正常，各连接装置有无渗漏；③调整工作压力，A 料泵达到 2.5MPa，B 料泵达到 1.5MPa；④开启阀门开关，在调试桶内调试喷枪喷涂流量，检查有无堵塞和不畅；⑤一切正常，开始喷涂施工。⑥若 3d 内不再开机，应进行喷涂设备清洗，确认清洗干净后按照开机的相反顺序关机。

（四）防水构造和设计

隧道防（排）水采取"防、排、截、堵结合，因地制宜，综合治理"的原则。在裂隙水较发育及有水文环境严格要求的地段，防（排）水采用"以堵为主、限量排放"的原则，达到防水可靠、经济合理的目的。防水构造如图 10-12 所示。

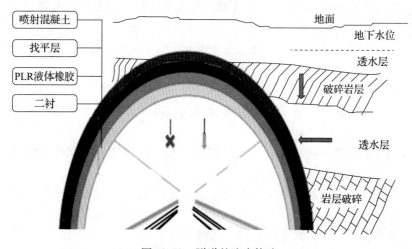

图 10-12　隧道的防水构造

（1）隧道防水等级为一级。

（2）隧道二次衬砌采用防水混凝土，抗渗等级不低于 P8；

（3）隧道内设双侧水沟排水。

（4）隧道拱墙初期支护与二次衬砌之间铺挂无纺布后喷涂液体橡胶作为柔性防水层。

（5）隧道初期支护与二次衬砌环纵向设盲沟。

（6）二次衬砌施工缝采用中埋式橡胶止水带；变形缝采用背贴式橡胶止水带加中埋式钢边橡胶止水带。

（五）施工

1. 基层处理

（1）铺设防水板的基面应无明水，否则应进行"初支背"后回填注浆或表面刚性封堵处理，待表面无明水流动后才能进行下道工序。

（2）铺挂无纺布的基面应平整，应对基面进行找平处理，处理方法可采用喷射混凝土或砂浆抹面的方法，处理后的基面应满足下列条件：$D/L \leqslant 1/10$。

D 表示相邻两凸面间凹进去的深度；L 表示相邻两凸面间最短距离。

（3）基面上不得有尖锐的毛刺，特别是喷射混凝土表面经常出现较大的尖锐石子等硬物，应凿除干净或采用 1:2.5 的水泥砂浆覆盖处理，避免浇筑混凝土时刺破防水板。

（4）基面上不得有铁管、钢筋、铁丝等凸出物存在，否则应从根部割除，并在割除部位用水泥砂浆覆盖处理。

（5）变形缝两侧各 5cm 的范围内的基面应全部采用 1:2.5 的水泥砂浆找平，便于背贴式止水带的安装以及保证分区效果。

（6）当仰拱初衬表面水量较大时，宜在仰拱初衬表面设置临时排水沟。

2. 铺挂找平层（缓冲层、保护层）无纺布

（1）喷涂液体橡胶前应先铺设无纺布，材料采用单位质量为 $300g/m^2$ 的土工布；用水泥钉或膨胀螺栓和防水板配套的圆垫片将缓冲层固定在基面上，固定点之间呈正梅花形布设，侧墙固定间距为 80~100cm；顶拱上的防水板固定间距为 1~1.5m；仰拱与侧墙连接部位的固定间距应适当加密至 50cm 左右。在基面凹坑处应加设圆垫片，避免凹坑部位的防水板吊空。

（2）缓冲层采用搭接法连接，搭接宽度为 5cm。缓冲层铺设时应尽量与基面密贴，不得拉得过紧或出现过大的褶皱，以免影响液体橡胶喷涂效果。

3. PLR 液体橡胶喷涂施工工艺流程

（1）喷涂机按 A、B 两组分工艺标准配合比的比率，将料送到喷枪，同时混合雾化后喷出。

（2）喷涂施工按掘进进度，每板为一区域进行施工，施工时一次性完成该区喷涂至设计厚度。

（3）喷涂后，胶膜在 3~5s 时间内固化。形成胶膜需要 24h 以上（依温度、湿度变化而增减），在此期间胶膜表面有水析出及发生排气、排水的鼓包属于正常现象，干燥后会自然消失，并不影响黏合力。自然干燥养护时间应不少于 72h。

4. 工艺流程图

材料准备并搅拌 A、B 料→小杯法检测试验→喷涂机器的预启动→试喷→喷涂细部增强层→晾干→大面积喷涂 PLR 液体橡胶。

5. 喷涂施工做法

1）路基（底板）施工

（1）基面平整干燥，无明显的凹凸起伏。路面垫层铺设预制无纺布 + 喷涂 2.0mm 厚 PLR 液体橡胶。在遇到风道、风井等预留出入口接头时，要翻出边墙，按标准留足搭接长度并做好保护。

（2）两次喷涂搭接长度不应少 150mm，对预留边缘部位进行有效保护。绑扎或焊接钢筋时，采取措施尽量避免对防水层造成破坏。混凝土振捣时不会对胶膜造成任何伤害，但建议振捣棒距防水层 30～50mm 为最佳。

2）侧墙、仰拱施工

侧墙、仰拱铺设无纺布，喷涂 2.0mm 厚 PLR 液体橡胶，每板预留宽度为 500～1000mm 的 PLR 胶膜。基面上如有钢筋、铁丝和钢管等锐利凸出物时，从混凝土基面剔凿 20mm 深，将锐利凸出物从根部割除，并在割除部位用防渗水泥砂浆抹平，以免防水层被损坏。

（六）施工注意事项

（1）喷射混凝土基面有明水时，严禁铺挂无纺布、喷涂液体橡胶。

（2）钢筋两端应设置塑料套，避免钢筋就位时刺破防水层。绑扎和焊接钢筋时，应注意对防水层进行有效保护。特别是焊接钢筋时，应在防水层和钢筋之间设置软木橡胶遮挡板，避免火花烧穿防水层。绑扎钢筋时，应派专人进行现场看守，发现破损部位应立即做好记号，便于后期修补。

（3）仰拱液体橡胶喷涂完毕后，应注意做好保护工作，避免人为破坏防水层。

（4）混凝土振捣时的振捣棒严禁触及防水层。

（5）当破除预留防水层部位的导洞时，应人工凿除，尽量避免采用风镐等机械破洞，预留防水层一旦被破坏，会直接影响防水层的后续搭接，无法保证防水板的连续性。

（6）需要破除导洞临时喷射混凝土支撑的部位，必须在预留防水板两侧设置厚度不小于 0.8mm 的铁板保护层，避免破洞时对液体橡胶进行机械破坏。

（七）结语

采用喷涂橡胶沥青涂料修建的隧道多用复合式衬砌，防水方案一般采用高分子防水板（卷材）。其弊端主要有：（1）防水卷材材质本身不能和喷射混凝土初衬密贴，安设时的冲击、背面凸出物等易将防水板扎破，导致漏水；（2）板与板间的接合部是薄弱环节，稍有不慎会导致整个防水体系失败；（3）如遇混凝土壁面有较大空洞和凹凸的部位，二次衬砌的挤压及围岩变形会使防水板拉伸，特别是结合部位易发生断裂破坏。

喷涂液体橡胶成形后的胶膜完全是一个整体，良好的黏结力同后浇混凝土持久紧密贴合，形成防水层与二次衬砌结构混凝土无间隙结合，彻底杜绝了窜水隐患，提供完全密封的整体永久性防水功能，有效地保障了隧道防水系统的可靠性。

四、聚乙烯丙纶防水卷材防水施工技术应用[*]

（一）技术简介

1. 材料概况

聚乙烯丙纶防水卷材与各种防水涂料进行复合施工是一项先进的防水施工技术。首先聚

＊ 撰稿：北京圣洁防水材料有限公司　杜昕　郑丹

217

乙烯丙纶防水卷材是一种采用线性低密度聚乙烯为主体材料与丙纶等胎基布经生产线热合加工而成的，是有高延伸性、耐腐蚀好、高柔韧性的绿色高分子防水卷材，十分适合性能相容的防水涂料复合使用。如与非固化像胶沥青防水涂料、聚合物水泥防水浆料、聚氨酯防水涂料等一起复合防水施工，达到"柔－柔结合"的防水功能。表 10-3 为聚乙烯丙纶防水卷材性能；表 10-4 为聚合物水泥防水黏结性能；表 10-5 为 SJ 喷涂速凝橡胶沥青防水涂料性能。

聚乙烯丙纶防水卷材与防水涂料复合施工，在国家现行标准《屋面工程技术规范》（GB 50345）、《地下工程防水规范》（GB 50108）中已有明确的规定和工程做法。

聚乙烯丙纶防水卷材的复合施工，在全国各地的工程中都有应用，其应用历史已二十多年，应用范围包括屋面防水工程、地下防水工程、种植屋面防水工程、城市综合管廊防水工程、地铁工程防水工程、室内防水工程。

聚乙烯丙纶防水卷材主要性能符合现行国家标准《高分子增强复合防水片材》（GB/T 26518）的规定，见表 10-3 的规定。

表 10-3　聚乙烯丙纶防水卷材技术性能指标

项目			性能指标（树脂 FS2）
断裂拉伸强度（N/cm）	常温（23℃）	≥	50
	高温（60℃）	≥	30
拉断伸长率（%）	常温（23℃）	≥	100
	低温（－20℃）	≥	80
撕裂强度（N）		≥	50
不透水性（0.3MPa，30min）			无渗漏
低温弯折			－20℃无裂纹
加热伸缩量（mm）	延伸	≤	2
	收缩	≤	4
热空气老化（80℃，168h）	断裂拉伸强度保持率（%）	≥	80
	断裂拉断伸长率保持率（%）	≥	70
耐碱性〔饱和 Ca(OH)₂溶液23℃，168h〕	拉伸强度保持率（%）	≥	80
	拉断伸长率保持率（%）	≥	80
复合强度（FS2 型表层与芯）（MPa）		≥	0.8

聚合物水泥防水黏结料符合《聚乙烯丙纶防水卷材用聚合物水泥黏结料》（JC/T 2377）。

聚合物水泥防水黏结料性能指标见表 10-4。

表 10-4　聚合物水泥防水黏结料性能指标

序号	项目		性能指标
1	凝结时间ª	初凝（min）	≥45
		终凝（h）	≤24
2	潮湿基面黏结强度	标准状态（7d，MPa）	≥0.4
		水泥标养状态（7d，MPa）	≥0.6
		浸水处理（7d，MPa）	≥0.3

序号	项目			性能指标
3	剪切状态下的黏结性	卷材-卷材（N/mm）		≥3.0 或卷材破坏
		卷材-基底	标准状态（N/mm）	≥3.0 或卷材破坏
			冻融循环后（N/mm）	≥3.0 或卷材破坏
4	黏结层抗渗压力（MPa）			≥0.3

ᵃ该项指标可由供需双方商定。

2. 圣洁（SJ）喷涂速凝橡胶沥青防水涂料

圣洁（SJ）喷涂速凝橡胶沥青防水涂料是目前国内防水材料最新成果之一，也是防水施工工艺的革新。这种新的喷涂工艺改变了传统防水涂料现场人工配制、手工涂刷的施工方式，采用专用喷涂设备现场喷涂，保证了成膜厚度的均匀性，大大减少了人为因素对防水效果的影响，使防水更加可靠。

该涂料由 A、B 两种材料组成。其中 A 料为主剂，是由阴离子型合成橡胶和采用特殊工艺加工制成的微乳液以及多种化学助剂混合而成。A 料中橡胶成分为连续相，可极大地增强材料成膜后的延伸性和抗穿刺性（主要性能见表10-6）。

B 料为促凝剂，是由金属盐类等电解质配制而成的相应浓度的水溶液。为了保证 B 料的分子稳定性，通常以颗粒状出现，符合《喷涂速凝橡胶沥青防水涂料》（Q/MY SJF 0001-2016SJ）。其性能见表10-5。

表 10-5　SJ 喷涂速凝橡胶沥青防水涂料性能指标

序号	项目			性能指标
1	固体含量（%）	≥		55
2	凝胶时间（s）	≤		5
3	实干时间（h）	≤		24
4	耐热度			(120±2)℃，无流淌、滑动、滴落
5	不透水性			0.3MPa，30min 无渗水
6	黏结强度（MPa）　≥		干燥、潮湿基面	0.40
7	钉杆自愈性			无渗水
8	低温柔性		无处理	-20℃，无裂纹、断裂
			酸、碱、盐处理	-15℃，无裂纹、断裂
			热处理	
			紫外线处理	
9	拉伸性能	拉伸强度（MPa）　≥		0.80
		断裂伸长率（%）	无处理	1000
			酸、碱、盐处理	800
			热处理	
			紫外线处理	

3. 非固化橡胶沥青防水涂料

圣洁（SJ）非固化橡胶沥青防水涂料由胶粉、改性沥青和特种添加剂制成的弹性胶状体与空气长期接触不固化的防水涂料。该产品具有防水性、非固化性、黏合性和环保性。性能指标见表10-6。

表 10-6　非固化橡胶沥青防水涂料性能指标

项目			性能指标
固含量（%）		≥	98
黏结性能	干燥基面		100% 内聚破坏
	潮湿基面		
延伸性（mm）		≥	15
低温柔性			-20℃，无断裂
耐热性（℃）			65
			无滑动、流淌、滴落
热老化 70℃，168h	延伸性（mm）	≥	15
	低温柔性		-15℃，无断裂
耐酸性（2% H_2SO_4 溶液）	外观		无变化
	延伸性（mm）	≥	15

（二）防水施工方案设计

（1）聚乙烯丙纶防水卷材与喷涂速凝橡胶沥青防水涂料复合防水做法分为两种：一道防水构造：1.3mm 厚聚合物水泥防水黏结料 + 0.8mm 厚聚乙烯丙纶防水卷材 + 2.0mm 厚喷涂速凝橡胶沥青防水涂层（图 10-13）；两道防水构造：1.3mm 厚聚合物水泥防水黏结料 + 0.7mm 厚聚乙烯丙纶防水卷材 + 1.3mm 厚聚合物水泥防水黏结料 + 0.7mm 厚聚乙烯丙纶防水卷材 + 1.5mm 厚喷涂速凝橡胶沥青防水涂料（图 10-14）。

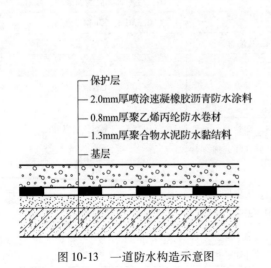

图 10-13　一道防水构造示意图

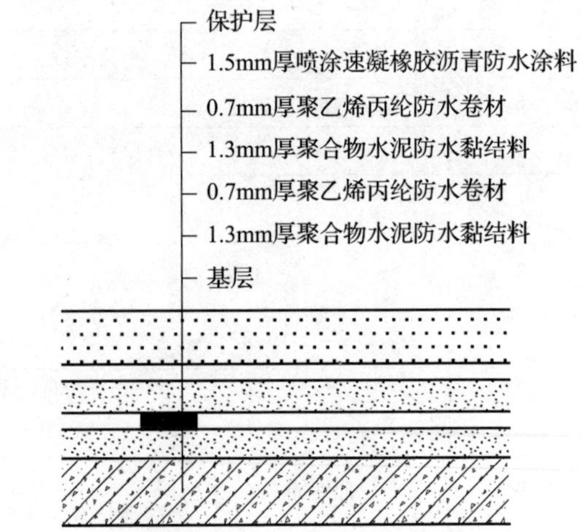

图 10-14　两道防水构造示意图

（2）聚乙烯丙纶防水卷材与非固化橡胶沥青防水涂料复合防水做法分为两种：一道防水构造：2.0mm 非固化橡胶沥青防水涂料＋0.8mm 厚聚乙烯丙纶防水卷材（图 10-15）；两道防水构造：1.5mm 厚非固化橡胶沥青防水涂料＋0.8mm 厚聚乙烯丙纶防水卷材＋1.5mm 厚非固化橡胶沥青防水涂料＋0.8mm 厚聚乙烯丙纶防水卷材（图 10-16）。

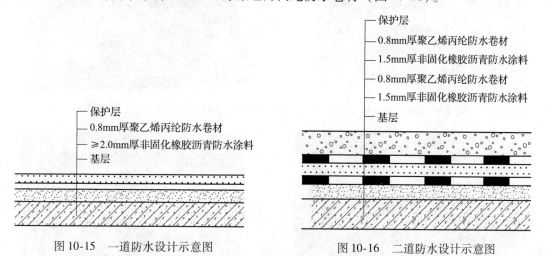

图 10-15 一道防水设计示意图　　　　　　图 10-16 二道防水设计示意图

（3）防水卷材与防水涂料复合使用，其最小厚度应符合表 10-7 的规定。

表 10-7　防水层的最小厚度　　　　　　　　　　　　　　　　　mm

卷材品种	喷涂速凝橡胶沥青防水涂料	非固化橡胶沥青防水涂料
一道防水	≥2.0	≥2.0
两道防水	≥1.5	≥1.5

（三）工程案例

（1）北京小红门乡肖村保障房施工现场见图 10-17。

图 10-17 现场喷涂速凝橡胶沥青防水涂料

（2）北京城市副中心地下综合管廊施工现场见图 10-18、图 10-19。

（3）北京地铁 15 号线安立路站、大屯路站施工现场见图 10-20 ~ 图 10-22。

图 10-18　现场聚乙烯丙纶防水卷材施工

图 10-19　复杂部位喷涂速凝橡胶沥青防水涂料

图 10-20　立墙喷涂非固化橡胶沥青防水涂料

图 10-21　地面喷涂非固化橡胶沥青防水涂料

图 10-22　刮涂非固化橡胶沥青防水涂料

第十一章 屋面保温防水工程[*]

第一节 概 况

通常的屋面保温防水系统是由保温材料和防水材料分别来承担的，防水材料和保温材料共同作用在屋面上，构成屋面防水保温系统。

北京市颁布的地方标准《公共建筑节能设计标准》（DB11/687）和《居住建筑节能设计标准》（DB11/891）规定了屋面的传热系数 K 值在 $0.35 \sim 0.4$（$W/m^2 \cdot K$），即北京地区建筑节能应达到75%的节能要求。在建筑节能75%的条件下，按照相关标准规定，高效的保温材料有：挤塑聚苯板（XPS）保温板、硬泡聚氨酯复合保温板、岩棉板、高效保温浆料等。这些保温材料同防水材料构成屋面的防水保温系统，可有效保证防水保温工程整体功能的实现。

现行的屋面保温防水工程标准如下：

《屋面工程技术规范》（GB 50345）；

《倒置式屋面工程技术规程》（JGJ 230）；

《屋面工程质量验收规范》（GB 50207）；

《种植屋面工程技术规程》（JGJ 155）；

《硬泡聚氨酯保温防水工程技术规范》（GB 50404）。

第二节 施工案例

住宅小区屋面保温防水工程施工

（一）工程概况

某家园住宅小区建筑面积109271m²，建筑物高度：1号楼65.70m、2号楼63.30m、3号楼61.40m，幼儿园11.8m。

屋面防水等级为Ⅱ级，合理使用年限为15年，排水方式为明排和暗排相结合，屋面设计分为上人屋面（主楼屋顶及裙房屋顶）和不上人屋面（出屋面机房、楼梯间屋顶）两种。

屋面保温层采用50mm厚聚苯板，屋面防水层为3mm厚聚酯胎SBS改性沥青防水卷材两道设防，采用热熔法满粘施工。防水保护层：上人屋面为彩色水泥砖，不上人屋面为银色着色剂涂料保护层。

防水层施工由经资格审查合格的防水专业分包单位进行，作业人员均持有北京市建设行

＊ 撰稿：北京新京喜（唐山）防水材料有限公司　孙媛　徐立

政主管部门颁发的上岗证。

屋面施工垂直运输采用 3 台 SCD200/200 施工升降机。

（二）施工准备

1. 技术准备

认真熟悉图纸，确定上人、不上人屋面的做法，材料要求，验收标准。编制屋面工程施工方案，报监理审批后进行施工技术交底工作。确定防水专业施工队，办理资质审查审批手续。防水层施工必须由具备防水资质的施工单位进行施工，施工人员必须全部持证上岗。

2. 材料准备

进行各种材料的选样工作，报监理审批后进场，并做好材料进场后的验收和送样工作，合格后方可用于工程。

SBS 防水材料取样：

（1）以同一生产厂的同一品种、同一等级的产品，100 卷以下抽 2 卷，大于 100 卷抽 5 卷，100～499 卷抽 3 卷，500～999 卷抽 4 卷，进行规格尺寸和外观质量检验。在外观质量检验合格的卷材中，任取一卷做物理性能检验。

（2）将试样卷材切除距外层卷头 2500mm 后，顺纵向切取 800mm 的全幅卷材试样 2 块，一块作物理性能检验用，一块作备用。

（3）防水卷材主要进行拉力、断裂延伸率、不透水性、耐热度和低温柔度试验。同时防水卷材应做 100% 的有见证试验，见证取样应由监理监督现场取样，并贴上"有见证"字样，送往已备案的有见证试验室复试。

（4）材料性能要求

①基层处理剂（冷底油）：符合《沥青防水卷材用基层处理剂》（JC/T 1069）标准的规定。

②聚酯胎改性沥青卷材：符合《弹性体改性沥青防水卷材》（GB 18242）标准的规定。

③聚苯乙烯泡沫塑料板符合《绝热用挤塑聚苯乙烯泡沫塑料（XPS）》（GB/T 10801·2）标准的规定。

所用挤塑聚苯板材料的表观密度为 16～20kg/m³。

板的外形平整，厚度允许偏差为 5%，且不大于 4mm。

3. 劳动力准备

计划投入劳动力：防水工 30 人，抹灰工 30 人，普工 50 人，机工 8 人。

（三）施工方法

1. 施工顺序

施工顺序：一般情况下，由高处向低处施工（先施工高层次屋面，后施工低层次屋面、室外雨篷）。

施工流程：保温层施工→找坡层施工→防水层施工→防水保护层施工。

2. 屋面做法

1）上人屋面构造：

（1）保护层：25mm 厚彩色水泥砖用 1:3 水泥砂浆铺筑。

（2）隔离层：3mm 厚麻刀灰或纸筋灰。

（3）防水层：两道 SBS 防水卷材（厚度 3mm）。

（4）找平层：20mm 厚（1:3 水泥砂浆）。

（5）找坡层：最薄处 30mm 厚 1:0.2:3.5＝水泥:粉煤灰:陶粒，找 2% 坡。

（6）保温层：40mm 厚 C20 细石混凝土，50mm 厚挤塑聚苯板。

（7）屋面混凝土板。

2）不上人屋面构造：

（1）保护层：满涂银粉保护剂（或着色剂）。

（2）防水层：两道 SBS 防水卷材（厚度 3mm）。

（3）找平层：20mm 厚（1:3 水泥砂浆）。

（4）找坡层：最薄处 30mm 厚 1:0.2:3.5＝水泥:粉煤灰:页岩陶粒，找 2% 坡。

（5）保温层：40mm 厚 C20 细石混凝土，50mm 挤塑厚聚苯板。

（6）屋面混凝土板。

3）雨篷板顶面构造：

（1）保护层：满涂银粉保护剂（或着色剂）。

（2）防水层：两道 SBS 防水卷材（厚度 3mm）。

（3）找平层：20mm 厚（1:3 水泥砂浆）。

（4）找坡层：最薄处 30mm 厚 1:0.2:3.5＝水泥:粉煤灰:页岩陶粒，找 2% 坡。

（5）保温层：40mm 厚 C20 细石混凝土，50mm 厚挤塑聚苯板。

（6）隔汽层：1.5mm 厚聚合物水泥基复合防水涂料。

（7）找平层：20mm 厚 1:3 水泥砂浆。

（8）屋面混凝土板。

3. 保温层施工

1）工艺流程

基层清理→管根固定→保温层铺设→加强层混凝土。

2）基层清理

穿过屋面和墙面等结构层的管根部位，应用高一级强度等级豆石混凝土填塞密实，管根部位做密封处理，将管根固定。钢筋混凝土屋面板基面的灰尘、杂物和凸出高起的部位剔凿清理干净，保证板面平整干净。

3）保温层铺贴

（1）保温层应干燥，封闭式保温层的含水率应相当于该材料在当地自然风干状态下的含水率，且≤0.06%（体积比）。保温层干燥有困难时，应采取排气措施，可按间距 6m 设置排气槽（槽宽 60mm），不大于 36m² 设置一个排气孔，排气槽应与加强层、找平层、找坡层的分格缝相对应，排气槽宜纵横设置，并与排气管相通，本工程排气槽直接与屋面排气道（厨卫间）连接。

（2）保温层采用 50mm 厚挤塑聚苯板，保温板紧靠在基层表面铺平垫稳，不得有晃动现象，连接缝相互错开，板间缝隙严密，表面与相临两板的高度一致。聚苯板保温层采用 1:3 水泥砂浆点粘法固定，砂浆点距为 1m。

（3）保温层铺贴完成后，在上面做 40mm 厚 C20 细石混凝土加强层，铺设均匀、表面平整、压实，并留置分格缝，分格缝的面积不大于 36m²，缝宽 20mm 并与找平层、找坡层的分格缝相对应，缝内填松散材料。

（4）雨期施工时，若遇下雨天不得进行保温层的施工，已施工的保温层应采用塑料布遮盖，干燥后再进行下道工序施工。

4. 找坡层施工

（1）用1:0.2:3.5＝水泥:粉煤灰:页岩陶粒，找2%坡，最薄处30mm厚。根据跨度和屋面分水线的位置采用拉线的方法进行找坡。

（2）找坡层施工前均应将下一层表面清理干净，凸出的灰渣等杂物要铲平，不得影响各层的有效厚度。

（3）应适当洒水湿润表面，以利于上、下层间结合，但洒水不得过量，以免影响表面干燥，从而影响防水层施工。

（4）贴点标高、冲筋：找坡层按坡度要求，拉线找坡（2%），一般按1~2m贴标高（贴灰饼），铺抹水泥、粉煤灰、页岩陶粒时，先按流水方向以间距1~2m冲筋，找坡层设分格缝，缝宽20mm，缝内嵌聚苯条，分格缝从女儿墙处开始留设，纵横缝间距不超过6m，并与其他分格缝相适应，缝内填松散材料。

（5）采用机械搅拌均匀后运至施工面，把陶粒混凝土铺在细石混凝土上，铺设顺序应从一端开始退着向另一端进行拉线，找出坡道后，用平板振捣器振捣密实，表面用大杠刮平，再用木抹子抹平，压实后24h内应注意浇水养护。

5. 找平层施工

20mm厚1:3水泥砂浆面层施工时，应先按1~2m间距贴点标高（贴灰饼），并设置分格缝，缝宽20mm，分格缝从女儿墙边开始留设，间距≤6m（并与其他分格缝相适应），分格条用木条制作，铺灰前用砂浆临时固定，铺灰后留在缝内，1:3水泥砂浆按分格块装灰、铺平，用刮杠将灰饼刮平，用木抹子抹平，铁抹子压光。1:3水泥砂浆抹平、压实后应注意浇水养护，缝内填密封材料。

基层与突出屋面结构（女儿墙、机房结构、排风道、风机基础、正压送风道等）的交接处和基层的转角处，水泥砂浆找平层应做成圆弧形，圆弧半径50mm，内部排水的水落口周围，找平层应做成略低的凹坑。

雨期施工时应采用塑料布遮盖，防止找平层被雨水冲刷，保持表面光滑，干燥后再进行下道工序施工。常温24h后，浇水养护7d，干燥后即可进行防水施工。

6. 防水层施工

1）干燥度检测

为了保证防水层与基层黏结良好，避免卷材防水层发生鼓泡现象，基层必须干净、干燥，基层的含水率不大于9%。找平层干燥程度的检验方法是：选取1m²见方的卷材平铺于基层上，静置4h，掀开后卷材及基底均无水印即可。

2）防水层施工

（1）防水基层干燥后，在基层上均匀满刷一层基层处理剂（冷底子油）。当基面干燥度不符合要求时，应涂刷湿固化型胶黏剂。基层处理剂的选择应与卷材的材性相容，基层处理剂应搅拌均匀不漏刷，喷、涂基层处理前，应用毛刷对层面节点、周边、转角等处先行涂刷，常温经过4h后开始进行防水层施工。

（2）防水层采用SBS高聚物改性沥清防水卷材（3＋3）mm热熔法施工。根据屋面坡度

226

要求，本工程卷材平行于屋脊方向铺贴。在卷材大面积施工以前，应在屋面上的女儿墙、机房结构、排风道、风机基础、正压送风道等的交接处和基层的转角处进行附加层的增强处理（附加层宽度和高度均不小于300mm）。附加层甩头尺寸准确、黏结牢固、无空鼓现象，经检查合格以后才能进行防水卷材的大面积施工操作。

（3）防水卷材在铺贴工程中，必须保证与基层的黏结牢固，搭接均匀，尺寸准确，高聚物改性沥青防水卷材的搭接尺寸（长边、短边）：满粘时为80mm，空铺、点粘、条粘时为100mm，接口处挤出的沥青应立即用刮板刮走、刮平封口，严禁张嘴、翘边。第一层防水卷材铺设完成后，由质检人员进行检查，验收合格后方可进行第二层防水卷材施工。

（4）铺贴时先将卷材开卷摆齐对正，薄膜面向下，检查长短边搭接长度无误后，重新由一端卷起1~2m，然后按原虚贴位置慢慢展开卷材，用喷枪烘烤卷材底面（喷枪距加热面300mm左右，往返均匀加热），当烘烤至薄膜熔化，卷材底有光泽、发黑，有一层薄的熔融层时，用手推压卷材，使底层压紧粘住。卷材定位后，再将另一端卷起，按上述方法继续进行铺贴。上、下层卷材不得垂直铺贴，相连两条卷材的短边接头至少错开1/3幅宽。封边的做法是用喷灯将卷材与卷材的搭接缝烤化，用小抹子抹平，把缝封严。

（5）烘烤时，应均匀加热，当加热面变成流态而产生一个小波浪时，则证明加热已经足够，应特别小心，烘烤时间不宜过长，以免烧损胎基。加热铺贴推压时，以卷材边缘溢出少许沥青热熔胶（宽度以2mm左右并均匀顺直）为宜，随即刮封接口，使接缝黏结严密。

（6）防水层严禁在雨天、雪天、五级风天气进行施工，已施工的防水层在继续施工时必须保持表面干燥。

7. 隔汽层施工

（1）隔汽层仅用于雨篷板，采用1.5mm厚聚合物水泥基复合防水涂料。

（2）基层（找平层）必须平整、牢固、干净、不起砂，含水率不大于9%，凹凸不平及裂缝处须先找平。

（3）打开料桶，把涂料搅拌均匀，用刷子或辊子涂抹，根据涂层厚度要求（1.5mm），可涂数遍，直到满足设计要求厚度为止。上层涂料涂刷时，应待下层涂料干固后进行，阴阳角等细部先涂刷一遍涂料。涂料与基层之间不留气泡，黏结密实。

（4）隔汽层至女儿墙（或其他屋面结构面）应沿墙向上连续铺设，与防水层相接，形成全封闭的整体。

（5）防水涂料施工完毕，应及时检查，观察涂层是否有裂纹、翘边、鼓泡、分层等现象，若有应及时修复。

8. 细部做法

1）屋顶女儿墙

屋顶女儿墙高度分为1500mm、600（500）mm，女儿墙结构朝屋面内出檐，压顶抹灰采用1:2.5水泥砂浆内掺5%的防水粉，顶面向内泛水坡度控制在5%~10%，压顶抹灰按分层施工。首先是清理基面，找出排水坡度，然后涂刷掺有界面剂的素水泥浆作为结合层，再抹面层灰，压檐下口抹成鹰嘴。600（500）mm高女儿墙防水收头交于压檐鹰嘴处（图11-1），1500mm高女儿墙防水收头交于内侧凹槽处（图11-2）。当屋面防水保护层为银色着色剂涂料时，侧面防水保护层同屋面，当屋面防水保护层为彩色水泥砖时，侧面防水保护层为水泥砂浆（每6m设置一条宽10mm垂直伸缩缝），交于屋面彩色水泥砖。

所有防水卷材收头处均用带垫片的水泥钉固定，最大钉距小于900mm，所有防水卷材收头处均用密封材料填嵌封严。

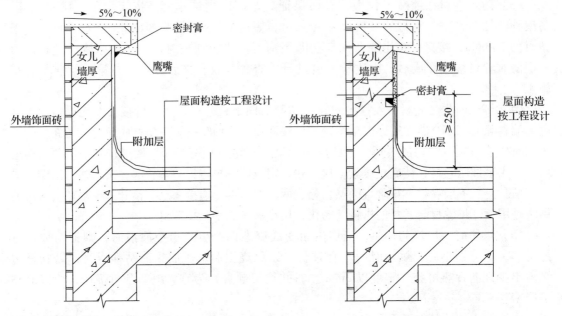

图 11-1　女儿墙泛水（高度为600mm）　　　图 11-2　女儿墙泛水（高度为1500mm）

2）屋面排气管、道

出屋面的排气管（厨卫间）根部与结构屋面板用细石混凝土灌实，周边留20mm×20mm凹槽，用密封膏封严。找平层抹成50mm为半径的圆弧，防水卷材增加附加层（宽度和高度均不应小于300mm），卷材出屋面面层≥250mm以上，端部用密封材料封头，SBS防水层在出屋面排气管外壁上冷粘后，用管箍卡紧并打封闭胶，在塑料管材上粘SBS不可以热熔，以防立管弯曲变形、受热烧焦变脆的损伤。

出屋面的排气道（厨卫间、正压送风），找平层抹成50mm半径的圆弧，防水卷材增加附加层，卷材出屋面面层≥250mm以上或压入风口内，上用水泥砂浆压顶。

送风排气道顶部与屋面结构相连，排水坡向外一侧，内侧机房墙面砖相接的阴角做成圆弧状。

所有防水卷材收头处（管箍除外）均用带垫片的水泥钉固定，最大钉距小于900mm，所有防水卷材收头处均用密封材料填嵌封严。

排气道出屋面详细构造见图11-3，排气管出屋面详细构造见图11-4。

3）设备基础

屋面正压送风设备基础高300mm，与结构层相连，基础四周找平层的做法、防水附加层的做法同屋面女儿墙，防水层应包裹设施基础的上部，并在地脚螺栓周围做密封处理。

屋顶钢格构基础高600mm，与结构层相连，基础四周找平层的做法、防水附加层的做法同屋面女儿墙，防水层收头做法同600mm高的女儿墙做法。

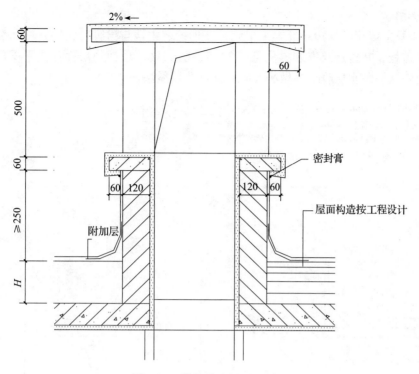

图 11-3　排气道出屋面（mm）

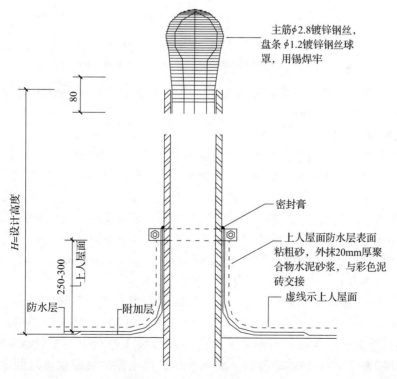

图 11-4　排气管出屋面（mm）

4）变形缝

2号、3号主楼屋面（边单元与中单元）变形缝、主楼与裙房（二层）变形缝处采用成品金属防水盖板，其构造及安装方法见图11-5、图11-6。墙面与层面处找平层的做法、防水附加层的做法、防水层收头的做法等同屋面女儿墙做法。

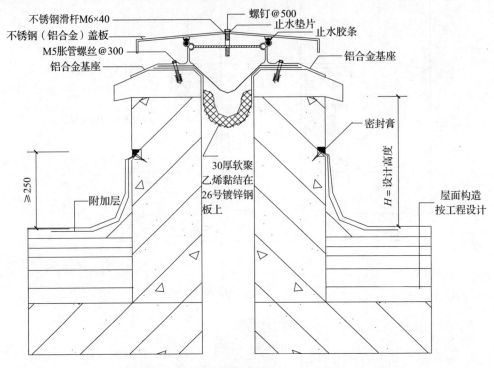

图 11-5　主楼屋面变形缝（RSM）金属盖板（mm）

所有防水卷材收头处均用带垫片的水泥钉固定，最大钉距小于900mm，所有防水卷材收头处均用密封材料填嵌封严。

5）上人屋面出入口

屋面楼梯间与上人屋面出入口台阶做法见图11-7：台阶外侧面与层面处找平层的做法、防水附加层的做法、防水层收头的做法等同屋面女儿墙做法。

6）落水口

①金属落水口的做法：先用钢丝刷刷掉锈斑，均匀刷防锈漆一道。落水口安装前，找好标高，弹出雨水斗的中心线，用水泥砂浆卧稳，用细石混凝土嵌固，填塞密实。横式雨水口内下口与防水附加层用密封材料嵌严，防水面层伸入落水口200mm，粘实，与墙面防水层交圈，直式落水周围直径500mm范围内坡度不小于5%。

②采用 UPVC 塑料管与落水斗配套，安装时先在雨水口处吊线，弹出雨水管沿墙的位置线，根据雨水管的长度，量出固定卡子的位置，间距1m卧卡子，用水泥砂浆固定于墙面孔中，管上下口各有一个卡子，间距分均。雨水管最下一节做成45°坡口形状，距离屋面面层150～200mm，将预制混凝土水簸箕用水泥砂浆卧在直对雨水管的下口屋面上。

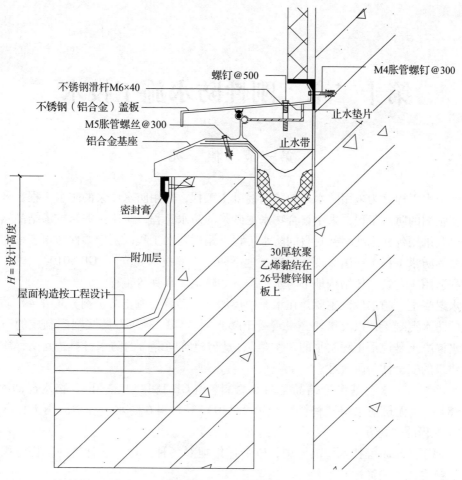

不锈钢滑杆M6×40

不锈钢（铝合金）盖板

M5胀管螺丝@300

铝合金基座

螺钉@500

M4胀管螺钉@300

止水垫片

止水带

密封膏

$H=$设计高度

附加层

屋面构造按工程设计

30厚软聚乙烯黏结在26号镀锌钢板上

图11-6　主楼与裙房屋面变形缝（RSM）金属盖板（mm）

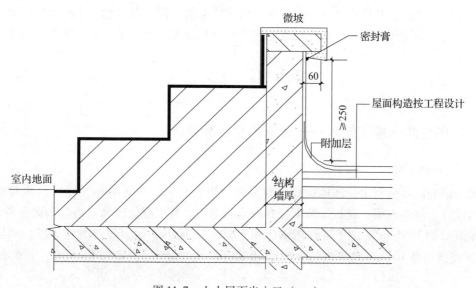

微坡

密封膏

60

屋面构造按工程设计

$\geqslant 250$

附加层

室内地面

结构墙厚

图11-7　上人屋面出入口（mm）

第十二章　刚性防水施工技术[*]

第一节　概　况

刚性防水工程分为采用防水剂的防水混凝土工程，采用防水砂浆的防水工程，采用掺加混凝土膨胀剂的防水工程，采用聚合物水泥砂浆的防水工程，采用水泥基抗渗结晶型防水材料工程以及采用各种刚性堵漏材料的防水工程。刚性防水工程区别于柔性防水工程与建筑结构同寿命的防水工程。在国家现行标准《地下防水工程技术规范》（GB 50108）中，防水混凝土工程适用于建筑主体结构地下防水工程，如隧道、高铁等工程。

防水混凝土、防水砂浆主要是在水泥中掺加（《砂浆混凝土防水剂》JC 474）防水剂而配制成的防水混凝土，以及掺加（《混凝土膨胀剂》GB 23439）膨胀剂配制成的防水混凝土。防水混凝土是地下工程防水的"主角"，是与建筑同寿命的防水材料，其工程质量关系着整体建筑的安全性与耐久性。

防水砂浆、《水泥基渗透结晶型防水材料》（GB 18445）、《聚合物水泥防水砂浆》（JC/T 984）、《无机防水堵漏材料》（GB 23440）等材料在防水工程中应用十分广泛，但只是防水工程的"配角"。

在《地下防水工程技术规范》中，较为详细地对各种刚性防水材料的工程应用做出了明确规定（在此不做详述）。

近年来，市场出现了不同品牌的防水剂。其中，防水混凝土防水剂 FS101 型和 FS102 型是一种反应型产品，其特点之一是在混凝土尚未终凝前，同水泥水化早期的水化产物进行反应，使混凝土早期体积紧缩，造成混凝土硬化后体积密实，起到了防水、防渗的功效。

第二节　施工案例

一、刚性防水施工技术——北京昆仑国际公寓

（一）工程简介

北京昆仑国际公寓由华远地产股份有限公司投资开发，中建国际（深圳）设计顾问有限公司设计，江苏省第一建筑安装工程有限公司施工。其工程位于北京市朝阳区新源南路 2 号，建筑面积 29646m²，地下工程防水面积 7490m²，地下 4 层，地上裙楼 3 层，两座塔楼 17 层，楼顶标高 101m。地下水位 -6m，板底标高 -19.5m。因紧邻亮马河，开槽难度大，

---

* 撰稿：北京龙阳伟业科技股份有限公司　王辰悦　许玥涛　郝云杰

地下涌水量大，水位长期稳定。周围没有任何卷材施工作业空间，结合工程防水设防要求及项目实际情况，建设单位、设计单位、建筑施工单位等各方确定了以结构自防水为主，并最终采用了由北京龙阳伟业科技股份有限公司（下称龙阳伟业）的 FS101、FS102 地下刚性（复合）防水技术，地下室基础底板、侧墙防水设计采用一道 FS102 密实型防水混凝土，防水等级为一级，抗渗等级为 P12。参见图 12-1。

（二）施工

项目开工时间为 2004 年，得到了建设单位、设计单位及施工单位等各方的高度重视，在各方的共同努力下，北京昆仑国际公寓最终于 2006 年正式投入使用，并取得了良好的防水效果。同年，FS101、FS102 地下刚性（复合）防水技术被住房城乡建设部在全国范围内进行推广。在北京昆仑国际公寓正式投入使用后，建设单位对龙阳伟业的产品做出高度评价。实践证明，加入 FS102 混凝土防水剂能很好地改善混凝土的和易性，大幅度提高混凝土的抗渗等级，在地下水位较高的条件下，未使用传统防水材料仍取得了较好的防水效果，开发商、业主等各方面均表示满意。从 2006 年投入使用至今，龙阳伟业专业团队每年都会对北京昆仑国际公寓进行项目回访，物业公司反馈防水效果非常好，未发现任何渗漏问题。

图 12-1　北京昆仑国际公寓

二、FS101、FS102 防水施工技术——北京市奥运村 5 号地工程

（一）工程简介

北京市奥运村 5 号地工程，位于北京市朝阳区洼里 5 号地，由 3 号楼~5 号楼三栋主楼和地下车库组成。主楼地上 27 层，地下 5 层，车库地下 4 层，总建筑面积 118768.09m²，地下建筑面积 39805.52m²。车库为天然地基，基础结构形式为筏板基础，主体结构形式为框架剪力墙结构。工程开工时间为 2011 年 8 月，竣工日期为 2014 年。

工程在实际操作中有如下几个难点：（1）本工程为北京市保障性住房工程，施工工期紧，质量、安全、文明及环保施工标准要求高。（2）主楼地下 5 层，车库地下 4 层，最大基坑深度 -22.8m，地下深度相当于层高 3m 的 7 层住宅楼总高度，地下水位较高，防水工程量较大。（3）主楼底板 1500mm 厚，车库底板 750mm 厚，地下室外墙为 400~500mm 厚，混凝土抗渗等级为 P10、P8、P6，3 号楼底板长 60m，4 号、5 号楼底板长 120m，如何保证混凝土不产生有害裂缝是质量控制的重点。施工方考虑到地下防水的重要性，在建设单位组织下，监理单位、设计单位、施工单位及龙阳伟业共同对地下工程已采用 FS101、FS102 防水技术的"在施"和已竣工工程进行了考察，确认防水效果良好。考虑到工程工期较紧，为降低工程成本，确保防水功能，设计单位、建设单位和施工单位经过工期、造价、防水性能综合对比，确定地下底板、侧墙、顶板等部位防水采用 FS101、FS102 地下刚性复合防水施工技术，防水等级为一级，做法为：FS102 密实型防水混凝土 +2mm 厚 FS101 防水水泥素

浆 +20mm 厚 FS101 防水混凝土。地下刚性复合防水施工以图纸说明、现行国家及行业的施工及验收规范为质量验收标准，执行《地下工程防水技术规范》（GB 50108）、《地下防水工程质量验收规范》（GB 50208）、《地下建筑防水构造》（10J301）、华北标准 BJ 系列专项图集 09BJZ20。

施工现场图参见图 12-2。

图 12-2　奥运村 5 号地现场图

（二）施工

由于科学的防水方案、认真的施工控制、完善的技术服务，地下防水工程完成后经过一年多及一个雨季的观察，地下室外墙及底板未出现渗漏水现象，证明了 FS101、FS102 地下刚性复合防水性能的稳定性，并可提高混凝土的密实性、抗渗性，能够减少混凝土的早期收缩。工程的实践表明，对基础工期紧、环境条件差、作业面窄、节点多、构造复杂的地下工程，使用刚性防水施工技术是一种比较好的选择。

（三）FS101、FS102 刚性复合防水技术用于北京新机场某调度中心地下防水工程

"北京新机场配套供油综合生产调度中心"工程位于大兴区榆南路的北京大兴国际机场内，总建筑面积 22249.37m²，地下 1 层，地上 7 层，该工程是由中航油（北京）机场航空油料有限公司开发建设，北京城建七公司负责施工总承包，质量目标为北京市结构和建筑长城杯金奖。项目的正式开工日期为 2017 年 11 月 15 日，计划第一段基础垫层施工时间在同年 12 月中旬，整个地下结构 ±0 的时间定在了 2018 年的 2 月上旬，也就是春节前夕。众所周知，北京市的大气综合治理工作是重中之重，尤其是针对施工现场的雾霾预警机制，更是对施工质量、工期提出了巨大的挑战。通过建设单位、总包单位、设计单位、监理单位等各方研究决定，最终确定在地下室底板、侧墙、顶板等部位采用 FS101、FS102 地下刚性复合防水技术，防水等级为一级，做法为：FS102 密实型防水混凝土 +2mmFS101 防水水泥素浆 +20mm 厚 FS101 防水水泥砂浆。施工现场参考图 12-3、图 12-4。

图 12-3　地下工程 ±0 现场航拍图　　　　图 12-4　综合生产调度中心效果图

　　在整个项目的实施阶段，龙阳伟业项目团队为整个项目进行全程的技术服务。在项目正式开工前，龙阳伟业根据项目具体情况，组建了 6 人的专业项目管理团队。由项目经理明确每个团队成员的工作任务。项目团队组建完成后，根据项目实际工程量，完成了材料的发货申请工作，并配合甲方指定唯一收货人进行确认收货，并与商品混凝土单位进行对接。在第一次防水混凝土浇筑前，龙阳伟业根据项目图纸等相关信息，编写了技术交底文件，并在城建七公司的牵头下组织了技术交底会议。建设单位、建筑施工单位、监理单位及劳务班组等参加了此次会议，在此次会议上强调了防水混凝土施工的注意事项。同时龙阳伟业同商品混凝土单位的试验室一同对 FS102 密实型防水混凝土进行试配工作，对防水混凝土的各项指标进行检测。在施工过程中，龙阳伟业团队的现场管理人员对混凝土施工前作业面情况，施工过程中的振捣、混凝土质量，施工后的拆模养护等进行全方位的监督与管控：（1）商品混凝土单位、龙阳伟业与商品混凝土单位管理人员对材料的添加及混凝土质量进行全程的跟踪与管控；（2）生产完成后，施工单位及商品混凝土单位管理人员根据当日生产情况，形成完整的施工日志记录；（3）混凝土浇筑完成后，龙阳伟业现场管理人员对浇筑完成后的混凝土拆模、养护等工作进行监督与管控。

　　2018 年 5 月完成 FS101 防水砂浆抹压，并进行土方回填。整个防水工程完成后，龙阳伟业管理人员同施工单位现场施工员对防水工程进行阶段性的检测，查找瑕疵点位并进行标记处理。现场处理情况参见图 12-5。

图 12-5　防水工程服务团队现场开展工作

经过一个雨季后，施工单位肯定了龙阳伟业的结构自防水体系，认为将材料、技术和服务整合为一，保障了最终的防水效果。通过一个雨季的观察，没有发现渗漏。FS101、FS102 地下刚性（复合）防水技术优势不仅仅体现在材料上，龙阳伟业把管理和服务理念融入到体系中，让整个刚性防水体系更加完整，成为了一个有机的管理链条，从预售到施工，直至工程保价维修，确保了刚性防水质量。

随着城市化进程的飞速发展，大型社区高层住宅楼附带地下车库建设已普及，向地下发展越来越深，这些对防水的要求也越来越高。但混凝土结构的抗裂、防水问题一直是困扰地下工程的难题之一。建筑渗漏不但影响到百姓的正常生活，还对整个建筑质量形成了负面的影响。

龙阳伟业十几年来一直认为结构是根本，所有包在结构外侧的做法都是辅助层，防水应回归结构本身，形成完整的结构自防水体系。集材料、技术、服务为一体，满足了工程防水的需要，且与结构同寿命才是防水行业共同追求的目标。龙阳伟业将不忘初心，持续发展，为中国建筑质量提升做出贡献，不断奉献出与建筑同寿命的精品防水工程。

附录　推荐企业简介

北京世纪洪雨科技有限公司

北京世纪洪雨科技有限公司成立于 2001 年，产品涉及高分子化工及无机建材领域。公司是以产品研发、生产、销售为主导，以防水材料、混凝土外加剂及新型建材为主营业务的大型化工、建材企业，公司总部位于北京市亦庄经济技术开发区，生产基地位于山东省德州市乐陵市。

全资子公司——世纪洪雨（德州）科技有限公司于 2015 年 10 月正式成立，注册资金 1.2 亿元，位于山东省德州市乐陵市循环经济示范园四支路，占地面积 200 亩，2017 年 1 月正式建成投产。生产基地目前拥有 3 条改性沥青防水卷材生产线，4 条防水涂料生产线，2 条全自动混凝土外加剂生产线，可实现年产值 6 ~ 8 亿元人民币，各类产品生产水平均达到国内先进水平。

全资子公司——北京跨世纪洪雨防水工程有限责任公司拥有住房城乡建设部颁发的防水、防腐、保温工程专业承包壹级资质，专业从事防水工程建设十余载。公司采用优质防水材料，科学的施工工法，以做精品工程为己任，先后参与国家重点工程建设数百例。公司通过 ISO9001 质量管理体系认证、ISO14001 环境管理体系认证、《职业健康安全管理体系要求》（GB/T28001）认证企业，连续五年荣膺建设防水工程金禹奖，先后获得北京市工商局年度守信企业、全国防水行业先进企业管理奖、北京建设行业城信企业等奖项。

公司以防水材料、混凝土外加剂及新型建材三大类为主导产品，包含上百种小类。由公司自主研发的"绿茵"改性沥青耐根穿刺防水卷材、非固化橡胶沥青防水涂料、SQS 喷涂速凝橡胶沥青防水涂料，先后荣获全国建设行业科技成果推广项目及防水行业知名品牌，目前，已广范应用于各建筑领域，获得广大用户的一致好评。公司始终致力于技术研发与产品升级，现已在国内建立研究所、生产基地、营销中心及 20 多家分支机构。

目前，公司已成为北京高新技术企业，荣获中国防水企业信用评价 AAA 级、中国防水协会常务理事单位、环渤海地区建材行业"诚信企业"、防水行业技术进步奖、北京市优质产品奖和创新成果奖、中国建筑防水行业知名品牌、精锐企业、国家绿色环保认证企业、十大优秀晋商品牌、中华晋商公关奖等各种荣誉及奖项，在防水行业具有很高的知名度及良好的声誉。

专业防水、专注品质、专心服务。世纪洪雨集团本着质量第一、精益求精的原则，为各类企业用户提供优质的防水产品、完善的解决方案、专业的售后服务。通过全体"洪雨人"的共同努力，必将把一流的办公条件转化为一流的经营管理、一流的品牌形象，以更优质的服务回馈广大客户！

总部地址：北京亦庄经济技术开发区经海三路 109 号院 5 号楼
生产地址：山东省德州市乐陵市循环经济技术示范园四支路北侧
联系人：赵平
电话：010-63701696/3311312409 传真：010－63701697
网址：www. cnhongyv. com 邮箱：sjhy@ cnhongyv. com

波力尔科技发展有限公司

合成高分子液体橡胶系统（以下简称"液体橡胶"）是目前具有竞争性的一个技术系统。它是由新材料，新设备、新工艺和新方法构成的技术系统，具体讲，是由双组分涂料生产、用专用喷涂设备、喷涂工艺及喷涂方法构成的一个技术系统。这个技术系统是一个整体，系统中的各个组成部分缺一不可。

波力尔科技发展有限公司开发的液体橡胶技术系统开创了一个全新的防水理念，从根本上改变了传统的施工工艺和施工方法，去除了缝隙和接口及接口材料。其主要功能在于可大范围解决建筑物漏水和渗水的问题，彻底解决了由裂解、缝隙、接口、穿刺和窜水所造成的渗漏问题。其广泛适用于工业与民用建筑的地下、屋面、室内，地铁车站及地铁隧道、高铁桥面及隧道，化工、水利水电、核电、污水处理厂，垃圾填埋场、工业尾矿库防渗，海港码头及公路、桥梁等的防水、防腐工程，其他领域仍有待开拓。

波力尔液体橡胶系统是波力尔科技发展有限公司创办人贾长存于 2005 年由加拿大引进中国。波力尔科技发展有限公司下设波力尔（北京）科技发展有限公司（2009 年）和波力尔（天津）科技发展有限公司（2005 年）（以下统称"波力尔公司"）。波力尔公司在引进、消化、吸收、再创新的基础上，形成了包括著作权、商标权及专利权等完整的自主知识产权。

经过十多年的努力，波力尔公司已经完成了全套技术的国产化，并在产品开发及产业应用方面上超越了国际同等技术，达到国际先进技术水平。实现原材料的加工、生产设备及生产工艺的改造和提升、系列产品的开发及配方设计、施工设备的改进、施工工艺及施工方法不断创新、改造和提升。

经过十多年的实践，波力尔公司施工的工程涵盖了工业、民建的地下室、屋面及室内的防水，既有建筑物的修缮，地铁车站及隧道的防水，高铁桥面及隧道的防水及修复，化工领域的池、槽、罐防腐蚀，石化领域的防腐蚀及防护，水利、电力行业的防水、防腐蚀及防护，各类工业矿渣尾矿库的防渗漏，船舶防腐蚀及防海生物侵蚀等，受到了业主、设计、总包及监理单位的认可。

波力尔液体橡胶系统是对保护性涂层、防护防水、防渗漏和防腐蚀工业的一次技术变革，是对中国传统防水产品的更新换代，对建设行业的产业升级起着巨大的推动作用。

经营范围：新型建筑防水、防腐、保温；橡塑制品、辅料及配套设备的生产与销售；技术开发、转让、咨询等服务；施工专业承包及劳务分包。

地址：北京市海淀区中关村东路 66 号世纪科贸大厦 C 座 2301

负责人：贾长存

电话：010-62670286　18910387386

邮箱：zz@ plrchina. cn

北京普石防水材料有限公司

北京普石防水材料有限公司成立于 2001 年，是集研发、生产、销售、施工于一体的专业化防水公司，旗下有河北普石新材料科技有限公司、北京京城普石防水建材有限公司及北京京城普石防水防腐工程有限公司，是中国建筑防水协会会员单位、北京市建设工程物资协会防水材料分会副会长单位、北京建材行业协会化学建材专业委员会副会长单位、聚氨酯防水涂料国家标准参编单位。2010 年 10 月被北京市科委评定为"高新技术企业"。

北京厂区位于房山区马各庄，河北厂区位于高碑店市团结东路。厂区总投资 1.5 亿元，占地面积近 5 万平方米，具备年产 25000t 涂料、2000 万平方米 SBS 卷材的生产能力。

涂料产品主要包括：喷涂聚脲弹性防水涂料、单组分聚氨酯防水涂料、双组分聚氨酯防水涂料、高速铁路桥面专用高强聚氨酯防水涂料、丙烯酸防水涂料、聚合物水泥基复合防水涂料、水泥基渗透结晶型防水材料、无机防水堵漏材料、非固化橡胶沥青防水涂料、喷涂速凝橡胶沥青防水涂料。

卷材产品主要包括：弹性体改性沥青防水卷材、自粘聚合物改性沥青防水卷材、塑性体改性沥青防水卷材、种植屋面用耐根穿刺防水卷材、反应黏结高分子防水卷材、非沥青基高分子自粘胶膜防水卷材。

公司拥有雄厚的技术力量，专业技术人才众多，具备完善的质量保证体系，拥有先进的检测仪器。从原材料的验收，生产过程的配料、计量到成品的检验入库、出厂销售等均严格按照 ISO9001 质量管理体系实施，确保顾客用上合格产品。

由于产品质量稳定，公司自成立以来获得了一系列的荣誉：在 2004、2005 年北京市建材市场专项整治行动中，连续两年被评为"质量诚信产品"。2011 年 1 月，在由北京市建设工程物资协会、北京质量检验认证协会和北京市建设监理协会共同组织的对聚氨酯防水涂料行业产品质量诚信评价中，获得了第一批 A 级产品质量诚信的荣誉。2011 年 11 月，被全国高科技建筑建材产业化委员会品牌评价中心和全国高科技建筑建材产业化委员会房地产专业委员会推选为"中国绿色环保建材产品"，并向全国建筑设计施工单位、装饰装修单位、市政工程、房地产开发商、建材市场、建材经销商推荐。2013 年 10 月、2016 年 10 月被北京、天津、河北、山东、辽宁、山西六省市建材行业联合会评定为"环渤海地区建材行业诚信企业 AAA 级"。2014 年 11 月，被北京市建设工程物资协会评定为"北京市建筑材料供应产品质量诚信 AA 级企业"。我公司在北京诚信创建活动中表现突出，2015 年、2016 年、2018 年被北京市工商行政管理局、北京市税务局、北京市企业诚信创建活动秘书处及北京市建材行业联合会评定为"北京诚信创建企业"。

我们深知，企业不应该仅仅追求经济效益，还要承担社会责任，为此，我们不断加大环保方面的投入，改善生产工艺，选用环保原料。目前，已通过 ISO14001 环境管理体系认证以及中国环境标志产品认证。产品经中国疾病预防控制中心职业卫生与中毒控制所"雄性大鼠急性经口毒性试验"，属实际无毒，并被中国建筑装饰装修材料协会评为"无毒害（绿色）防水涂料"。

"普石"人将"干一项工程、树一座丰碑"作为座右铭，时刻提醒自己，为社会奉献完美的防水产品，为人类的生存增添更多的舒适与美好。

公司愿与国内外公司共同合作，充分发挥我们的优势，共同为我国新型建筑防水材料的发展而努力。

宏源防水科技集团有限公司

宏源防水科技集团有限公司（简称：宏源防水集团）成立于1996年，经过多年的实践和努力，现已发展成为集科研开发、生产销售和施工服务于一体的专业化防水系统供应商，是国家高新技术企业、国家装配式建筑产业基地防水企业之一。

宏源防水集团下辖潍坊市宏源防水材料有限公司、四川省宏源防水工程有限公司、江苏宏源中孚防水材料有限公司、吉林省宏源防水材料有限公司、广东宏源防水科技发展有限公司5个生产基地、9个运营中心及300多家优秀代理商、1000多家特约经销商和产品售后服务机构。

宏源防水集团拥有现代化防水材料生产线62条，其中包括大型的SBS生产线和三元乙丙硫化生产线。目前，宏源防水集团防水卷材年生产能力达2.9亿平方米，涂料年生产能力达29万吨，品牌综合实力居行业前列。宏源防水集团产品涵盖铁路、道桥、市政、民建、工业、军工等所有防水领域，合计9大系列、100多个品种，基本实现品种全覆盖、功能全满足。

宏源防水集团生产的产品包括弹性体（SBS）/塑性体（APP）改性沥青防水卷材、道桥用改性沥青防水卷材、阻燃型/耐盐碱型聚合物改性沥青防水卷材、种植屋面用耐根穿刺防水卷材、彩色沥青瓦等改性沥青防水卷材系列。

自粘类防水卷材包括宽幅高分子自粘防水卷材、自粘橡胶沥青防水卷材、自粘聚合物改性沥青聚酯胎防水卷材、湿铺/预铺防水卷材等系列产品；

高分子防水卷材包括聚乙烯丙纶、聚氯乙烯（PVC）、热塑性聚烯烃（TPO）、三元乙丙、橡胶共混等系列；

防水涂料包括水泥基渗透结晶、聚氨酯、JS、丙烯酸等系列；

道桥、高铁用改性沥青系列防水卷材，其中包括CPE、EVA、高聚物、聚氨酯、喷涂聚脲等高铁专用防水材料系列。

除此之外还有丙纶非织造布等防水产品原材料系列和沥青基防水卷材生产设备。

目前，宏源防水集团共参与编制了50多个防水材料产品及施工技术的国家标准和行业标准。宏源防水集团产品先后荣获"中国建筑防水行业知名品牌""全国防水行业质量奖"等荣誉称号。

宏源防水集团施工技术力量雄厚，具有国家壹级建筑防水施工资质，从事工程施工的工程技术人员和施工管理人员有200多人，可对外承接各类大型防水工程，并可提供专业技术指导。

宏源防水集团的防水系统成功应用于房屋建筑、高铁道桥、城市道桥、机场、火车站、隧道等众多领域，在国家奥体中心、青岛海尔、大连万达、广州恒大、阳光 100、海信、深圳华为等众多建设项目中，宏源防水系统良好的应用效果，获得了来自社会各界的高度认可和评价。

2009－2014 年连续多年被中国建筑材料企业管理协会授予"中国建材 500 强"企业，2011 年 8 月被中国建筑防水协会授予"企业信用等级 AAA"，2012 年公司技术中心被认定为山东省高分子防水建筑材料工程技术研究中心，2013 年被中华人民共和国住房和城乡建设部授予"住宅产业化基地"企业。2013 年公司被认定为火炬计划重点高新技术企业，2014 年被中国建筑防水协会授予"建筑防水行业质量金奖"企业，2014 年被认定为山东省企业技术中心，2017 年认定为首批国家住宅产业化基地，2018 年通过知识产权体系认证，认定为山东省工业设计中心，2018 年荣获"山东省百年品牌重点培育企业"，入选"山东省首批高新技术企业创新能力百强""山东省新材料领军企业 50 强"。

宏源防水以规模化生产为前提，以技术创新、技术研发为后盾，使产品在防水市场上具有极高的性价比，真正做到了"同样质量价格最低，同样价格质量最好"。

宏源人以"团结、务实、诚信、创新"为企业核心理念，以现代化的经营管理机制，走"名牌兴业、产业报国"之路。我们的经营理念是"品质铸就未来"。

企业名称：宏源防水科技集团有限公司
负责人：郑风礼
电话：0536-5526918
邮箱：hy-jtzl@ hongyuan. cn

北京市建国伟业防水材料有限公司

北京市建国伟业防水材料有限公司（简称：建国伟业）始建于 1989 年，是集科研、生产、销售、施工及技术服务于一体的专业防水企业，累计投资逾 10 亿元人民币，六大生产基地占地面积约 520 余亩，集团注册资本共计 3.51 亿元人民币，其中施工公司（北京宏兴东升防水施工有限公司）具有建筑防水专业承包一级资质。专注建筑防水三十载，与国管局（中央机关）、万达、恒大、华为、中储粮、远洋地产、绿城、天房集团、新华联集团等数百家知名房地产企业和单位建立了战略伙伴和长期供货关系。

我们以强大的生产制造能力"闻名"于行业、服务于市场，建设了北京基地、华北基地、华中基地、华东基地、华南基地、西南基地，六大生产基地拥有各种生产线 50 余条，防水卷材（片材）年生产能力达 2.0 亿平方米，防水涂料年生产能力达 10 万吨。

地址：北京市丰台区大成南里 2 区 3 号楼长安新城商业中心 C 座 5 层
负责人：范增昌
邮箱：1053491825@ qq. com
电话：15810605258

北京远大洪雨防水材料有限责任公司
远大洪雨（唐山）防水材料有限公司

远大前程纵华夏，洪雨造福千万家。

远大洪雨集团（下称远大洪雨）成立于 20 世纪 90 年代，是国家高新技术企业，被工信部首批认定的绿色工厂。在改革开放政策的推动和国家经济发展的引领下，远大洪雨集团始终致力于防水行业及相关建筑工程材料的研发、生产、销售、施工和综合服务领域，实事求是，稳健务实，以建材领域为平台，立足于建筑行业，逐步形成覆盖全领域、贯穿产业链的综合性集团企业。

目前，集团下辖 6 家公司，总注册资金 6.86 亿元人民币，员工超过 1500 人。其中远大洪雨（唐山）防水材料有限公司、北京远大洪雨防水材料有限责任公司、远大洪雨（宿州）建材科技有限公司开展各类防水材料的研发制造；远大洪雨（唐山）建材科技有限公司主营各类混凝土外加剂及相关产品；北京远大洪雨防水工程有限公司、北京市安达亿防水工程有限责任公司具备一级防水、防腐、保温施工资质，在全国范围进行各类防水工程专业施工服务。

品牌彰显实力，服务造就品质。目前，远大洪雨具备防水施工一级资质，作为中国建筑防水协会、河北防水协会、北京防水协会、天津防水协会的副会长及理事单位，产品在多个地区广受好评。目前，远大洪雨成功获得 CRCC 铁路产品认证证书，并有多款耐根穿刺防水卷材通过园林检测，同时在北京及全国二十多个省市建委备案，并被确定为北京市重点工程指定产品和保障性住房合格供应商，产品远销海内外，被中国建筑材料联合会评为"用户满意的知名建材产品"。

远大洪雨（唐山）防水材料有限公司为集团旗下津唐生产基地，占地面积 168 亩，建有 12 个现代化生产车间，其中包括 4 条防水卷材生产线，2 条防水涂料生产线，2 条高分子材料生产线，年设计生产改性沥青防水卷材 8000 万平方米，高分子防水卷材 2000 万平方米，环保防水涂料 30000t，产品种类覆盖防水卷材、防水涂料、高分子材料、防水产品原材料等领域。华东地区工厂目前正在筹建中，计划投资 5 亿元，建成后将为更广泛地区的防水工程提供优质的产品和专业服务。

远大洪雨研发中心是河北省 A 级研发机构、唐山市企业技术中心，与北京化工大学、河北工业大学、天津城建大学等开展产学研合作，获得防水专利一百余项，具备欧盟 CE 认证、十环认证等，可为用户及工程项目提供个性化包装、专项防伪标签等服务，以避免假冒伪劣、保护用户权益、保证工程质量。

公司多次参与国家重点项目的建设，为社会发展贡献力量。北京城市副中心、冬奥会工程延崇高速、雄安新区第一个项目——市民服务中心、北京首都国际机场、北京地铁 15 号线、天津全运村、北京大兴国际机场、亚洲规模最大的鲜活农产品流通中心都留下了远大洪雨的身影。

将远大洪雨打造成为建筑防水领域受人尊敬的民族品牌是我们孜孜不倦的追求。远大洪雨必将与众多合作伙伴一同携手，做好防水守护家，为构建和谐宜居的社会持续贡献力量。

总部地址：北京市通州区台湖镇经略天则园区北 4-15 号楼
津唐生产基地：天津市宁河县芦台经济开发区
负责人：李娜
电话：400-002-1859
邮箱：yuandahongyu@163.com

北京建海中建国际防水材料有限公司

北京建海中建国际防水材料有限公司（简称：建海中建）创建于 2001 年，总部位于北京，旗下拥有全资独立的北京涂科技有限公司以及阿尔法（江苏）新材料有限公司，全国共有 38 个办事处以及 2000 多家合作商。从创建就从事防水材料研究和创新，现已成为集研发、生产、销售、工程、技术开发转让、外贸出口、独立物流于一体的综合型科技发展领先知名企业。

建海中建引进国外先进的自动化涂料生产线，拥有各类环保生产线 30 余条，年生产涂料能力 30 万吨，单体生产基地规模已达到国内最大的防水涂料生产企业之一。旗下拥有建海中建、一滴水、海防水三大品牌，产品品类多达上百种。其中，"建海中建"牌公装系列更是得到建筑商和开发商的认可，产品在华北和东北的销量占有较大的比例。建海中建拥有出口资质，产品远销国外多个市场。2012 年，公司根据市场的发展推出了环保的家装系列品牌"一滴水"，得到市场的认可；2016 年公司又推出"海防水"系列产品。公司以高品质、精包装、优服务，迅速打开了国内市场。

建海中建为了多元化发展的需要，2010 年成立建海中建工程部，拥有了专业的施工队伍，工程部通过专业培训和严格管理，使其能够胜任各种防水工程的施工并能迅速解决产品在实际应用中遇到的问题。目前，建海中建与中铁建以及其他大型建筑公司合作，为公司在防水领域的发展奠定了基础。

建海中建拥有自己的研发团队。国家对环境保护要求越来越严格，新出台的相关产品标准也越来越严，面对这样的形势，公司通过自己强大的研发团队，迅速响应国家政策，推出符合国家最新标准的产品，尤其在聚氨酯和渗透结晶领域，公司产品具有竞争优势。

建海中建拥有自己的物流体系，物流服务遍及全国 30 多个城市，按现代物流操作流程进行标准化配送，有效地满足了客户的查询、监控、跟踪、配送等需求。

建海中建通过 ISO9001 质量管理体系认证、ISO14001 环境管理体系认证、OHSAS 职业健康安全管理体系认证，获得了高新技术企业以及中关村高新企业证书，并通过了 CRCC 铁路产品认证证书，保证公司在庞大的体系运行中获得更大的保障。

建海中建秉承"诚信为本、规范经营、内求提高、外求发展"的经营理念，实行"真诚合作、互利双赢、共谋发展"的经营策略，树立品牌精品意识，创建和谐发展平台，与广大同仁共成大业，共铸辉煌。

电话：010-82412279
传真号：010-60779920

北京建琳杰工贸发展有限公司简介

北京建琳杰工贸发展有限公司成立于 2004 年，是专业从事高分子益胶泥、干粉砂浆、瓷砖胶、渗透结晶防水涂料、JS 复合防水涂料、K11 聚合物防水涂料、水性聚氨酯防水涂料、液体卷材、丙烯酸防水涂料、外墙透明胶、非固化水性注浆料、水不漏、丙纶胶粉、丙烯酸盐、免砸砖、纳米有机硅防水剂、无机铝盐防水剂等一系列的新型建材的开发与生产企业。公司产品得到中国建筑工程第四工程局有限公司、北京大兴城建开发公司、北京万兴建筑集团有限公司、中铁城建等众多业主好评，公司拥有专业的先进生产技术、一流的生产设备。具有完善的科研、生产、质保、销售及咨询服务体系。公司正以全新科学的管理理念，建立起"立足北京、面向全国、走向世界、专心品质、诚信经营、以质取胜"的经营战略方针，不断地开拓新型建材的新领域。公司于 2015 年加入北京市工商联合会，公司推出："你有梦想——我带你飞"，在全国范围内建设分厂（分公司）及省市级代理，包括技术转让、培训生产技术及工艺。为扩大经营，本公司相继创办了春华秋实（香港）国际集团有限公司、北京国建伟业建设工程有限公司、北京顺达信和建筑工程有限公司、湖南无漏天下防水科技有限公司、四川中川锦绣建设工程有限公司、北京国建伟业建设工程管理有限公司，并联合国内多家防水材料厂与材料公司签订战略合作协议。

公司经营各种防水材料，承接各种防水，保温，堵漏工程

公司地址：北京市大兴区南五环益发工业园 25 号

电话：4006001508　01061227605

负责人：王春华　手机：17744506777

邮箱：jianlinjiegongmao@163.con

北京圣洁防水材料有限公司

北京圣洁防水材料有限公司成立于 1999 年。经过近二十年的积累与沉淀，圣洁防水已迅速发展成为一家集防水材料研发、生产、销售、施工为一体的规模化公司。

公司注册资金 7000 万元，拥有两条高分子防水卷材生产线和多条防水涂料生产线，年生产防水卷材 1600 万平方米、年生产非固化橡胶沥青防水涂料、喷涂速凝橡胶沥青防水涂料、JS 复合防水涂料、渗透结晶、聚氨酯等数万吨。

公司相继通过了 ISO9001 质量管理体系认证、ISO14001 环境管理体系认证、职业健康安全管理体系认证，被评为"建筑防水行业二十强"。公司根据产品质量要求，建立了严密的质量检验体系。公司对与产品质量有关的所有环节进行了严格控制与管理，建立了科学的检验标准，并对检验指标进行了量化，确保公司持续稳定地生产优质产品。

圣洁防水自成立以来，一直把产品质量视为公司参与市场竞争的核心，正是这个成功的定位和圣洁全体员工强烈的质量意识，使我公司成为防水行业材料制造的品牌企业及防水系统解决方案供应商。公司一贯坚持自主知识产权开发和应用，致力于打造拥有核心技术的创新型产品和施工工法。

公司的施工队伍中，有50多名中高级技术管理人员，他们积极倾听客户需求，精心设计施工方案，真诚提供满意服务。我们围绕客户的需求持续创新，提供有竞争力的综合解决方案和服务，为客户创造最大的价值。

公司至今已经参与《地下工程防水技术规范》（GB 50108—2008）、《屋面工程技术规范》（GB 50345—2012）等十多项国家标准的编制。

我公司具有一级建筑防水施工资质，凭借着精湛的专业技术及良好的售后服务，承接了奥林匹克公园、奥运村、丰台垒球场等众多奥运场馆的防水工程；承接了北京地铁5号线、6号线、8号线、10号线、15号线、16号线、八通线、亦庄线，深圳地铁7号线、地铁9号线，合肥地铁1号线，大连地铁线，天津地铁1号线等地铁防水工程；承接了北京城市副中心、世界园艺博览会、新机场线等众多地下综合管廊工程。众多防水工程得到了开发商、建设方的一致好评。

北京新世纪京喜防水材料有限公司

北京新世纪京喜防水材料有限公司（以下简称北京新世纪京喜）是一家以生产防水材料为主，集设计研发、技术咨询、施工服务于一体的大型企业。

公司成立于1998年，注册资金9988万元，在同行业中率先荣获ISO9001国际质量管理体系认证和ISO14001环境管理体系认证，并获得了国家及建材行业的诸多殊荣。

公司自成立以来，产品覆盖建筑、道路材料、地下室以及各种水利工程等领域，专业从事建筑防水材料的生产和销售，多次参与国家大型重点工程项目的建设，拥有大量卓越工程业绩。近二十年的积累和沉淀，公司不断发展壮大，凭借高新的技术、优质的产品、配套工程的施工和及时到位的售后服务，奠定了企业在防水防腐行业中的领先地位。

2015年10月15日，北京新世纪京喜投资建设的唐山项目——新京喜（唐山）建材有限公司在河北玉田后湖工业园区正式开工。

新京喜（唐山）建材有限公司属于北京产业转移项目。项目地址位于河北玉田后湖工业园区，总投资3亿元，占地65亩，总建筑面积26800m^2，主要建设生产车间、库房、办公楼等。建设SBS卷材、APP卷材、高分子防水卷材生产线，技术水平在全国处于领先地位。项目建成投产后，年产防水卷材3000万平方米，实现产值3.5亿元，上缴税金1500万元，安排就业120人。项目建设至今已有SBS防水卷材和自粘防水卷材两条生产线投入生产，2020年企业将会加快项目建设的步伐，以期尽快完成项目建设。

建筑防水是关系到国计民生的重要产业，关乎建筑安全和寿命，关乎百姓民生和安康。近二十年来，北京新世纪京喜一直秉承企业"一滴汗水、一分耕耘、一分收获"和"博观而约取、厚积而薄发"的文化价值观，以"坚持诚信敬业的准则、追求品质服务的卓越"为宗旨，坚守"面向国内外，开拓创新、与时俱进，用工匠精神，精心打造中国防水行业优质品牌"的企业使命及"以客户为中心、以质量为生命；专业关注、服务社会"的经营理念服务社会。

未来，新世纪京喜将继续以造福人类、造福社会为己任，以自主创新为企业发展的新动力，力争为中国防水行业谱写新的篇章。

北京万宝力防水防腐技术开发有限公司

万宝力集团始建于2000年，经过十多年的发展，已成为一家技术力量雄厚、工艺装备先进、管理手段科学、产品种类齐全的一流企业。目前，万宝力集团下辖五家全资子公司：北京万宝力防水防腐技术开发有限公司、北京万宝力防水工程有限公司、河北万宝力防水防腐技术开发有限公司、山东万宝力防水防腐技术开发有限公司、北京东方金奥建筑防水工程有限公司，总注册资金29596万元。

万宝力始终致力于技术研发和产品升级，可生产三大系列、二百多个种类的高品质防水产品，所生产的改性沥青防水卷材系列、高分子防水材料系列、环保型防水涂料系列广泛应用于工业、民用建筑以及铁路、机场、水利、道桥、隧道、地铁等众多领域，发挥着优良的防水堵漏效果，获得了客户的高度评价。

多年来，万宝力精益求精、稳健务实、孜孜不懈地追求零渗漏防水工程，赢得了健康、可持续地发展，将高品质的防水产品、专业的施工团队、完善的防水服务体系应用于一大批优质精品工程。面向全国，万宝力先后承接了新华门、中南海机要局办公楼、中南海4号会议楼、杏林山庄、公安部大楼、301医院、五棵松奥运篮球馆、奥运媒体村、清华大学、京九铁路、塑黄铁路、太原卫星发射基地、北京亦庄桥、城际高铁·郴州段、中储粮山西太原粮库、中储粮山西洪洞粮库、中储粮河北邯郸黄粱梦粮库、中储粮河南开封粮库、中储粮河南洛阳粮库、中储粮河南信阳粮库、中储粮山东青岛粮库、山东平原龙门粮库、山东鲁北禹城粮库、山东鲁中昌乐粮库、首都机场、加州水郡、润泽庄苑、通典铭居、保利垄上、温州平阳万达广场、西藏中太广场、荣盛徐州阿尔卡迪亚、荣盛邳州阿尔卡迪亚、鑫苑地产、北京地铁8号线昌平段、北京地铁12号线、北京地铁17号线、北京地铁19号线、北京地铁新机场线、北京地铁昌平线南延、北京地铁燕房线（支线）、北京地铁八通线二期（南延）、北京地铁7号线东延、长春地铁2号线、郑州地铁5号线、银川市综合客运枢纽、北京新机场高速公路地下综合管廊、呼和浩特电力管廊、张家口南站等重点工程，创下了良好口碑，赢得了客户的广泛认可。

面向未来，万宝力将恪守"质量是企业之源，信誉是企业之本"的服务理念，不断研发低碳、环保、节能的新型产品，遵循优质、高效、奉献的工作态度，为更多的客户提供优质的产品和服务，为社会创造安全宜居的生活环境贡献力量！

北京龙阳伟业科技股份有限公司

北京龙阳伟业科技股份有限公司（简称龙阳伟业），长期专注于地下防水工程，致力于从源头、从根本解决地下水渗漏问题，是一家集材料、技术、服务为一体的优秀系统供应商。

公司自主研发的"FS101、FS102地下刚性（复合）防水技术"，于2006年通过科技成果鉴定评估，被住房城乡建设部列为全国建设行业科技成果推广项目向全国进行推广。此技术先后被《地下工程防水技术规范》（GB 50108—2008）、《地下防水工程质量验收规范》（GB 50208—2011）以及中国建筑标准设计图集《地下建筑防水构造》（10J301）、《现浇混凝土综合管廊》（17GL201）和《建筑防水系统构造（三十）》（17CJ40—30）采用，并获得了"满足工程防水且与结构寿命相同"的高度评价。

近二十年时间，龙阳伟业产品在全国三十余省市、逾千例工程中进行应用，工程效果良好，赢得了满意的用户反馈。与此同时，公司总结构建出了建筑地下防水工程理论架构，实现了技术体系、产品品类、企业类别、商业模式等多项创新，得到了社会及行业的广泛关注与高度认可。

公司通过了环境管理体系认证（ISO14001）和质量管理体系认证（ISO9001），先后荣获国务院发展研究中心中国企业评价协会、清华大学社会科学学院"中国企业社会责任500强"、中国质量协会"全国实施用户满意工程先进单位——用户满意标杆企业"、新华社"中国创造力隐形冠军"等多项荣誉。

自成立以来，龙阳伟业始终怀揣"让建筑更安全"的企业愿景，将"为工程负责"作为企业行为原则，以"工匠之心"筑造卓越品质，在做好地下防水工程的同时，保障并提升了地下工程结构质量，不遗余力地践行着"为中国建筑质量提升做出贡献"的企业使命！

企业历程

2002年，龙阳伟业前身——北京韩伍思达防水技术开发有限公司成立。

2004年，在 FS101® 砂浆防水剂与 FS102® 混凝土防水密实剂专利产品基础上，公司实现自主创新成果"FS101、FS102 地下刚性（复合）防水技术"。

2006年，公司"FS101、FS102 地下刚性（复合）防水技术"被住房城乡建设部列为"2006年全国建设行业科技成果推广项目"，并向全国推广。

五年时间里，龙阳伟业产品与技术凭借着良好的工程应用效果，得到了多位专家、评估组织推荐，先后成为众多省市、全国建设行业科技成果推广项目，逐步扩大了公司产品的市场占有率。

2008年，北京龙阳伟业科技股份有限公司成立。同年，龙阳伟业市场业绩创新高，同比增长50%，被中国建筑业协会评为"全国建筑业科技进步与技术创新先进企业"。

2009年，龙阳伟业技术被写入《地下工程防水技术规范》（GB 50108—2008）条文说明。

2010年，龙阳伟业被国务院发展研究中心《管理世界》列为（中国）五十家战略性新兴产业领军企业。同年，公司参与编制《地下建筑防水构造》（10J301）。

2011年，龙阳伟业构建出了建筑地下防水工程理论架构，提出了建筑地下防水工程的本质，完成了产品品类的创新。

2012年，龙阳伟业承办"中国建筑地下防水与建筑安全"高峰论坛，主动防水理念受到广泛关注，公司全年销售业绩同比增幅近40%。同年实施的《地下防水工程质量验收规范》（GB 50208—2011）对"FS101、FS102 地下刚性（复合）防水技术"给予高度认可。

十年间，龙阳伟业取得了跨越性地进步，龙阳伟业产品广泛应用于全国三十余省市，逾千例工程。龙阳伟业通过认真做好建筑地下防水工程，打造出了建筑地下防水领域值得信赖的品牌。

2013 年，龙阳伟业被新华社全媒体"发现中国创造力"评为"2012 中国创造力隐形冠军"。同年，龙阳伟业联合美国霍华德大学、中国传媒大学举办了新型商业模式研讨会，与会代表对龙阳伟业的新型商业模式给予了很高评价。

2014 年，龙阳伟业多年倡导的理念得到体制层面的高度关注。2 月，全国政协委员调研组走入龙阳伟业，围绕"地下渗漏与建筑安全"主题进行调研，并提交了"地下渗漏危害建筑安全"的两会提案。

11 月，龙阳伟业受邀参加全国政协"关注地下渗漏，提升建筑工程质量"主题座谈会，并作主题发言，会议形成了"通过强化结构防水，解决地下结构质量问题，保障建筑安全"的两会提案。

12 月，龙阳伟业产品及市场表现获得中国质量协会肯定，被评为"2014 年全国实施用户满意工程先进单位——用户满意标杆企业"。

2015 年，龙阳伟业荣登由国务院发展研究中心中国企业评价协会与清华大学社会科学学院联合编制的"中国企业社会责任 500 强"榜单。

2017 年，龙阳伟业受邀参加由全国政协办公厅主办的政协委员沙龙，围绕"城市规划与海绵城市建设"的议题，深入探讨，建言献策。

2018 年，龙阳伟业参编的《现浇混凝土综合管廊》（17GL201）和《建筑防水系统构造（三十）》（17CJ40—30）先后公开发行，为"FS101、FS102 地下刚性（复合）防水技术"在地下防水工程的进一步应用提供了强力支撑。

近二十年的发展历程中，龙阳伟业始终秉持"珍惜、责任、感恩、敬畏"的价值观念，勇敢肩负"为中国建筑质量提升作出贡献"的企业使命，以切实有效地行动落实"我们不是伟大的企业，但我们在做伟大的事业"的企业宣言，努力实现"让建筑更安全"的企业梦想！

天津市京建建筑防水工程有限公司

天津市京建建筑防水工程有限公司始建于 1996 年，坐落于天津市北辰经济开发区。随着公司 20 多年的逐步成长和发展壮大，目前已成为一个集新产品研发、设计、生产、销售、施工、服务于一体的大型防水集团企业。公司拥有总资产 3 亿元，职工总人数 200 多人，其中中级以上工程技术人员和管理人员约有 120 人，二级以上建造师 30 人左右。企业拥有一级防水防腐施工资质，装饰装修二级资质，公司率先通过 ISO9000 质量管理体系认证、ISO14000 环境管理体系认证和 ISO18000 职业健康安全管理体系认证，并且还是国家级高新技术企业，天津市中小企业"专，精，特，新"产品，并荣获"重合同，守信誉"的单位称号，并且是天津市名牌产品，是天津市最大的新型防水保温材料生产企业之一。

公司占地总面积 100 亩，现有卷材生产线 2 条，涂料生产线 2 条，保温生产线 2 条，涉及产品多达 50 种。主导产品有 SBS 改性沥青防水卷材、自粘防水卷材、高分子防水卷材、耐根穿刺防水卷材、耐盐碱防水卷材、APP 防水卷材、TPO/PVC 以及道桥用防水卷材。公司还生产销售各类防水涂料、聚氨酯防水涂料、聚合物水泥防水涂料、非固化、喷涂速凝防水涂料，丙烯酸防水涂料、道桥用防水涂料、水泥基渗透结晶型防水材料、聚氨酯密封材料、高效堵漏材料等几十个品种，产品类型一应俱全。公司还设有大型保温生产线 1 条，砂浆生产线 1 条，生产主流保温材料，产品销往全国各地。

质量是企业生存之本、发展之道，是企业的永恒主体。在生产方面，我们坚决严把产品的质量关，对原材料进行每批每次检验，坚决不使用不合格的原材料，对每批次生产出来的成品也会严格检测，保证销售到市场上的卷材都能达到国家检测的合格标准，历年来公司所生产的产品经国家权威检测机构多次抽检，合格率均为 100%。我们在把控好质量的基础上还着重投入大批经费进行新产品的研发与创新，始终重视新产品的研发、科技储备以及科技成果的转化。目前，已和天津城建大学材料科学与工程学院、天津工业大学材料科学与工程学院、天津大学、北京理工大学材料学院形成产、学、研联合体。公司拥有自己的科研基地，各种科研设备与仪器 100 多台套，大专以上科研机构申报专利十多项，科技成果数项。2017 年公司获得国家级高新技术企业、国家级科技型中小企业，荣获天津市"专精特新"产品称号，承担了天津市科技创新专项项目并获得天津市财政拨款资助等等。本公司力争在达到质量要求标准的同时也践行绿色环保的生产精神，在这个充满变革的时代，能够做到紧跟市场发展的步伐。

一分耕耘，一分收获，公司凭借着不断扩大的生产规模与施工规模、优质的产品质量、良好的社会信誉，公司产品连年被政府部门指定为采购单位。公司始终处于产销两旺的局面，公司先后荣获全国建材行业百强企业、全国工程建材首选品牌、绿色环保首选品牌、天津市科技型企业、天津市著名商标、天津市名牌产品、重合同守信誉单位、国家监督抽查产品质量稳定合格单位、环渤海建材行业知名品牌等。

不断超越、持续改进，追求完美，赢得用户信赖，树立品牌形象，赶超世界先进水平，创造人无我有、人有我优的最新节能产品，将最好科技研成果奉献社会，肩负"京建防水，滴水不漏"的企业使命，争做防水行业的龙头企业，领军企业。

北京东方雨虹防水技术股份有限公司

东方雨虹 1995 年进入建筑防水行业，二十余年来为重大基础设施建设、工业建筑、民用建筑、商用建筑提供高品质、完备的防水系统解决方案，成为全球化的防水系统服务商，同时在"产业报国、服务利民"的指导思想下，公司投资还涉及非织造布、建筑节能、砂浆等多个领域。公司连续六年在中国 500 强房地产开发商首选防水材料品牌榜单中名列前茅，且品牌首选率逐年增加。

1. 产品体系

目前，东方雨虹的防水产品体系基本覆盖了国内新型建筑防水材料的多数重要品种，是国内建筑防水材料行业中新型建筑防水材料品种最齐全的企业。除此之外，公司正逐步布局节能保温材料、砂浆、建筑涂料等多领域，以构筑一站式功能性建材产品体系，从单一的防水系统服务商转型为建筑建材系统服务商。

2. 销售网络与产能布局

根据市场需求，东方雨虹构建了直销与渠道相结合的多层次营销网络。通过直销和渠道相结合的模式，做到重点服务、全面覆盖，服务网络遍布全国。

同时，公司在全国布局 27 个生产研发物流基地，产能分布广泛合理，辐射全国市场，共有 80 多条国际先进水平的生产线。各生产线年产能如下：防水卷材约 5 亿平方米，防水涂料近百万吨，砂浆 300 多万吨，保温材料 400 多万立方米，非织造布 15 万吨。

3. 研发实力

东方雨虹获批建设特种功能防水材料国家重点实验室，拥有国家认定的企业技术中心、院士专家工作站、博士后科研工作站等。研发体系日益完备，形成了产品、应用、施工装备和生产工艺四大研发中心。公司在美国宾夕法尼亚州 Spring House Innovation Park 建立研发中心，与美国里海大学合作多个研发项目。公司拥有包括 6 位中国工程院院士、7 位国际知名科学家、25 位技术带头人、500 余位专利发明人、24 位博士、221 位硕士在内的科研团队，研发实力雄厚。

4. 卓越品质

东方雨虹秉承质量至上的原则，采取第三方质量管理模式，技术、生产、质监三职鼎立为质量管理提供组织保障，企业内控标准均高于国家或行业标准。